高等学校“十四五”新形态教材

电力拖动自动控制系统

冯兴田 主 编

陈 荣 张龙龙 胡慧慧 副主编

中国石油大学出版社
CHINA UNIVERSITY OF PETROLEUM PRESS

山东·青岛

图书在版编目(CIP)数据

电力拖动自动控制系统/冯兴田主编. --青岛：
中国石油大学出版社，2024.5

ISBN 978-7-5636-8130-3

Ⅰ. ①电… Ⅱ. ①冯… Ⅲ. ①电力传动—自动控制系统—高等学校—教材 Ⅳ. ①TM921.5

中国国家版本馆 CIP 数据核字(2024)第 094443 号

中国石油大学(华东)规划教材

书　　名：电力拖动自动控制系统
DIANLI TUODONG ZIDONG KONGZHI XITONG

主　　编：冯兴田

责任编辑：高　颖(电话　0532-86983568)
责任校对：岳为超(电话　0532-86981532)
封面设计：赵志勇

出 版 者：中国石油大学出版社
（地址：山东省青岛市黄岛区长江西路 66 号　邮编：266580）
网　　址：http://cbs.upc.edu.cn
电子邮箱：shiyoujiaoyu@126.com
排 版 者：青岛汇英栋梁文化传媒有限公司
印 刷 者：沂南县汇丰印刷有限公司
发 行 者：中国石油大学出版社(电话　0532-86983440)
开　　本：787 mm×1 092 mm　1/16
印　　张：14.75
字　　数：381 千字
版 印 次：2024 年 5 月第 1 版　2024 年 5 月第 1 次印刷
书　　号：ISBN 978-7-5636-8130-3
定　　价：38.00 元

前言

PREFACE

为了适应时代发展、新工科建设和电气工程学科发展的需要，全面落实科学发展观，紧密配合培养方案和培养计划，瞄准国家“双碳”战略目标，有机融入石油石化特色和节能降耗、绿色低碳理念，编写了《电力拖动自动控制系统》教材。本教材主要集成了原培养计划中的直流调速系统和交流调速系统课程的核心内容，以满足专业课的教学需求。

本教材的内容分为4部分：直流拖动控制系统、交流拖动控制系统、实验专题和交直流调速应用专题。直流拖动控制系统主要以直流电动机为例，阐述可控直流电源-电动机系统的特殊问题及机械特性、调速系统的性能指标、直流调速系统的工作原理和结构、直流电动机的建模方法、调速控制系统的静态和动态性能指标及分析方法、调节器结构及参数的设计方法等，内容包括转速反馈控制的直流调速系统，转速、电流双闭环直流调速系统，可逆直流调速系统和数字控制的直流调速系统等相关知识。交流拖动控制系统主要分为两大部分，即基于稳态模型的异步电动机调速系统和基于动态模型的异步电动机调速系统，内容包括变压变频调速系统的构成和工作原理、SPWM和SVPWM的原理、PWM死区及其影响、通用变频器调速系统及其应用、空间矢量的概念与坐标变换、磁场矢量定向控制、电动机磁链观测等。实验专题主要围绕课程涉及的实验平台和内容进行介绍，内容包括直流调速系统实验平台和变频器应用。交直流调速应用专题通过分析石油和石化生产过程中的实际案例，使学生对电力拖动控制系统的构成、运行原理及其在工艺优化和节能方面所起的作用有更加直观的认识，切实体会节能降耗的效果和意义，并突出本教材的石油石化特色。

本教材由冯兴田组织编写并统稿，其中绪论和第1,2,5章由冯兴田编写，第3章由张龙龙编写，第4章和交直流调速应用专题由陈荣编写，实验专题由胡慧慧编写。本教材在编写过程中得到了马文忠教授和赵仁德教授的热情指导与帮助，他们对教材内容和编写大纲提出了非常中肯的意见和建议，在此表示感谢。

由于编写时间和作者水平所限，教材中的错误和疏漏在所难免，衷心希望读者提出宝贵意见，帮助我们不断完善。

编　者

2024 年 3 月 10 日

目录 CONTENTS

第2篇　交流拖动控制系统

第3篇　实验专题

第4篇　交直流调速应用专题

绪　论

1. 学习的目标

本教材的名称是电力拖动自动控制系统。所谓电力拖动系统，主要是指以电动机为原动力，驱动机械或设备按照某种期望的轨迹、速度或者加速度运动的系统。而系统实际的运行轨迹、速度或加速度与期望之间的差异主要取决于系统的自动控制方法。也就是说，本门课程的目标就是学习和研究减少上述期望值与实际值之间的稳态和动态差异的方法。

2. 电力拖动系统的运动方程

电力拖动系统可以分为单机单轴系统、单机多轴系统和多机多轴系统三大类。日常生活中，风扇、水泵等是最常见的单机单轴系统，抽油机等通过皮带和齿轮传动的机械是典型的单机多轴系统，四悬翼飞行器、四驱电动汽车、数控机床等则是多机多轴系统。其中，单机单轴系统是基础，控制好单机单轴系统是控制单机多轴系统和多机多轴系统的前提，因此本门课程以单机单轴系统为例。单机单轴电力拖动系统的示意图如图 0-1 所示。图中，M (motor)代表电动机，n 是转速，T_e 表示电磁转矩，T_L 表示负载转矩。

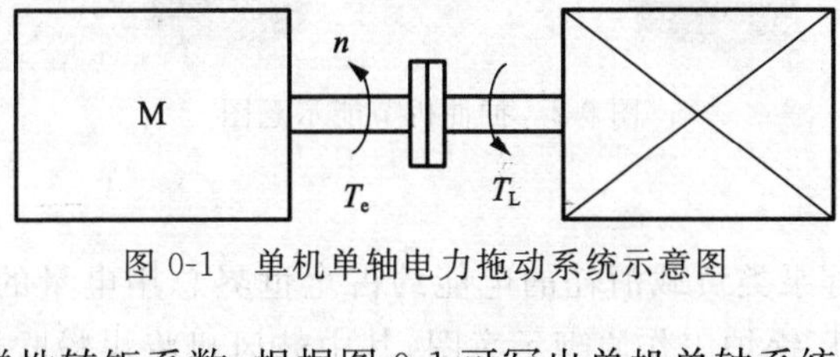

图 0-1　单机单轴电力拖动系统示意图

忽略阻尼转矩和弹性转矩系数，根据图 0-1 可写出单机单轴系统的运动方程：

$$T_e - T_L = J\frac{d\omega_m}{dt} \tag{0-1}$$

$$\omega_m = \frac{d\theta}{dt} \tag{0-2}$$

式中，J 表示转动惯量，ω_m 表示角速度，θ 表示转角，t 表示时间。

只要控制好某一物理量的微分量，就能更好地控制这一物理量。根据上面的单机单轴电力拖动系统的运动方程可以看出，只要控制系统的角加速度就能够控制电磁转矩，只要控制转速 n 就能够控制转角。因此，电力拖动系统的控制可以分为三大类：角加速度控制(即电磁转矩控制)、转速控制和位置(转角)控制。由于课时所限,本门课程主要介绍对系统转速及角加速度(即电磁转矩)的开环和闭环控制。从宏观上看,现场应用得最多的是转速控制,就是通常所说的直流调速和交流调速。

3. 为什么要进行调速

电力拖动系统要进行调速的原因主要有两点,即工艺流程或生活的需要和节能的需要。

1) 工艺流程或生活的需要

骑电动自行车时,我们要根据路况调节电动机的转速来控制自行车的行进速度;打开电风扇,我们要根据凉热情况选择合适的挡位,不同挡位对应不同的电动机转速。这样的例子还很多,这里不再赘述。

2) 节能的需要

碳达峰与碳中和已成为国家的重要战略目标,而工业节能是实现这一目标的关键举措。电机是工业节能的重点对象,是能源领域的优先主题,是实现节能降耗的控制主体。下面通过两个例子予以说明。

(1) 抽油机节能。

抽油机是石油开采的主要机械,当地下油况较好,每次都能够充满油泵时,无须对电动机进行调速;而当地下油况不佳,出现半抽甚至空抽的情况时,就有必要降低电动机的转速,从而调节抽油机的冲次,减少半抽或空抽现象,以实现节能(图 0-2)。

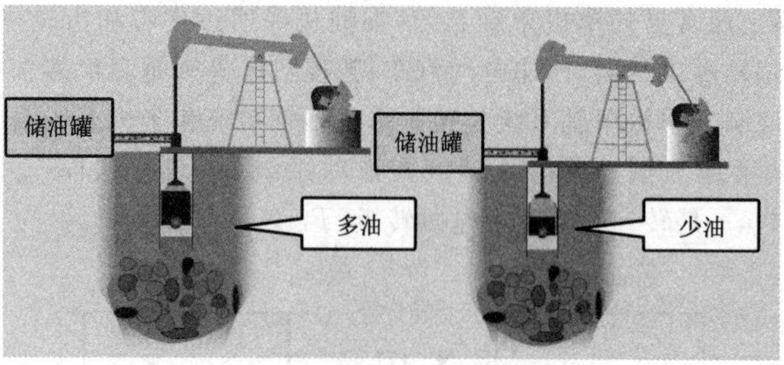

图 0-2 抽油机节能示意图

(2) 风机节能。

风机及水泵、油泵等泵类负载消耗的电能约占全世界总用电量的一半,节能潜力巨大。图 0-3 所示的是某发电厂锅炉工作原理示意图,其中鼓风机将煤粉吹到锅炉内充分燃烧,产生的热量用来产生蒸汽去推动汽轮机旋转,汽轮机带动发电机发电。废气被引风机吸走,进入后续除尘、脱硫等环节。要减少废气排放的速度,有两种方法:一种是调节阀门,一种是降低电动机的转速。

对风机、泵类负载来说,其转矩特性和功率特性为:

$$T_L = Kn^2 \tag{0-3}$$

$$P_L = Kn^3 \tag{0-4}$$

式中,T_L 为负载转矩,P_L 为负载功率,K 为常数,n 为电动机转速。

如果通过调节阀门来调节排气量,那么引风机电动机的转速并没有改变,其输出的电功率应当与负载的机械功率平衡，也就是说正常废气排放时与原来的一样。而如果降低电动机的转速，则可以看出，电动机输出的机械功率将按转速立方的比例下降，即若转速下降10%，则电动机输出功率下降$(1-0.9^3)=27.1\%$，将会取得非常好的节能效果。

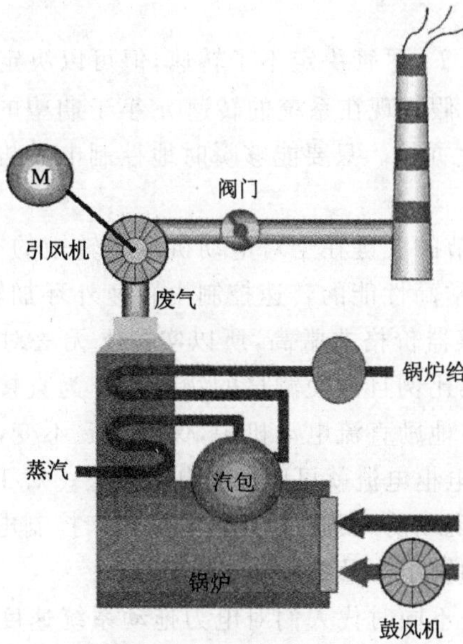

图 0-3 某发电厂锅炉工作原理示意图

4. 电力拖动系统转速调节的原理

对电力拖动系统的转速调节通常有两种观点，而正是这两种不同的观点决定了系统控制的思路。

1）稳态的观点

所谓稳态的观点，就是认为电力拖动系统的转速是由电动机的机械特性与负载的转矩特性共同决定的，二者的交点是平衡点，如果交点又是稳定的，那么交点对应的转速就是系统的转速。对系统进行调速，就是要改变这二者稳定的交点。由于负载的转矩特性是确定的，所以只有改变电动机的机械特性才能够改变它们的交点，从而调节转速。这是传统的电力拖动系统的调速思路。不同的电动机，改变其机械特性的方法也不同。

图 0-4 给出的是他励直流电动机的固有机械特性和降低端电压的人为机械特性，以及它们在带恒转矩负载时的情况。所谓固有机械特性，是指他励直流电动机在额定励磁电流、额定端电压的情况下，电枢绕组不串联任何阻抗时转速与电磁转矩之间的关系。而降低端电压的人为机械特性是指其他条件与固有机械特性一致，只是降低电枢端电压后得到的转速与电磁转矩之间的关系。由图 0-4 可以看出，电枢端电压由额定值U_N降为U'时，电动机的机械特性与负载的转矩特性曲线交于B点，即对应的转速下降。

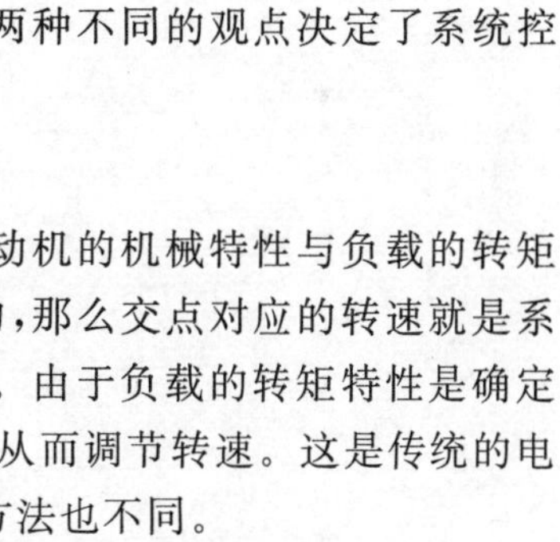

图 0-4 他励直流电动机的固有机械特性和降低端电压的人为机械特性

交点的稳定性判断条件是在交点处满足：

$$\frac{dT_e}{dn}<\frac{dT_L}{dn} \tag{0-5}$$

由此可以判断 A 和 B 点均是稳定的。

2）动态的观点

由式(0-1)可知，电磁转矩 T_e 尽管决定不了转速，但可以决定转速随时间的变化率，也就是转速上升或下降的速度。假如现在系统的转速 n 小于期望的转速，那么可以通过增加电磁转矩 T_e 来提升转速，反之亦然。只要能够瞬时地控制电动机的电磁转矩，就可以快速地调速，稳定地运行。

从这个观点上看，转速调节的关键在于对电动机电磁转矩的有效控制。有效控制通常使用闭环控制来实现，因此通常高性能的转速控制由转速外环加转矩内环构成。由于目前能够准确测量动态转矩的传感器价格非常高，所以实际上无法对电磁转矩进行闭环控制。这就需要找一个与电磁转矩成比例且方便测量的物理量作为直接控制量，通过控制这一物理量间接地控制电磁转矩。在他励直流电动机中，保证励磁不变，不考虑电枢反应，则电枢电流与电磁转矩成正比，控制电枢电流就可以控制电磁转矩。对于三相异步电动机，则问题更加复杂，在矢量控制没有出现以前可通过控制转差频率来控制电磁转矩，而在矢量控制出现后可通过控制定子电流中的转矩分量来控制电磁转矩。

稳态和动态的调速观点是不同时代人们对电力拖动系统速度控制原理的认识，目前都有实际应用，大家可在后续的课程学习中仔细体会。

第1篇 直流拖动控制系统

第1章

转速反馈控制的直流调速系统

1.1 晶闸管-电动机调速系统

1.1.1 晶闸管-电动机调速系统工作原理

晶闸管-电动机调速系统(V-M 系统)是直流调速系统的主要形式。

1) 工作原理

图 1-1 所示为晶闸管-电动机调速系统工作原理图,其中 VT 是晶闸管可控整流器,通过调节触发装置 GT 的控制电压 U_c 来移动触发脉冲的相位即可改变晶闸管可控整流器输出的直流电压 U_d,从而实现直流电动机速度的调节。

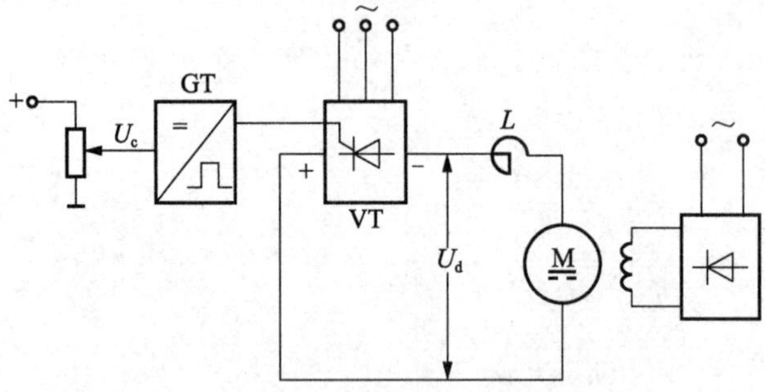

图 1-1 晶闸管-电动机调速系统工作原理图

2) 系统优点

与旋转变流机组(G-M 系统,已逐渐被淘汰)相比较,V-M 系统的经济性、可靠性大大提高,技术性能优越,系统动态性能提高。

3) 存在问题及相应的处理办法

V-M 系统由于晶闸管的单向导电性,不允许电流反向,所以实现可逆运行比较困难。通过选择电力电子变换器的类型可以解决这个问题。半控整流电路可以实现单象限运行,全控整流电路可以实现二象限运行，正、反两组全控整流电路则可以实现四象限运行。

V-M系统中采用电力电子器件，元件对过电压、过电流和过高的 du/dt 与 di/dt 十分敏感。通过提供可靠的保护装置和符合要求的散热条件，并在选择元件时留有一定裕量，可以改善这一问题。

V-M系统采用晶闸管相位控制技术，在低速运行时系统功率因数低、谐波电流大，电网电压波形畸变，殃及附近的用电设备，造成"电力公害"。在一些工作场合下，需要增设无功补偿和谐波滤波装置以降低无功和谐波含量，提高功率因数。

4）主电路结构分析

将整流装置的内阻移到装置外边，看作负载电路电阻的一部分，则整流电压便可以用其理想空载瞬时值 u_{d0} 和平均值 U_{d0} 来表示，相当于用图1-2所示的等效电路代替实际的整流电路。

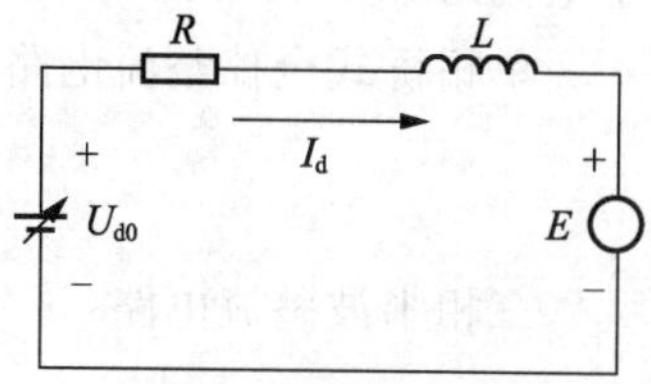

图1-2 晶闸管-电动机调速系统等效电路

根据图1-2中所示变量，可得瞬时电压平衡方程为：

$$u_{d0}=E+i_dR+L\frac{di_d}{dt} \tag{1-1}$$

式中，E 为电动机反电动势，V；i_d 为整流电流瞬时值，A；L 为主电路总电感，H；R 为主电路等效电阻，$R=R_{rec}+R_a+R_L$，Ω；R_{rec} 为整流装置内阻；R_a 为电机电枢电阻；R_L 为平波电抗器电阻。

理想空载整流电压平均值 U_{d0} 与触发脉冲控制角 α 的关系因整流电路的形式而异。对于一般的全控整流电路，当电流波形连续时，$U_{d0}=f(\alpha)$ 可用式(1-2)表示。表1-1列举了不同整流电路的整流电压波形峰值、脉波数及平均整流电压。

$$U_{d0}=\frac{m}{\pi}U_m\sin\frac{\pi}{m}\cos\alpha \tag{1-2}$$

式中，α 为从自然换相点算起的触发脉冲控制角；U_m 为 $\alpha=0$ 时的整流电压波形峰值，V；m 为交流电源一周内的整流电压脉波数(相数)。

表1-1 不同整流电路的整流电压波形峰值、脉波数及平均整流电压

整流电路	单相全波	三相半波	三相全波	六相半波
U_m	$\sqrt{2}U_2$	$\sqrt{2}U_2$	$\sqrt{6}U_2$	$\sqrt{2}U_2$
m	2	3	6	6
U_{d0}	$0.9U_2\cos\alpha$	$1.17U_2\cos\alpha$	$2.34U_2\cos\alpha$	$1.35U_2\cos\alpha$

注：U_2 为整流变压器二次侧额定相电压的有效值。

1.1.2 抑制电流脉动的措施

1）电流脉动产生的原因

一方面，整流电路的相数 m 有限，比直流电动机每对磁极下换向片的数目少得多；另一方面，回路的电感 L 有限，因此产生V-M系统的电流脉动问题。

2）电流脉动的影响

脉动电流产生脉动转矩，对生产不利；电流脉动造成较大的谐波分量，流入电源后对电网不利，会使电动机发热量增加。

3）抑制电流脉动的措施

(1) 增加整流电路的相数 m：可以通过改变整流电路的结构在一定程度上减小电流脉动。

(2) 设置平波电抗器：设置原则为低速轻载时保证电流连续。以下列举了几种常见电路结构的平波电抗器的工程设计计算公式，其中直流平均电流最小值 I_{dmin} 一般取电动机额定电流的 5%～10%。

单相桥式全控整流电路：

$$L=2.87\frac{U_2}{I_{dmin}} \tag{1-3}$$

三相半波整流电路：

$$L=1.46\frac{U_2}{I_{dmin}} \tag{1-4}$$

三相桥式整流电路：

$$L=0.693\frac{U_2}{I_{dmin}} \tag{1-5}$$

(3) 采用多重化技术及串并联的方式，相当于增加了整流电路的相数 m。

1.1.3 晶闸管-电动机调速系统机械特性

将式(1-2)代入直流电动机的转速公式 $n=\frac{1}{C_e}(U_{d0}-I_dR)$，可得：

$$n=\frac{1}{C_e}\left(\frac{m}{\pi}U_m\sin\frac{\pi}{m}\cos\alpha-I_dR\right) \tag{1-6}$$

式中，C_e 为直流电动机的电动势系数。

整流电路在实际工作过程中由于受负载电流和回路电抗的影响，存在电流连续和电流断续两种状态，如图 1-3 所示，其中图(a)为电流连续时的波形，图(b)为电流断续时的波形。电流连续和断续两种状态相应地也带来了 V-M 系统机械特性的变化。

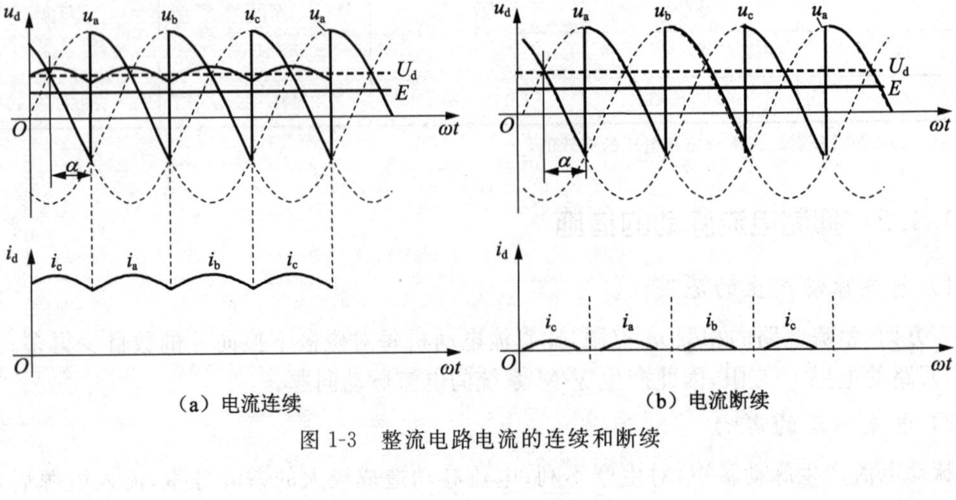

图 1-3　整流电路电流的连续和断续

1）电流连续时的机械特性

图 1-4 所示为电流连续时 V-M 系统的机械特性。只要电流连续，晶闸管可控整流器就可以看作一个线性的可控电压源，其机械特性是一组平行线。随着 α 的增大，输出到直流电动机的电枢电压减小，机械特性曲线下移。

2）电流断续时的机械特性

图 1-5 所示为电流断续时 V-M 系统的机械特性。当电流断续时，V-M 系统机械特性的特点非常明显：理想空载转速翘得很高；机械特性变软，呈显著的非线性；晶闸管整流器的等效内阻增大。

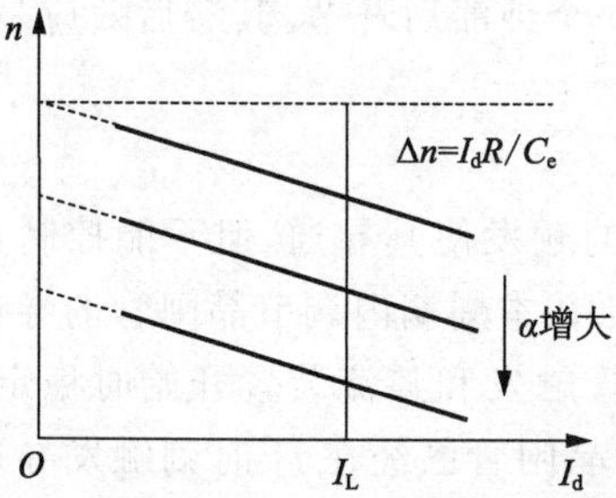

图 1-4 电流连续时 V-M 系统的机械特性

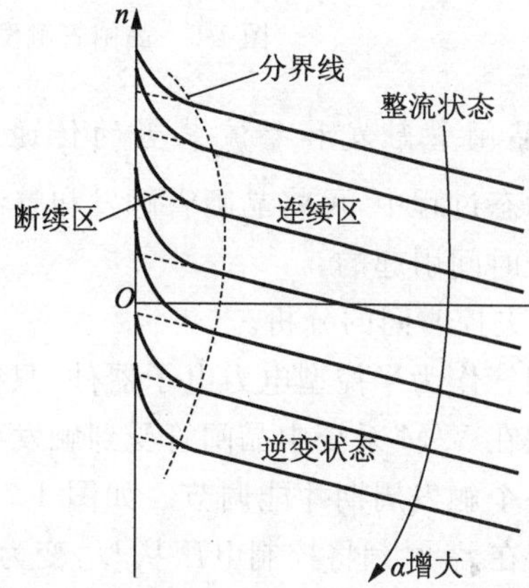

图 1-5 电流断续时 V-M 系统的机械特性

对于断续区的处理有两种方法：一是当主电路电感足够大时，可近似只考虑连续段；二是当断续显著时，可改用较陡的直线来逼近断续段特性。

1.1.4 晶闸管触发和整流装置的放大系数和传递函数

在进行调速系统的分析和设计时，可以把晶闸管触发和整流装置当作系统中的一个环节来看待。应用线性控制理论进行直流调速系统分析或设计时，必须事先求出这个环节的放大系数和传递函数。

1）晶闸管触发和整流装置的放大系数

实际的触发电路和整流电路都是非线性的，只能在一定的工作范围内近似看成线性环节。通常用实验方法测出该环节的输入-输出特性，如图 1-6 所示。晶闸管触发和整流装置的放大系数可由工作范围内的特性斜率决定，通过式(1-7)求解。

$$K_s = \frac{\Delta U_d}{\Delta U_c} \tag{1-7}$$

式中，K_s 为晶闸管触发和整流装置的放大系数，ΔU_d 为整流电压的变化，ΔU_c 为控制电压的变化。

晶闸管触发和整流装置的放大系数还可通过估算的方法获得。例如，假设触发电路控制电压的调节范围是 $U_c = 0 \sim 10$ V，相应的整流电压的变化范围是 $U_d = 0 \sim 220$ V，那么可取 $K_s = 220/10 = 22$，显然这种方法的误差相对较大。

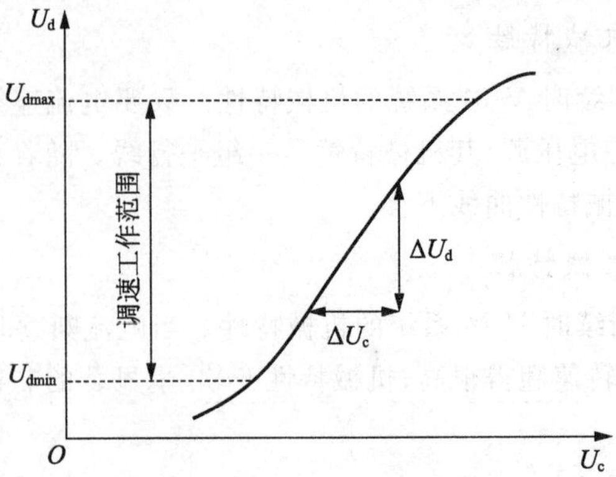

图 1-6　晶闸管触发和整流装置的输入-输出特性

2）晶闸管触发和整流装置的传递函数

在动态过程中,可将晶闸管触发和整流装置看成一个纯滞后环节,其滞后效应是由晶闸管的失控时间引起的。

(1) 失控时间的分析。

晶闸管作为半控型电力电子器件,只能通过门极的触发使其导通,但不能控制其关断,从而导致在 V-M 系统中晶闸管受到触发导通之后无法在本周期内调节晶闸管的导通角,只能到下一个触发周期才能调节。如图 1-7 所示,晶闸管触发和整流装置开始时稳定工作在 U_{d1} 状态,在 t_2 时刻将控制电压从 U_{c1} 变为 U_{c2},但此时晶闸管已经在 t_1 时刻触发导通,不能再进行输出调节,只能等到下一个触发周期 t_4 时刻才能有效控制晶闸管,相应的输出电压在 t_3 时刻由 U_{d1} 变为 U_{d2},中间从控制电压的变化到输出平均电压的变化有一个 T_s 的时间延迟,这个时间延迟通常称为失控时间。

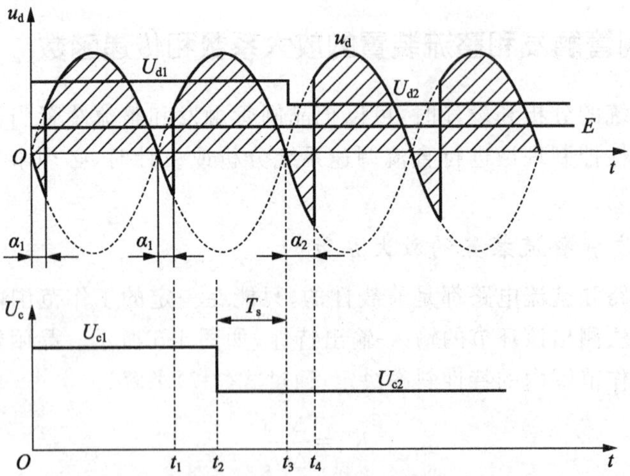

图 1-7　晶闸管触发和整流装置的失控时间

(2) 最大失控时间的计算。

最大可能的失控时间就是两个相邻自然换相点之间的时间,与交流电源频率和整流电路形式有关:

$$T_{smax}=\frac{1}{mf} \tag{1-8}$$

式中，T_{smax}为最大失控时间，s；f 为交流电流频率，Hz；m 为一个周期内的整流电压脉波数。

(3) T_s 值的选取。

在一般情况下 T_s 可取最大失控时间的统计平均值，即 $T_s=T_{smax}/2$，并认为它是常数。表 1-2 给出了不同整流电路的最大失控时间和平均失控时间。

表 1-2 不同整流电路的最大失控时间和平均失控时间

整流电路形式	最大失控时间 T_{smax}/ms	平均失控时间 T_s/ms
单相半波	20	10
单相桥式(全波)	10	5
三相半波	6.67	3.33
三相桥式、六相半波	3.33	1.67

(4) 传递函数的求取。

用单位阶跃函数表示滞后，则晶闸管触发与整流装置的输入-输出关系为：

$$U_{d0}=K_sU_c\cdot 1(t-T_s)$$

根据拉氏变换的位移定理，晶闸管装置的传递函数为：

$$W_s(s)=\frac{U_{d0}(s)}{U_c(s)}=K_s e^{T_s s}$$

按照泰勒级数展开，可得：

$$W_s(s)=K_s e^{T_s s}=\frac{K_s}{e^{T_s s}}=\frac{K_s}{1+T_s s+\frac{1}{2!}T_s^2s^2+\frac{1}{3!}T_s^3s^3+\cdots}$$

考虑到 T_s 很小，可忽略高次项，则传递函数可近似成一阶惯性环节，得到晶闸管装置的近似传递函数，见式(1-9)。一般情况下使用近似传递函数进行分析计算。

$$W_s(s)\approx\frac{K_s}{1+T_s s} \tag{1-9}$$

1.2 直流脉宽调速系统

采用脉冲宽度调制(pulse width modulation，PWM)的高频开关控制方式形成的脉宽调制变换器-直流电动机调速系统，称为直流脉宽调速系统，也即直流 PWM 调速系统。本节讨论直流脉宽调速系统涉及的主要问题。

1.2.1 PWM 变换器工作原理

PWM 变换器采用恒定直流电源或不可控整流电源供电产生可变的平均电压，功率器件不受相位控制而工作在开关状态。

1）PWM 变换器的基本原理

图 1-8(a)中，VT 表示电力电子开关器件，VD 表示续流二极管。当 VT 导通时，直流电源电压 U_s 加到电动机上；当 VT 关断时，直流电源与电动机脱开，电动机电枢经 VD 续流，两端电压接近于零。如此反复，电枢端电压波形如图 1-8(b)所示，好像是电源电压 U_s 在 t_{on} 时间内被接上，又在 $T-t_{on}$ 时间内被斩断，故称为“斩波”。直流斩波器的平均输出电压 U_d 可通过改变晶闸管的导通和(或)关断时间来调节。

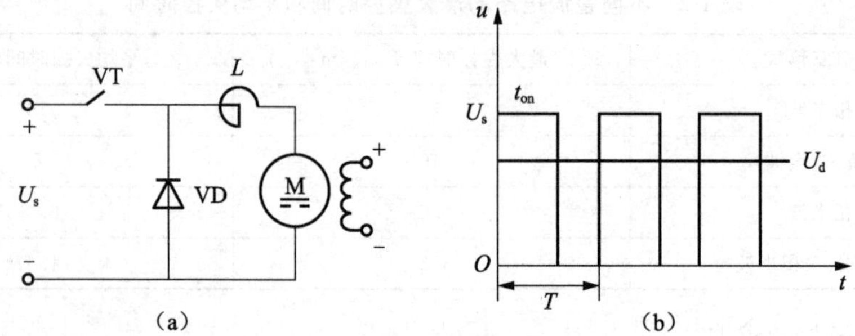

图 1-8　直流斩波器电路结构和工作波形

电动机得到的平均电压 U_d 为：

$$U_d=\frac{t_{on}}{T}U_s=\rho U_s \tag{1-10}$$

式中，T 为晶闸管的开关周期；t_{on} 为开通时间；ρ 为占空比，$\rho=t_{on}/T=t_{on}f$，其中 f 为开关频率。

2）PWM 变换器的控制方式

PWM 变换器的输出电压通过调整占空比 ρ 来实现。根据式(1-10)可得 PWM 变换器的 3 种控制方式如下：

(1) 脉冲宽度调制(PWM)——T 不变，改变 t_{on}；

(2) 脉冲频率调制(PFM)——t_{on} 不变，改变 T；

(3) 混合型(两点式控制)——t_{on} 和 T 都可调，改变 ρ。

无论选择哪种控制方式，从根本上来讲都是改变了占空比 ρ。

3）PWM 调速系统的优点

(1) 主电路线路简单，需用的功率器件少；

(2) 开关频率高，电流容易连续，谐波少，电机损耗及发热都较小；

(3) 低速性能好，稳速精度高，调速范围宽；

(4) 若与快速响应的电机配合，则系统频带宽，动态响应快，动态抗扰能力强；

(5) 功率开关器件工作在开关状态，导通损耗小，当开关频率适当时，开关损耗也不大，因而装置效率较高；

(6) 直流电源采用不可控整流时，电网功率因数比相控整流器的高。

4）PWM 变换器的工作状态和电压、电流波形

PWM 变换器的作用：用 PWM 调制的方法，把恒定的直流电源电压调制成频率一定、宽度可变的脉冲电压系列，从而可以改变平均输出电压的大小，以调节电动机转速。PWM 变

换器的电路有多种形式，主要分为不可逆与可逆两大类，本节主要介绍不可逆 PWM 变换器。

(1) 简单的不可逆 PWM 变换器。

简单的不可逆 PWM 变换器-直流电动机系统主电路原理图如图 1-9 所示，功率开关器件可以选择任意一种全控型开关器件，这样的电路又称为直流降压斩波器。

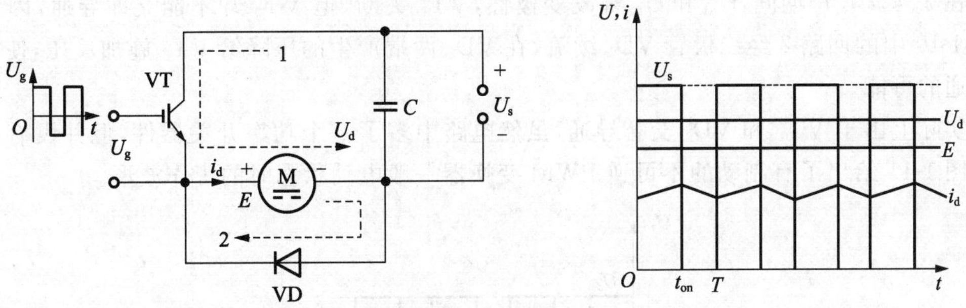

U_s—直流电源电压；C—滤波电容器；M—直流电动机；VD—续流二极管；

VT—功率开关器件，VT 的栅极由脉宽可调的脉冲电压 U_g 驱动。

图 1-9 简单的不可逆 PWM 变换器-直流电动机系统电路结构与工作波形

在一个开关周期内，当 $0 \leqslant t < t_{on}$ 时，U_g 为正，VT 导通，电源电压通过 VT 加到电动机电枢两端；当 $t_{on} \leqslant t < T$ 时，U_g 为负，VT 关断，电枢失去电源，经过 VD 续流。

电动机两端得到的平均电压可由式(1-10)求得，改变 $\rho(0 \leqslant \rho < 1)$ 即可调节电动机的转速，若令 $\gamma = U_d/U_s$ 为 PWM 电压系数，则在不可逆 PWM 变换器中 $\gamma = \rho$。由于电流不能反向，因而没有制动能力，只能做单象限运行。

(2) 有制动的不可逆 PWM 变换器。

需要制动时，必须为反向电流提供通路，如图 1-10 所示的双管交替开关电路。当 VT_1 导通时，流过电流 $+i_d$；当 VT_2 导通时，流过电流 $-i_d$。应特别注意，这个电路仍然是不可逆的，只能工作在第一、二象限，因为平均电压 U_d 并没有改变极性。

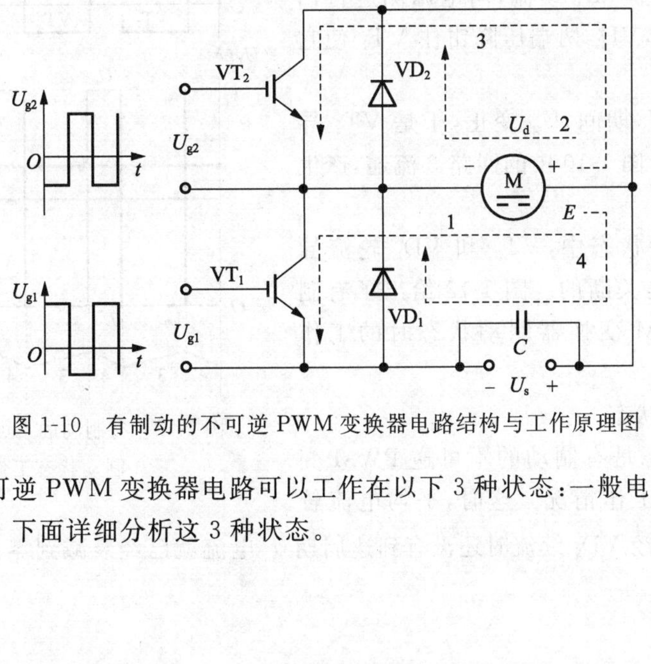

图 1-10 有制动的不可逆 PWM 变换器电路结构与工作原理图

有制动的不可逆 PWM 变换器电路可以工作在以下 3 种状态：一般电动状态、制动状态和轻载电动状态。下面详细分析这 3 种状态。

① 一般电动状态。

在一般电动状态中，输出电压始终为正值。设 t_{on} 为 VT_1 的导通时间，则一个工作周期存在 2 个工作阶段：

在 $0 \leqslant t < t_{on}$ 期间，U_{g1} 为正，VT_1 导通，U_{g2} 为负，VT_2 关断。此时，电源电压 U_s 加到电枢两端，电流 i_d 沿图 1-10 中的回路 1 流通。

在 $t_{on} \leqslant t \leqslant T$ 期间，U_{g1} 和 U_{g2} 都改变极性，VT_1 关断，但 VT_2 却不能立即导通，因为 i_d 沿图 1-10 中的回路 2 经二极管 VD_2 续流，在 VD_2 两端产生的压降给 VT_2 施加反压，使它失去导通的可能。

实际上由于 VT_1 和 VD_2 交替导通，虽然电路中多了一个功率开关器件，但并没有被利用。图 1-11 给出了有制动的不可逆 PWM 变换器一般电动状态时的工作波形。

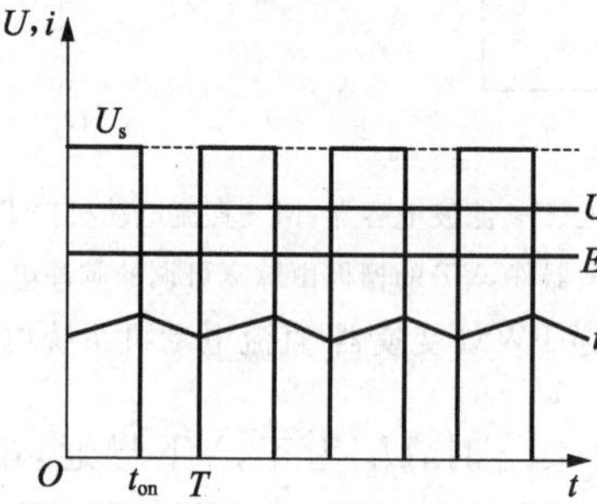

图 1-11　有制动的不可逆 PWM 变换器一般电动状态工作波形

② 制动状态。

在制动状态中，i_d 为负值，VT_2 发挥作用。这种情况发生在电动运行过程中需要降速的时候。这时，先减小控制电压，使 U_{g1} 的正脉冲变窄、负脉冲变宽，从而使平均电枢电压 U_d 降低。但是，由于机电惯性，转速和反电动势 E 还来不及变化，因而造成 $E > U_d$ 的局面，很快使电流 i_d 反向，VD_2 截止，VT_2 开始导通。

在 $0 \leqslant t < t_{on}$ 期间，VT_2 关断，电流 i_d 沿图 1-10 中的回路 4 经 VD_1 续流，向电源侧进行回馈制动；与此同时，VD_1 两端压降钳住 VT_1 使它不能导通。

在 $t_{on} \leqslant t < T$ 期间，U_{g2} 变正，于是 VT_2 导通，反向电流 i_d 沿图 1-10 中的回路 3 流通，产生能耗制动作用。

因此，在制动状态中，VT_2 和 VD_1 轮流导通，而 VT_1 始终是关断的。图 1-12 给出了有制动的不可逆 PWM 变换器制动状态时的工作波形。

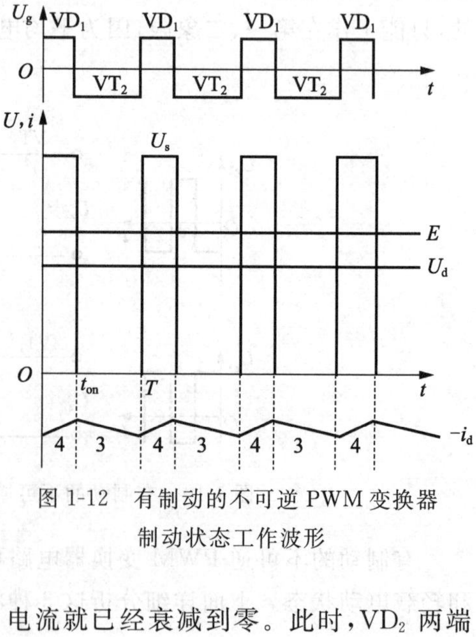

图 1-12　有制动的不可逆 PWM 变换器制动状态工作波形

③ 轻载电动状态。

轻载电动状态是有制动的不可逆 PWM 变换器的一种特殊工作情况。这时，平均电流较小，以致在关断后经 VD_2 续流时还没有到达周期 T 电流就已经衰减到零。此时，VD_2 两端电压也降为零，VT_2 提前导通，使电流方向变动，产生局部时间的制动作用。轻载电动状态的一个周期可分成 4 个阶段：

第 1 阶段，VD_1 续流，电流 i_d 沿图 1-10 中的回路 4 流通；

第 2 阶段，VT_1 导通，电流 i_d 沿图 1-10 中的回路 1 流通；

第 3 阶段，VD_2 续流，电流 i_d 沿图 1-10 中的回路 2 流通；

第 4 阶段，VT_2 导通，电流 i_d 沿图 1-10 中的回路 3 流通。

在第 1、第 4 阶段，电动机流过反向电流，工作在制动状态；在第 2、第 3 阶段，电动机流过正向电流，工作在电动状态。因此，在轻载时，电流可在正负方向之间脉动，平均电流等于负载电流。图 1-13 给出了有制动的不可逆 PWM 变换器轻载电动状态时的工作波形。表 1-3 给出了有制动的不可逆 PWM 变换器的不同工作状态比较，主要分析了一般电动状态、制动状态和轻载电动状态这 3 种工作状态在不同工作区间内的导通器件、电流回路和电流方向。

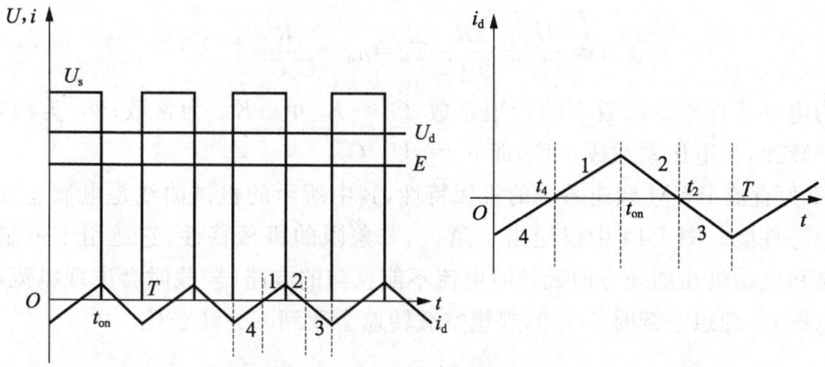

图 1-13 有制动的不可逆 PWM 变换器轻载电动状态工作波形

表 1-3 有制动的不可逆 PWM 变换器的不同工作状态比较

工作状态		$0\sim t_{on}$		$t_{on}\sim T$	
		$0\sim t_4$	$t_4\sim t_{on}$	$t_{on}\sim t_2$	$t_2\sim T$
一般电动状态	导通器件	VT_1		VD_2	
	电流回路	1		2	
	电流方向	+		+	
制动状态	导通器件	VD_1		VT_2	
	电流回路	4		3	
	电流方向	−		−	
轻载电动状态	导通器件	VD_1	VT_1	VD_2	VT_2
	电流回路	4	1	2	3
	电流方向	−	+	+	−

1.2.2 直流脉宽调速系统机械特性

脉宽调速系统的转矩和转速也都是脉动的。所谓稳态，是指电动机的平均电磁转矩与负载转矩相平衡的状态。机械特性是指平均转速与平均转矩(电流)的关系。

带制动的不可逆电路的电压方程如下：

$$U_s = Ri_d + L\frac{di_d}{dt} + E \quad (0 \leqslant t < t_{on})$$

$$0 = Ri_d + L\frac{di_d}{dt} + E \quad (t_{on} \leqslant t < T)$$

平均电压 $U_d = \gamma U_s$，平均转速 $n = E/C_e$，而电枢电感压降的平均值 $L\,di_d/dt$ 在稳态时应为零，于是可以得到下式：

$$\gamma U_s = RI_d + E = RI_d + C_e n$$

进而可以得到转速的公式为：

$$n = \frac{\gamma U_s}{C_e} - \frac{R}{C_e}I_d = n_0 - \frac{R}{C_e}I_d \tag{1-11a}$$

或

$$n = \frac{\gamma U_s}{C_e} - \frac{R}{C_e C_m}T_e = n_0 - \frac{R}{C_e C_m}T_e \tag{1-11b}$$

式中，C_m 为电动机在额定磁通下的转矩系数，$C_m = K_m \Phi_N$；K_m 为常数；Φ_N 为额定磁通；n_0 为理想空载转速，与电压系数成正比，即 $n_0 = \gamma U_s / C_e$。

图 1-14 为直流 PWM 调速系统的机械特性，其中所示的机械曲线是电流连续时脉宽调速系统的稳态性能。图 1-14 中仅绘出了第一、二象限的机械特性，它适用于带制动作用的不可逆电路和电动机在同一方向旋转时电流不能反向的电路(轻载时会出现电流断续现象，抬高平均电压)。理想空载时 $I_d = 0$，理想空载转速会翘到 $n_{0s} = U_s / C_e$。

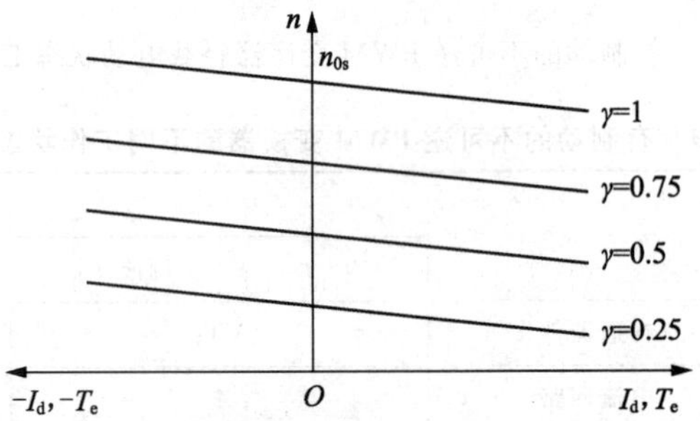

图 1-14 直流 PWM 调速系统(电流连续)的机械特性

1.2.3 PWM 变换器数学模型

图 1-15 为 PWM 控制器与变换器的框图。与 V-M 系统的晶闸管触发和整流装置的结构类似，PWM 变换器的动态数学模型也与晶闸管触发和整流装置基本一致。

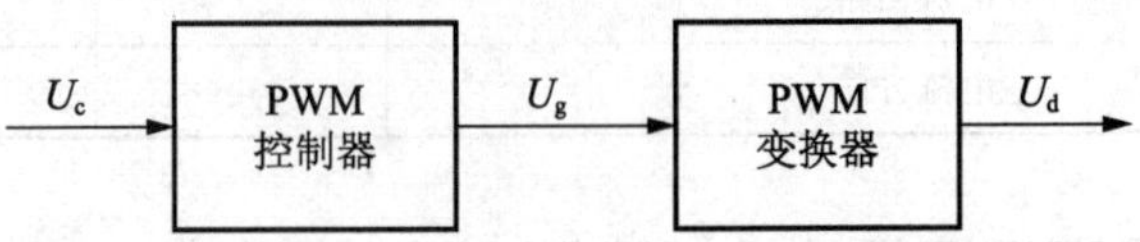

图 1-15 PWM 控制器与变换器的框图

PWM 变换器(简称 PWM 装置)也可以看成一个滞后环节,其传递函数可以写成:

$$W_s(s)=\frac{U_s(s)}{U_c(s)}=K_s e^{-T_s s}$$

式中,K_s 为 PWM 装置的放大系数;T_s 为 PWM 装置的延迟时间,$T_s \leqslant T_0$;T_0 为开关周期。

例如,当开关频率为 10 kHz 时,$T=0.1$ ms,在一般的电力拖动自动控制系统中,时间常数这么小的滞后环节可以近似看成一个一阶惯性环节,PWM 变换器的传递函数也可近似处理为式(1-12),与晶闸管装置传递函数完全一致。

$$W_s(s)\approx\frac{K_s}{T_s s+1} \tag{1-12}$$

1.3 稳态调速性能指标和开环直流调速系统

1.3.1 转速控制要求和稳态调速性能指标

1) 调速系统的转速控制要求

(1) 调速——在一定的最高转速和最低转速范围内,分挡(有级)地或平滑(无级)地调节转速,这是直流调速系统的基本要求。

(2) 稳速——以一定的精度在所需转速上稳定运行,在各种干扰下不允许有过大的转速波动,以确保产品质量,这是直流调速系统的稳态性能要求。

(3) 加、减速——频繁起、制动的设备要求加、减速尽量快,以提高生产率;不宜经受剧烈速度变化的机械则要求起、制动尽量平稳,这是直流调速系统的动态性能要求。

2) 调速系统的稳态性能指标

(1) 调速范围。

生产机械要求电动机提供的最高转速和最低转速之比称为调速范围,也称为调速比,用 D 表示。

$$D=n_{\max}/n_{\min} \tag{1-13}$$

式中,$n_{\max}$ 和 $n_{\min}$ 一般指电动机额定负载时的最高和最低转速,对于少数负载很轻的机械,例如精密磨床,也可用实际负载时的转速。

(2) 静差率。

当系统在某一转速下运行时,负载由理想空载增加到额定值时所对应的转速降落 Δn_N(也称额定速降)与理想空载转速 n_0 之比称为静差率 s。静差率用来衡量调速系统在负载变化时转速的稳定度。

$$s=\Delta n_N/n_0 \quad \text{或} \quad s=\frac{\Delta n_N}{n_0}\times 100\% \tag{1-14}$$

式中,n_N 为额定负载时的转速,$\Delta n_N=n_0-n_N$。

(3) 静差率与机械特性硬度的关系。

① 特性越硬,静差率越小,转速的稳定度越高。

② 硬度相同时，理想空载转速越低，静差率越大，转速的相对稳定度也就越差。图 1-16 给出了硬度相同时不同转速下的静差率，其中 T_{eN} 为额定转矩。调速系统的静差率指标应以最低转速时所能达到的数值为准。

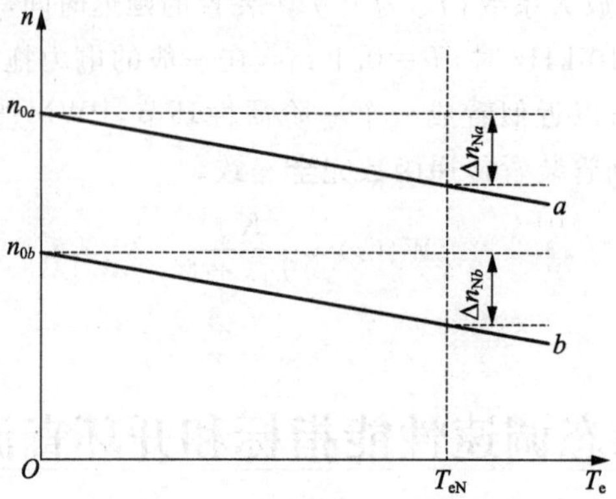

图 1-16　不同转速下的静差率

(4) 调速范围、静差率和额定速降之间的关系。

假设电动机额定转速 n_N 为最高转速，额定速降为 Δn_N，则按照上面分析的结果，该系统的静差率 s 应该是最低速时的静差率，即

$$s=\frac{\Delta n_N}{n_{0\min}}=\frac{\Delta n_N}{n_{\min}+\Delta n_N} \tag{1-15}$$

最低转速为：

$$n_{\min}=\frac{\Delta n_N}{s}-\Delta n_N=\frac{(1-s)\Delta n_N}{s} \tag{1-16}$$

又因调速范围为 $D=\frac{n_{\max}}{n_{\min}}=\frac{n_N}{n_{\min}}$，将式(1-16)代入可得：

$$D=\frac{n_N s}{\Delta n_N(1-s)} \tag{1-17}$$

由式(1-17)可知，对于同一个调速系统，额定速降或机械特性硬度一定，静差率要求越严，则调速范围越小。一个调速系统的调速范围是指在最低转速时还能满足所提静差率要求的可调范围。

【例 1-1】 某直流调速系统电动机额定转速 $n_N=1\,430$ r/min，额定速降 $\Delta n_N=115$ r/min，当要求静差率 $s\leqslant 30\%$ 时，允许多大的调速范围？如果要求静差率 $s\leqslant 20\%$，则调速范围是多少？如果希望调速范围达到 10，则所能满足的静差率是多少？

解　当要求 $s\leqslant 30\%$ 时，调速范围为：

$$D=\frac{n_N s}{\Delta n_N(1-s)}=\frac{1\,430\times 0.3}{115\times(1-0.3)}=5.3$$

当要求 $s\leqslant 20\%$ 时，调速范围为：

$$D=\frac{1\,430\times 0.2}{115\times(1-0.2)}=3.1$$

当调速范围达到 10 时，静差率为：

$$s=\frac{D\Delta n_{\mathrm{N}}}{n_{\mathrm{N}}+D\Delta n_{\mathrm{N}}}=\frac{10\times 115}{1\ 430+10\times 115}=0.446=44.6\%$$

从例 1-1 的计算结果可以看出：在相同条件下，静差率要求越小，调速范围也越小；调速范围增大，静差率也随之增大。一般情况下，我们希望静差率小的同时调速范围要大，但从式(1-17)的分析来看，并不能同时满足静差率和调速范围的要求。

1.3.2 开环直流调速系统

仅用触发装置 GT 的控制电压来调节电动机转速的 V-M 系统是开环控制的调速系统。如果负载的生产工艺对运行时的静差率要求不高，则这样的开环直流调速系统就能实现一定范围内的无级调速。然而，当要求调速系统同时满足调速范围和静差率这两个调速指标时，开环直流调速系统通常难以实现。

【例 1-2】 某龙门刨床工作台拖动采用直流电动机，其额定数据如下：60 kW，220 V，305 A，1 000 r/min，采用 V-M 系统，主电路总电阻 $R=0.18\ \Omega$，电动机电动势系数 $C_{\mathrm{e}}=0.2\ \mathrm{V\cdot min/r}$。如果要求调速范围 $D=20$，静差率 $s\leqslant 5\%$，则采用开环直流调速能否满足？若要满足这个要求，则系统的额定速降 Δn_{N} 最多为多少？

解 当电流连续时，V-M 系统的额定速降为：

$$\Delta n_{\mathrm{N}}=\frac{I_{\mathrm{dN}}R}{C_{\mathrm{e}}}=\frac{305\times 0.18}{0.2}\ \mathrm{r/min}=275\ \mathrm{r/min}$$

开环系统机械特性连续段在额定转速时的静差率为：

$$s_{\mathrm{N}}=\frac{\Delta n_{\mathrm{N}}}{n_{\mathrm{N}}+\Delta n_{\mathrm{N}}}=\frac{275}{1\ 000+275}=0.216=21.6\%$$

额定转速时的静差率已大大超过了5%的要求，根据调速系统的静差率指标应以最低速时所能达到的数值为准这一要求，显然开环系统难以满足要求。

如果要求调速范围 $D=20$，静差率 $s\leqslant 5\%$，则根据式(1-17)可求得：

$$\Delta n_{\mathrm{N}}=\frac{n_{\mathrm{N}}s}{D(1-s)}\leqslant\frac{1\ 000\times 0.05}{20\times(1-0.05)}\ \mathrm{r/min}=2.63\ \mathrm{r/min}$$

开环直流调速系统的额定速降是 275 r/min，而生产工艺的要求却只有 2.63 r/min，因而开环直流调速不能满足要求。为了扩大系统的调速范围，必须设法减小静态速降，而按照反馈原理构成转速闭环系统是减小或消除静态速降的有效途径。

1.4 转速反馈控制的直流调速系统

1.4.1 转速闭环调速系统结构

转速闭环调速系统

反馈控制的闭环系统是按被调量的偏差进行控制的系统，只要被调量出现偏差，它就会自动产生纠正偏差的作用。调速系统的转速降落正是由负载引起的转速偏差，引入转速闭环构成负反馈将使调速系统的转速降落大大减小。

图 1-17 为带转速负反馈的闭环直流调速系统原理框图，其中，UPE 是由电力电子器件组成的电力电子变换器，其输入接三相（或单相）交流电源，输出为可控的直流电压 U_d，控制电压为 U_c；U_{tg} 为测速发电机 TG 输出的直流电压。以下给出了负载变化时系统内各个变量的变化调节情况：

负载↑→转速 n↓→ΔU_n↑→U_c↑→移相角↓→U_d↑→转速 n↑；

负载↓→转速 n↑→ΔU_n↓→U_c↓→移相角↑→U_d↓→转速 n↓。

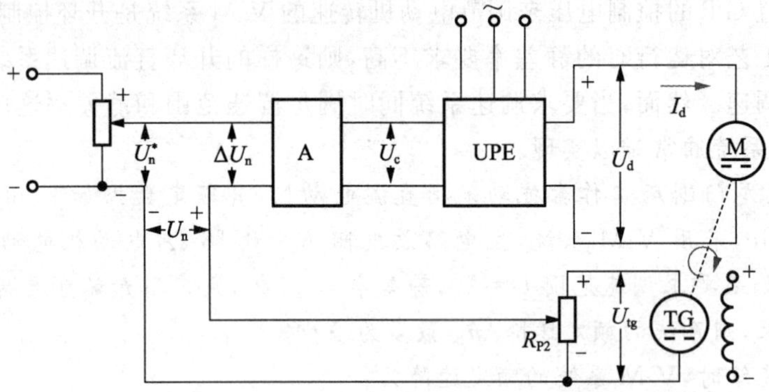

图 1-17　带转速负反馈的闭环直流调速系统原理框图

根据带转速负反馈的闭环直流调速系统原理框图，可以获取各环节之间的关系，得到闭环系统的静特性方程，具体分析如下。

1）假定条件

（1）各典型环节的输入-输出呈线性关系（或线性段）；

（2）系统工作在电流连续段；

（3）忽略控制电源和电位器的内阻。

2）转速负反馈直流调速系统中各环节的稳态关系

电压比较环节：　$\Delta U_n = U_n^* - U_n$

放大器环节：　$U_c = K_P \Delta U_n$

电力电子变换器：　$U_{d0} = K_s U_c$

系统开环机械特性：　$n = \dfrac{U_{d0}\ I_d R}{C_e}$

测速反馈环节：　$U_n = \alpha n$

结合上述稳态关系，可得静特性方程为：

$$n = \frac{K_P K_s U_n^* - I_d R}{C_e(1 + K_P K_s \alpha / C_e)} = \frac{K_P K_s U_n^*}{C_e(1+K)} - \frac{R I_d}{C_e(1+K)} \tag{1-18}$$

闭环系统的开环放大系数 K 为：

$$K = \frac{K_P K_s \alpha}{C_e} \tag{1-19}$$

电动机环节的放大系数 C_e 为：

$$C_e = E/n \tag{1-20}$$

上述式中，U_n 为负反馈电压；U_n^* 为给定电压；ΔU_n 为转速偏差电压；U_c 为 UPE 的控制电压；U_{d0} 为 UPE 的理想空载输出电压；K_s 为电力电子变换器的电压放大系数；K_P 为放大器的电压放大系数；R 为电枢回路总电阻；α 为转速反馈系数；n 为转速；C_e 为电动机环节的放大系数；I_d 为电枢电流；E 为电动机反电势。

闭环调速系统的静特性表示闭环系统电动机转速与负载电流（或转矩）间的稳态关系，它在形式上与开环机械特性相似，但本质上却有很大的不同，故定名为静特性，以示区别。

3）闭环系统的稳态结构框图

转速负反馈闭环直流调速系统稳态结构框图如图 1-18 所示，其可以等效为图 1-19 的给定作用和扰动作用的合成。

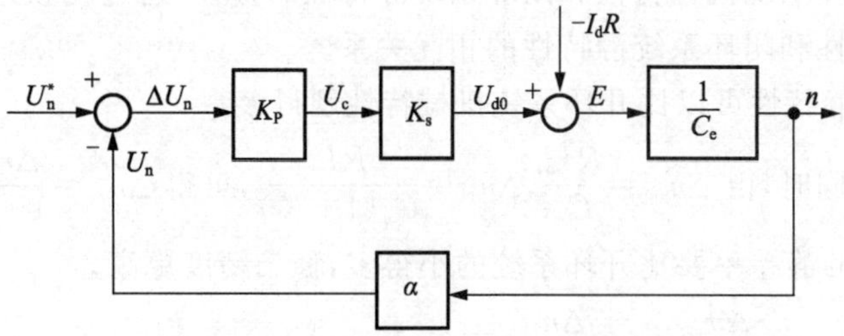

图 1-18 转速负反馈闭环直流调速系统稳态结构框图

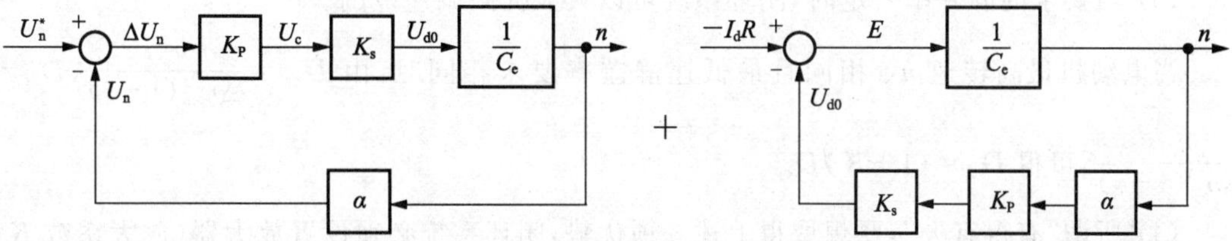

图 1-19 给定作用＋扰动作用

结合图 1-20 所示的闭环系统静特性和开环系统机械特性的关系示意图，分析可得闭环调速系统降低速降的实质：一是闭环系统的自动调节作用；二是闭环系统随负载的变化相应改变输出的电枢电压，以补偿电枢回路电阻压降，从而降低了转速降落。例如，当负载电流由 I_{d1} 升至 I_{d2} 时，若为开环系统，则工作点由原来的 A 点变为 A' 点；若为闭环系统，则通过调节作用，工作点由原来的 A 点变为 B 点。

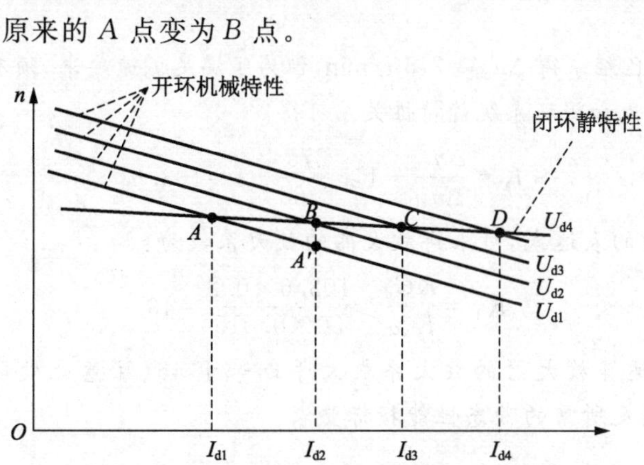

图 1-20 闭环系统静特性和开环系统机械特性的关系

1.4.2 开环系统机械特性和闭环系统静特性关系

开环系统机械特性为：

$$n=\frac{U_{d0}-I_dR}{C_e}=\frac{K_PK_sU_n^*}{C_e}-\frac{RI_d}{C_e}=n_{0op}-\Delta n_{op}$$

闭环系统静特性为：

$$n=\frac{K_PK_sU_n^*}{C_e(1+K)}-\frac{RI_d}{C_e(1+K)}=n_{0cl}-\Delta n_{cl}$$

式中，下标 op 代表开环系统；cl 代表闭环系统，下同。

以上给出了开环系统机械特性和闭环系统静特性的方程，通过比较这两个方程，可以得到开环系统机械特性和闭环系统静特性的相互关系。

（1）闭环系统静特性可以比开环系统机械特性硬得多。

当负载扰动相同时，由 $\Delta n_{op}=\frac{RI_d}{C_e}$，$\Delta n_{cl}=\frac{RI_d}{C_e(1+K)}$，可得 $\Delta n_{cl}=\frac{\Delta n_{op}}{1+K}$。

（2）闭环系统的静差率要比开环系统的小得多，稳态精度更高。

当 $n_{0op}=n_{0cl}$ 时，$s_{cl}=\frac{\Delta n_{cl}}{n_{0cl}}$，$s_{op}=\frac{\Delta n_{op}}{n_{0op}}$，可得 $s_{cl}=\frac{s_{op}}{1+K}$。

（3）当要求的静差率一定时，闭环系统可以大大提高调速范围。

当电动机最高转速 n_N 相同且最低速静差率要求相同时，由 $D_{op}=\frac{n_Ns}{\Delta n_{op}(1-s)}$，$D_{cl}=\frac{n_Ns}{\Delta n_{cl}(1-s)}$，可得 $D_{cl}=(1+K)D_{op}$。

（4）所谓“有得有失”，要想取得上述 3 项优势，闭环系统必须设置放大器（放大系数 K）以及检测与反馈装置。

（5）开环系统机械特性和闭环系统静特性都反映了电动机转速与电流的关系，但是静特性只反映稳态关系，不反映动态关系。

【例 1-3】 针对 1.3.2 小节开环直流调速系统的举例（例 1-2），若龙门刨床要求 $D=20$，$s\leqslant 5\%$，已知 $K_s=30$，$\alpha=0.015\ \text{V}\cdot\text{min/r}$，$C_e=0.2\ \text{V}\cdot\text{min/r}$，则如何采用闭环系统满足此要求？

解 在例 1-2 中已经求得 $\Delta n_{op}=275\ \text{r/min}$，但为了满足调速要求，须有 $\Delta n_{cl}=2.63\ \text{r/min}$。根据开环系统机械特性和闭环系统静特性关系可得：

$$K=\frac{\Delta n_{op}}{\Delta n_{cl}}-1\geqslant\frac{275}{2.63}-1=103.6$$

再根据开环放大系数的表达式，可求得放大器的放大系数为：

$$K_P=\frac{KC_e}{K_s\alpha}\geqslant\frac{103.6\times 0.2}{30\times 0.015}=46$$

据此可知，只要运算放大器的放大系数大于或等于 46（注意此处取整时，应采用收尾法），闭环系统就能满足所需的稳态性能指标要求。

1.4.3 反馈控制规律

1）只用比例放大器的反馈闭环控制系统总有静差

根据 $\Delta n_{cl}=\dfrac{RI_d}{C_e(1+K)}$ 可知，只有当 $K\to\infty$ 时，才有 $\Delta n_{cl}=0$，而这是不可能的，也是不允许的。有静差调速系统正是依靠被调量偏差的变化实现控制作用的。

2）抵抗扰动，服从给定

反馈控制系统能有效地抑制一切被负反馈环所包围的前向通道上的扰动作用，而对给定作用的变化则唯命是从。

除给定信号外，作用在控制系统各环节上的一切会引起输出量变化的因素都称为扰动。转速闭环反馈系统主要包含以下扰动（图 1-21）：

(1) 负载变化的扰动（使 I_d 变化）；

(2) 交流电源电压波动的扰动（使 K_s 变化）；

(3) 电动机励磁变化的扰动（使 C_e 变化）；

(4) 放大器输出电压漂移的扰动（使 K_P 变化）；

(5) 温升引起主电路电阻增大的扰动（使 R 变化）；

(6) 检测误差的扰动（使 α 变化）。

注：$K_s\downarrow\to U_{d0}\downarrow\to n\downarrow\to U_n\downarrow\to\Delta U_n\uparrow\to U_c\uparrow\to U_{d0}\uparrow\to n\uparrow$（可抑制）；

$\alpha\uparrow\to U_n\uparrow\to\Delta U_n\downarrow\to U_c\downarrow\to U_{d0}\downarrow\to n\downarrow$（不可抑制）。

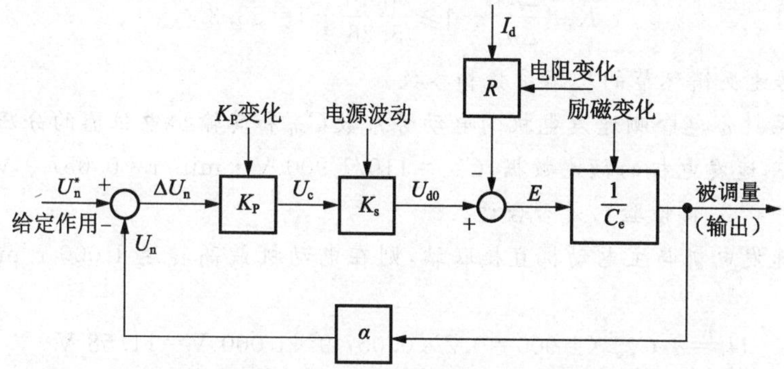

图 1-21 闭环调速系统的给定作用和扰动作用

3）系统的精度依赖于给定和反馈检测精度

给定精度——由于给定决定系统输出，所以输出精度自然取决于给定精度。高精度的调速系统必须有更高精度的给定稳压电源。

检测精度——反馈检测装置的误差也是反馈控制系统无法克服的，因此检测精度决定了系统输出精度。

1.4.4 闭环直流调速系统稳态参数计算

【例 1-4】 用线性集成电路运算放大器作为电压放大器的转速负反馈闭环直流调速系

统，主电路是晶闸管可控整流器供电的V-M系统。已知数据如下：

① 电动机：额定数据为10 kW，220 V，55 A，1 000 r/min，电枢电阻$R_a=0.5\ \Omega$。

② 晶闸管触发整流装置：三相桥式可控整流电路，整流变压器Y/Y联结，二次线电压$U_{2l}=230$ V，电压放大系数$K_s=44$。

③ V-M系统电枢回路总电阻：$R=1.0\ \Omega$。

④ 测速发电机：永磁式，额定数据为23.1 W，110 V，0.21 A，1 900 r/min。

⑤ 直流稳压电源：±15 V。

若生产机械要求调速范围$D=10$，静差率$s\leqslant5\%$，试计算调速系统的稳态参数（暂不考虑电动机的起动问题）。

解　(1) 为满足调速系统的稳态性能指标，额定负载时的稳态速降应为：

$$\Delta n_{cl}=\frac{n_N s}{D(1-s)}\leqslant\frac{1\ 000\times0.05}{10\times(1-0.05)}\ \text{r/min}=5.26\ \text{r/min}$$

(2) 求闭环系统应有的开环放大系数。

电动机的电动势系数为：

$$C_e=\frac{U_N-I_N R_a}{n_N}=\frac{220-55\times0.5}{1\ 000}\ \text{V}\cdot\text{min/r}=0.192\ 5\ \text{V}\cdot\text{min/r}$$

开环系统额定速降为：

$$\Delta n_{op}=\frac{I_N R}{C_e}=\frac{55\times1.0}{0.192\ 5}\ \text{r/min}=285.7\ \text{r/min}$$

闭环系统的开环放大系数为：

$$K=\frac{\Delta n_{op}}{\Delta n_{cl}}-1\geqslant\frac{285.7}{5.26}-1=53.3$$

(3) 计算转速反馈环节的反馈系数和参数。

转速反馈系数α包含测速发电机的电动势系数C_{etg}和其输出电位器的分压系数α_2，即$\alpha=\alpha_2 C_{etg}$，根据测速发电机的额定数据，$C_{etg}=110/1\ 900\ \text{V}\cdot\text{min/r}=0.057\ 9\ \text{V}\cdot\text{min/r}$。

先试取$\alpha_2=0.2$，再检验它是否合适。

现假定测速发电机与主电动机直接联结，则在电动机最高转速1 000 r/min时，转速反馈电压为：

$$U_n=\alpha_2 C_{etg}\times1\ 000=0.2\times0.057\ 9\times1\ 000\ \text{V}=11.58\ \text{V}$$

稳态时，ΔU_n很小，U_n^*只要略大于U_n即可。现有直流稳压电源为±15 V，完全能够满足给定电压的需要，因此取$\alpha_2=0.2$合适。

转速反馈系数的计算结果为：

$$\alpha=\alpha_2 C_{etg}=0.2\times0.057\ 9\ \text{V}\cdot\text{min/r}=0.011\ 58\ \text{V}\cdot\text{min/r}$$

电位器的选择方法如下：为了使测速发电机的电枢压降对转速检测信号的线性度没有显著影响，取测速发电机输出最高电压时其电流约为额定值的20%，则有：

$$R_{P2}\approx\frac{C_{etg}n_N}{0.2I_{Ntg}}=\frac{0.057\ 9\times1\ 000}{0.2\times0.21}\ \Omega=1\ 379\ \Omega$$

式中，C_{etg}为测速发电机的电动势系数，I_{Ntg}为测速发电机的额定电流。

此时所消耗的功率为：

$$W_{RP2}=C_{etg}n_N\times0.2I_{Ntg}=0.057\ 9\times1\ 000\times0.2\times0.21\ \text{W}=2.43\ \text{W}$$

为了使电位器温度不致很高，实选功率应为所消耗功率的一倍以上，故可选用 10 W，1.5 kΩ 的可调电位器。

(4) 计算运算放大器的放大系数和参数。

根据调速指标要求已求出闭环系统的开环放大系数应为 $K \geqslant 53.3$，则运算放大器的放大系数 K_P 应为：

$$K_P = \frac{K}{\alpha K_s / C_e} \geqslant \frac{53.3}{0.011\,58 \times 44 / 0.192\,5} = 20.14$$

实取 $K_P = 21$。

根据所用运算放大器的型号，取 $R_0 = 40\ \text{k}\Omega$，则有：

$$R_1 = K_P R_0 = 21 \times 40\ \text{k}\Omega = 840\ \text{k}\Omega$$

1.4.5 闭环直流调速系统数学模型和稳定条件

放大系数 K 足够大可以满足系统的稳态性能要求，但若太大则可能会引起闭环系统不稳定，应对其进行动态分析，并采取校正措施。

1）反馈控制闭环直流调速系统的动态数学模型

(1) 建立系统动态数学模型的基本步骤。

① 根据系统中各环节的物理规律，列出描述该环节动态过程的微分方程；

② 求出各环节的传递函数；

③ 构建系统的动态结构图并求出系统的传递函数。

(2) 电力电子装置的传递函数。

$$W_s(s) \approx \frac{K_s}{T_s s + 1}$$

(3) 直流电动机的传递函数。

图 1-22 给出了他励直流电动机在额定励磁下的等效电路，根据等效电路可以得到动态电压方程，又根据电动机转轴上的动力学方程，可得下述方程。

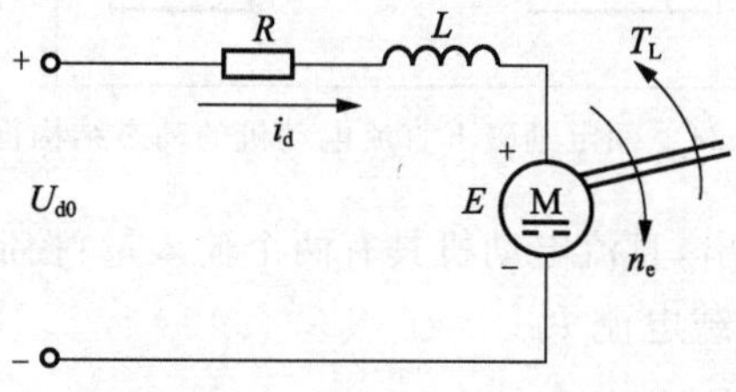

图 1-22 他励直流电动机在额定励磁下的等效电路

① 动态电压方程：

$$U_{d0} = R i_d + L \frac{\mathrm{d} i_d}{\mathrm{d} t} + E \tag{1-21}$$

② 电动机轴上的动力学方程：

$$T_e - T_L = \frac{GD^2}{375} \frac{\mathrm{d} n}{\mathrm{d} t} \tag{1-22}$$

式中，GD^2 为飞轮惯量，T_L 为负载转矩。

③ 感应电动势：　　　　　　$E=C_e n$

④ 电磁转矩：　　　　　　$T_e=C_m I_d$

由式(1-21)和式(1-22)可得：

$$U_{d0}-E=R\left(i_d+T_l\frac{di_d}{dt}\right) \tag{1-23}$$

$$I_d-I_{dL}=\frac{T_m}{R}\frac{dE}{dt} \tag{1-24}$$

其中，T_l 为电磁时间常数，T_m 为机电时间常数，负载电流 $I_{dL}=\frac{T_l}{C_m}$。

分别对式(1-23)和式(1-24)进行拉氏变换，可得：

$$\frac{I_d(s)}{U_{d0}(s)-E(s)}=\frac{\frac{1}{R}}{T_l s+1} \tag{1-25}$$

$$\frac{E(s)}{I_d(s)-I_{dL}(s)}=\frac{R}{T_m s} \tag{1-26}$$

⑤ 动态结构框图。

根据式(1-25)和式(1-26)可以得到电压与电流间的结构框图和电流与电动势间的结构框图，如图 1-23 所示。两者结合即得额定励磁下直流电动机的动态结构框图，如图 1-24 所示。

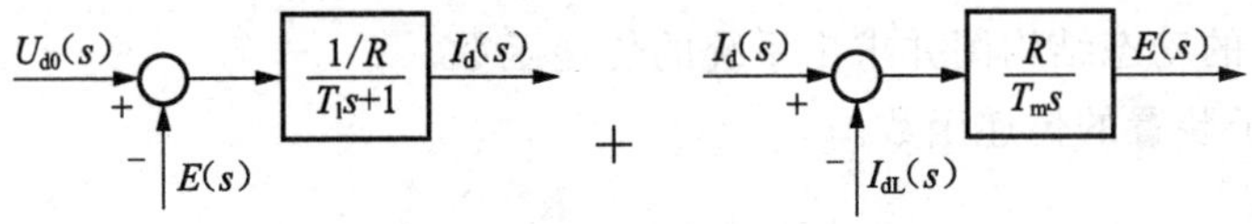

图 1-23　电压与电流间的结构框图和电流与电动势间的结构框图

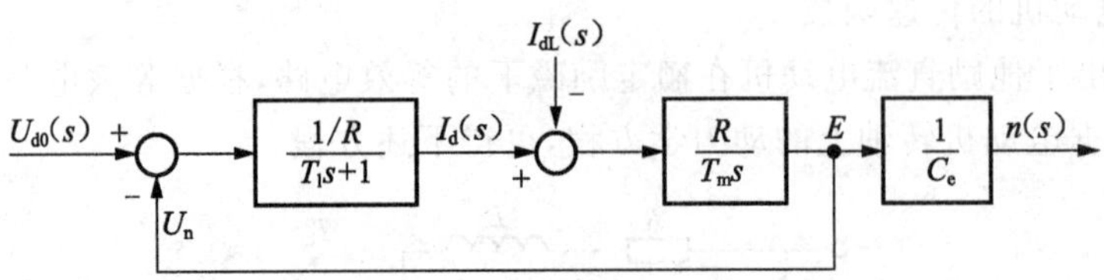

图 1-24　额定励磁下直流电动机的动态结构框图

从动态结构框图可以看出，直流电动机具有两个输入量：控制输入量——理想空载整流电压 U_{d0}；扰动输入量——负载电流 I_{dL}。

⑥ 动态结构框图的变换。

直流电动机动态结构框图的变换如图 1-25 所示。

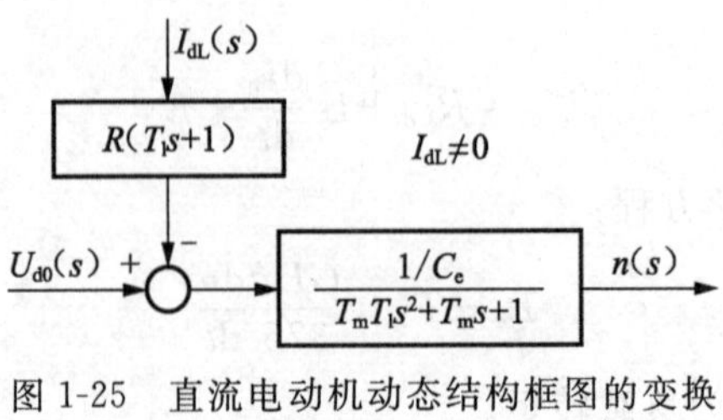

图 1-25　直流电动机动态结构框图的变换

(4) 控制与检测环节的传递函数。

放大器的传递函数 $W_a(s)$为：

$$W_a(s)=\frac{U_c(s)}{\Delta U_n(s)}=K_P \tag{1-27}$$

测速反馈的传递函数 $W_{fn}(s)$为：

$$W_{fn}(s)=\frac{U_n(s)}{n(s)}=\alpha \tag{1-28}$$

(5) 闭环调速系统的动态结构框图。

转速反馈控制直流调速系统的动态结构框图如图 1-26 所示。由图可知，带比例放大器的闭环直流调速系统可以看作是一个三阶线性系统。当 $I_{dL}=0$ 时，其开环传递函数 $W(s)$可由式(1-29)表示。

$$W(s)=\frac{K}{(T_s s+1)(T_m T_l s^2+T_m s+1)} \tag{1-29}$$

其中，$K=K_P K_s \alpha/C_e$。

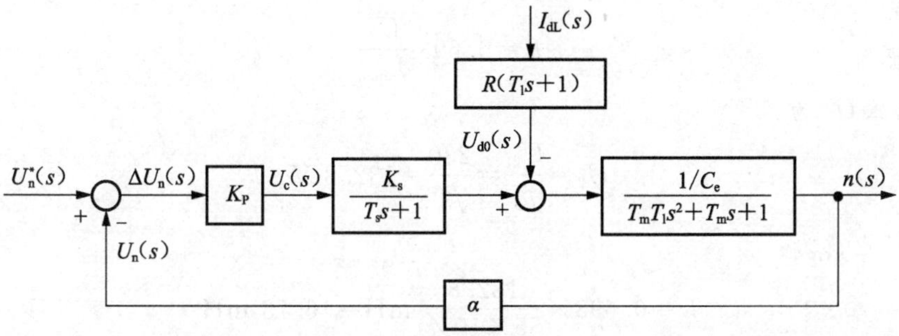

图 1-26 转速反馈控制直流调速系统的动态结构框图

闭环传递函数 $W_{cl}(s)$可由式(1-30)表示：

$$\begin{aligned}W_{cl}(s)&=\frac{\dfrac{K_P K_s/C_e}{(T_s s+1)(T_m T_l s^2+T_m s+1)}}{1+\dfrac{K_P K_s \alpha/C_e}{(T_s s+1)(T_m T_l s^2+T_m s+1)}}=\frac{K_P K_s/C_e}{(T_s s+1)(T_m T_l s^2+T_m s+1)+K}\\&=\frac{\dfrac{K_P K_s}{C_e(1+K)}}{\dfrac{T_m T_l T_s}{1+K}s^3+\dfrac{T_m(T_l+T_s)}{1+K}s^2+\dfrac{T_m+T_s}{1+K}s+1}\end{aligned} \tag{1-30}$$

2) 反馈控制闭环直流调速系统的稳定条件

(1) 反馈控制闭环直流调速系统的特征方程。

根据式(1-30)可得反馈控制闭环直流调速系统的特征方程为：

$$\frac{T_m T_l T_s}{1+K}s^3+\frac{T_m(T_l+T_s)}{1+K}s^2+\frac{T_m+T_s}{1+K}s+1=0 \tag{1-31}$$

(2) 反馈控制闭环直流调速系统的稳定条件。

根据反馈控制闭环直流调速系统的特征方程和劳斯判据，可得稳定条件关系为：

$$\frac{T_m(T_l+T_s)}{1+K}\frac{T_m+T_s}{1+K}-\frac{T_mT_lT_s}{1+K}>0 \quad 或 \quad (T_l+T_s)(T_m+T_s)>(1+K)T_lT_s$$

据此可求得系统稳定条件为：

$$K<\frac{T_m(T_l+T_s)+T_s^2}{T_lT_s} \tag{1-32}$$

3 个时间常数：T_m 为电力拖动系统机电时间常数，s；T_l 为电枢回路电磁时间常数，s，$T_l=L/R$；T_s 为失控时间常数。其中：

$$T_m=\frac{GD^2R}{375C_eC_m} \tag{1-33}$$

这 3 个时间常数决定了反馈控制闭环直流调速系统的动态稳定性。

【例 1-5】 在例 1-4 的基础上，已知 $R=1.0\ \Omega$，$K_s=44$，$C_e=0.192\ 5\ \text{V}\cdot\text{min/r}$，系统运动部分的飞轮惯量 $GD^2=10\ \text{N}\cdot\text{m}^2$。根据稳态性能指标 $D=10$，$s\leqslant5\%$ 计算，系统的开环放大系数应为 $K\geqslant53.3$，试判别这个系统的稳定性。

解 (1) 确定主电路的电感值，用以计算电磁时间常数。针对三相桥式全控整流电路，根据使电流连续的电感计算的工程经验公式可知：

$$L=0.693\frac{U_2}{I_{dmin}}$$

其中，相电压 U_2 为：

$$U_2=\frac{U_{2l}}{\sqrt{3}}=\frac{230}{\sqrt{3}}=132.8\ \text{V}$$

可求得电感为：

$$L=0.693\times\frac{132.8}{55\times10\%}\ \text{mH}=16.73\ \text{mH}$$

取 $L=17\ \text{mH}=0.017\ \text{H}$。

(2) 计算电磁时间常数：

$$T_l=\frac{L}{R}=\frac{0.017}{1.0}\ \text{s}=0.017\ \text{s}$$

(3) 计算机电时间常数：

$$T_m=\frac{GD^2R}{375C_eC_m}=\frac{10\times1.0}{375\times0.192\ 5\times\frac{30}{\pi}\times0.192\ 5}\ \text{s}=0.075\ \text{s}$$

(4) 三相桥式整流电路，滞后时间常数为：

$$T_s=0.001\ 67\ \text{s}$$

(5) 将 3 个时间常数代入稳定条件公式(1-32)可得：

$$K<\frac{T_m(T_l+T_s)+T_s^2}{T_lT_s}=\frac{0.075\times(0.017+0.001\ 67)+0.001\ 67}{0.017\times0.001\ 67}=49.4$$

由于稳态调速性能指标要求 $K\geqslant53.3$，与动态稳定条件的 $K<49.4$ 相矛盾，因此闭环系统不稳定。

1.4.6 无静差调速系统

采用比例放大器的反馈控制闭环调速系统是有静差的调速系统。采用积分(I)调节器或比例积分(PI)调节器代替比例放大器能够实现无静差调速系统。

1) 积分调节器和积分控制规律

(1) 比例调节器产生静差的原因。

对于采用比例(P)放大器控制的有静差的调速系统，K_P 越大，系统精度越高；但 K_P 过大，将降低系统稳定性，使系统动态不稳定。采用比例调节器时，转速调节器的输出为 $U_c = K_P \Delta U_n$。当 $U_c \neq 0$ 即 $\Delta U_n \neq 0$ 时，电动机运行；当 $U_c = 0$ 时，电动机停止。可见，输入偏差是维系系统运行的基础，因此必然要产生静差。

(2) 积分调节器。

图 1-27 给出了积分调节器的电路结构和输入-输出特性，其中图(a)为采用运算放大器构成的积分调节器的电路结构，输入电阻 R_0 和反馈电容 C 决定了积分时间常数；图(b)为阶跃输入 U_{in} 时输出 U_{ex} 的变化过程。

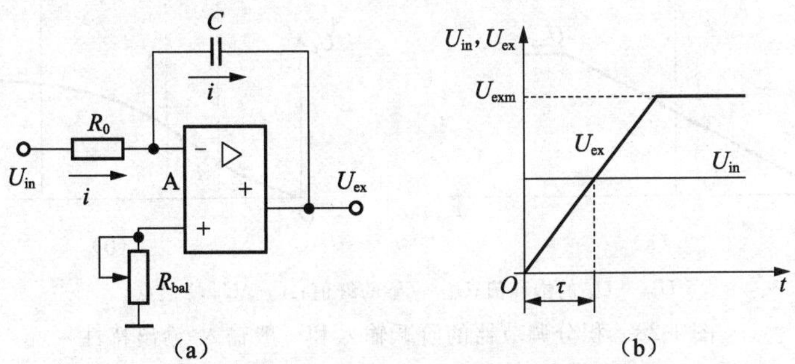

R_{bal}—任意电阻，可调，实际是电位器；A—运算放大器；

U_{exm}—输出电压饱和值，也就是最大值。

图 1-27 积分调节器的电路结构和输入-输出特性

① 原理。

由图 1-27 可得：

$$\frac{dU_{ex}}{dt} = \frac{1}{R_0 C} U_{in} \tag{1-34}$$

方程两边取积分有：

$$U_{ex} = \frac{1}{R_0 C}\int U_{in}\,dt = \frac{1}{\tau}\int U_{in}\,dt \tag{1-35}$$

当初始值为零时，在阶跃输入作用下，积分得：

$$U_{ex} = \frac{U_{in}}{\tau} t \tag{1-36}$$

② 传递函数。

$$W_i(s) = \frac{U_{ex}(s)}{U_{in}(s)} = \frac{1}{\tau s} \tag{1-37}$$

(3) 积分控制规律。

控制电压 U_c 是转速偏差电压 ΔU_n 的积分：

$$U_c = \frac{1}{\tau}\int_0^t \Delta U_n\,dt \tag{1-38}$$

如果ΔU_n是阶跃函数，则U_c按线性规律增长，每一时刻U_c的大小和ΔU_n与横轴所包围的面积成正比，如图1-28(a)所示。

图1-28(b)绘出的ΔU_n是负载变化时的偏差电压波形，按照ΔU_n与横轴所包围面积的正比关系可得相应的U_c曲线，其中ΔU_n的最大值对应U_c的拐点。若U_c初始值不是零，则还应加上初始电压U_{c0}，此时积分公式变成：

$$U_c = \frac{1}{\tau}\int_0^t \Delta U_n \mathrm{d}t + U_{c0} \tag{1-39}$$

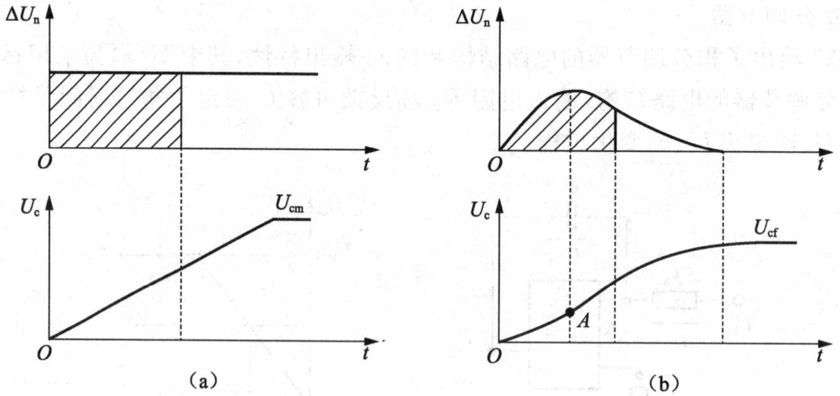

U_{cm}—U_c的饱和值；U_{cf}—U_c的终值；A—ΔU_n峰值点。

图1-28　积分调节器的阶跃输入和一般输入-输出特性

由图1-28(b)可见，在动态过程中，当ΔU_n变化时，只要其极性不变，即只要$U_n^* > U_n$，积分调节器的输出U_c便一直增大；只有当$U_n = U_n^*$，$\Delta U_n = 0$时，U_c才停止增大；不到ΔU_n变负，U_c不会下降。这里值得特别强调的是，当$\Delta U_n = 0$时，U_c并不是零，而是一个终值U_{cf}；如果ΔU_n不再变化，则此终值便保持恒定不变，这是积分控制的特点。

采用积分调节器，在稳态时转速与给定转速一致，系统仍有控制信号，可保持稳定运行，实现无静差调速。

(4) 比例与积分控制的比较。

① 有静差调速系统。

当负载转矩由T_{L1}突增到T_{L2}时，有静差调速系统的转速n、偏差电压ΔU_n和控制电压U_c的变化过程如图1-29(a)所示。

② 无静差调速系统。

当负载突增时，积分控制的无静差调速系统动态过程曲线如图1-29(b)所示。在稳态运行时，转速偏差电压ΔU_n必为零。如果ΔU_n不为零，则U_c继续变化，就不是稳态了。在突加负载引起动态速降时产生ΔU_n，达到新的稳态时ΔU_n又恢复为零，但U_c已从U_{c1}上升到U_{c2}，使电枢电压由U_{d1}上升到U_{d2}，以克服负载电流增加的压降。此处U_c的改变并非仅仅依靠ΔU_n本身，而是依靠U_n在一段时间内的积累。

③ 根本区别。

比例调节器的输出只取决于输入偏差量的现状，而积分调节器的输出则包含了输入偏差量的全部历史。

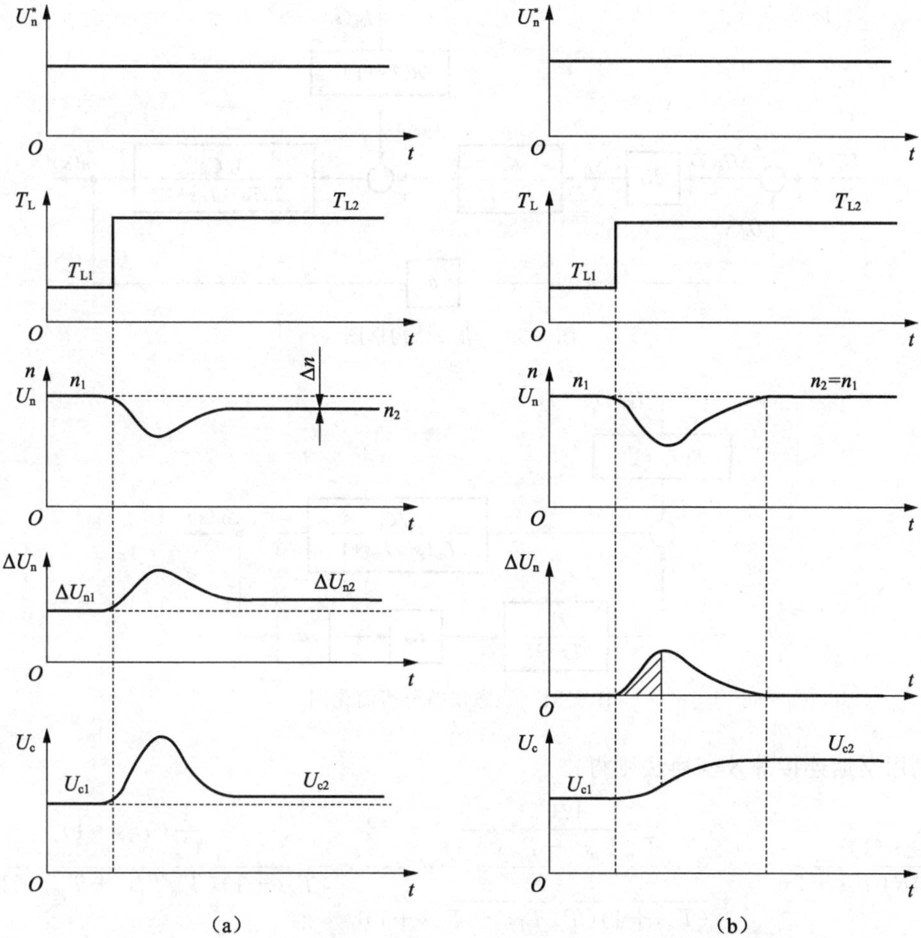

图 1-29 有静差和无静差调速系统的输出特性比较

2）比例积分控制规律

积分控制可以实现无静差控制，但在控制的快速性上却不如比例控制。在同样的阶跃输入作用之下，比例调节器的输出可以立即响应，而积分调节器的输出只能逐渐地变化。如果既要稳态精度高，又要动态响应快，就需要把比例和积分两种控制结合起来，于是便得到了比例积分控制。

比例积分控制综合了比例控制和积分控制两种规律的优点，同时克服了各自的缺点，其中比例部分能迅速响应控制作用，积分部分能最终消除稳态偏差。

3）稳态抗扰误差分析

以上从原理上定性地分析了比例控制、积分控制和比例积分控制的规律，现在用误差分析的方法定量地讨论有静差和无静差问题。

(1) 比例控制时的稳态抗扰误差。

当 $U_n^*=0$ 时，只有扰动输入量 I_{dL}，这时的输出量即负载扰动引起的转速偏差（即动态速降）Δn。图 1-30 的动态结构框图可转化为图 1-31 的稳态误差分析简化图。

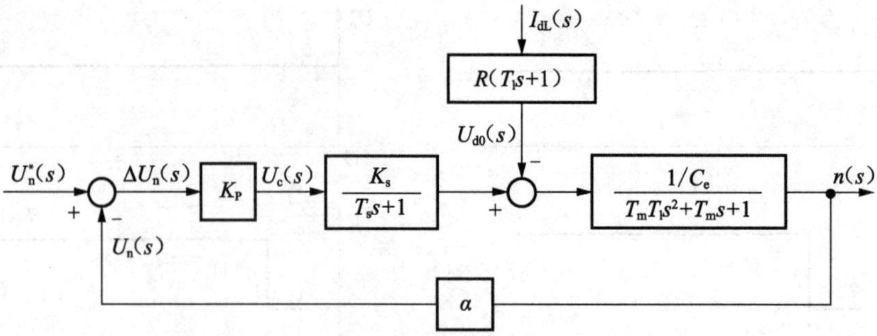

图 1-30　动态结构框图

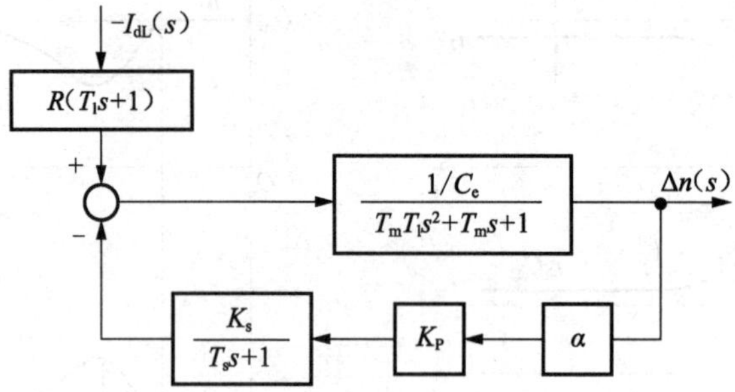

图 1-31　稳态误差分析简化图

利用反馈连接等效变换法则得：

$$\frac{\Delta n(s)}{I_{dL}(s)R(T_1 s+1)}=\frac{\dfrac{1/C_e}{T_m T_1 s^2+T_m s+1}}{1+\dfrac{K}{(T_s s+1)(T_m T_1 s^2+T_m s+1)}}=\frac{\dfrac{1}{C_e}(T_s s+1)}{(T_s s+1)(T_m T_1 s^2+T_m s+1)+K}$$

于是有：

$$\Delta n(s)=\frac{I_{dL}(s)\dfrac{R}{C_e}(T_s s+1)(T_1 s+1)}{(T_s s+1)(T_m T_1 s^2+T_m s+1)+K}$$

突加负载为：

$$I_{dL}(s)=\frac{I_{dL}}{s}$$

负载扰动引起的稳态速降为：

$$\Delta n=\lim_{s\to 0} s\Delta n(s)=\lim_{s\to 0}\frac{\dfrac{I_{dL}R}{C_e}(T_s s+1)(T_1 s+1)}{(T_s s+1)(T_m T_1 s^2+T_m s+1)+K}=\frac{I_{dL}R}{C_e(1+K)} \tag{1-40}$$

与静特性分析的结果完全一致。

(2) 积分控制时的稳态抗扰误差。

将图 1-31 中的比例调节器 K_P 换成积分调节器的传递函数，即成为积分调节器的闭环调速系统。该系统的稳态抗扰误差分析过程与比例控制时的稳态抗扰误差分析过程一致，此处简化。

负载扰动引起的稳态速降为：

$$\Delta n=\lim_{s\to 0} s\Delta n(s)=\lim_{s\to 0}\frac{-\frac{I_{dL}R}{C_e}\tau s(T_s s+1)(T_l s+1)}{\tau s(T_s s+1)(T_m T_l s^2+T_m s+1)+\frac{\alpha K_s}{C_e}}=0 \tag{1-41}$$

可见积分控制的调速系统无静差。

(3) 比例积分控制时的稳态抗扰误差。

将图 1-31 中的比例调节器 K_P 换成比例积分调节器的传递函数，即成为比例积分调节器的闭环调速系统。该系统的稳态抗扰误差分析过程与比例控制时的稳态抗扰误差分析过程一致，此处简化。

负载扰动引起的稳态速降为：

$$\Delta n=\lim_{s\to 0} s\Delta n(s)=\lim_{s\to 0}\frac{-\frac{I_{dL}R}{C_e}\tau s(T_s s+1)(T_l s+1)}{\tau s(T_s s+1)(T_m T_l s^2+T_m s+1)+\frac{\alpha K_s}{C_e}(K_{PI}\tau s+1)}=0 \tag{1-42}$$

可见比例积分控制的调速系统也无静差。

由稳态抗扰误差分析可知，只要调节器中含有积分成分，系统就无静差；只要控制系统的前向通道在扰动作用点以前含有积分环节，这个扰动便不会引起稳态误差；如果积分环节出现在扰动作用点以后，则对消除静差无能为力。

习 题

1-1 直流电动机有哪些调速方法？它们各自的特点如何？

1-2 调速范围和静差率的定义是什么？调速范围、额定速降和静差率之间有什么关系？为什么说“脱离了调速范围，要满足给定的静差率也就容易得多了”？

1-3 直流转速单闭环调速系统有哪些特点？改变给定电压能否改变电动机的转速，为什么？如果给定电压不变，调节测速反馈电压的分压比是否能够改变转速，为什么？如果测速发电机的励磁发生了变化，则系统有无克服这种干扰的能力？

1-4 直流转速单闭环调速系统有哪些基本特征？它能减少或消除转速稳态误差的实质是什么？

1-5 某一调速系统，在额定负载下，最高转速特性为 $n_{0max}=1\,500$ r/min，最低转速特性为 $n_{0min}=150$ r/min，带额定负载时的转速降落 $\Delta n_N=15$ r/min，在不同转速下额定速降不变，试问系统能够达到的调速范围有多大？系统允许的静差率是多少？

1-6 某龙门刨床工作台采用 V-M 调速系统，已知直流电动机参数为 $P_N=60$ kW，$U_N=220$ V，$I_N=305$ A，$n_N=1\,000$ r/min，主电路总电阻 $R=0.18\ \Omega$，$C_e=0.2$ V·min/r。

(1) 当电流连续时，在额定负载下的转速降落 Δn_N 为多少？

(2) 开环系统机械特性连续段在额定转速时的静差率 s_N 是多少？

(3) 若要满足 $D=20$，$s\leqslant 5\%$ 的要求，则额定负载下的转速降落 Δn_N 又为多少？

1-7 有一 V-M 直流调速系统，已知直流电动机参数为 $P_N=2.2$ kW，$U_N=220$ V，$I_N=12.5$ A，$n_N=1\,500$ r/min，电枢电阻 $R_a=1.5\ \Omega$，电枢回路电抗器电阻 $R_L=0.8\ \Omega$，整流装置内阻 $R_{rec}=1.0\ \Omega$，触发整流环节的放大倍数 $K_s=35$。要求系统满足调速范围 $D=20$，静差

率 $s \leqslant 10\%$。

(1) 计算开环系统的稳态速降 Δn_{op} 和调速系统要求所允许的闭环稳态速降 Δn_{cl}。

(2) 采用转速负反馈组成闭环系统,试画出系统的原理图和静态结构图。

(3) 调整该系统参数,使 $U_n^* = 15$ V 时,$I_d = I_N$,$n = n_N$,则转速负反馈系数 α 应为多少?

(4) 计算运算放大器所需的放大倍数。

(5) 若主电路电感 $L = 50$ mH,系统运动部分的飞轮惯量 $GD^2 = 1.6$ N·m²,整流装置采用三相半波可控整流电路,试判断上述设计的转速负反馈系统能否稳定运行?如果要保证系统稳定运行,则允许的最大开环放大系数是多少?

1-8　有一 V-M 直流调速系统,已知直流电动机参数为 $P_N = 2.8$ kW,$U_N = 220$ V,$I_N = 15.6$ A,$n_N = 1\,500$ r/min,电枢电阻 $R_a = 1.5\ \Omega$,整流装置内阻 $R_{rec} = 1\ \Omega$,电枢回路电抗器电阻 $R_L = 0.8\ \Omega$,触发整流环节的放大倍数 $K_s = 35$。

(1) 系统开环工作时,试计算调速范围 $D = 30$ 时的静差率 s。

(2) 当 $D = 30$,$s = 10\%$ 时,计算系统允许的稳态速降。

(3) 如果组成转速负反馈有静差调速系统,且要求 $D = 30$,$s = 10\%$,在 $U_n^* = 10$ V 时 $I_d = I_N$,$n = n_N$,试计算转速负反馈系数 α 和放大器放大系数 K_P。

第2章

转速、电流双闭环直流调速系统

2.1　转速、电流双闭环直流调速系统的组成及其静特性

2.1.1　转速、电流双闭环直流调速系统的组成

1）问题的提出

采用转速负反馈和PI调节器的单闭环直流调速系统可以在保证系统稳定的前提下实现转速无静差。但如果对系统的动态性能要求较高，例如要求快速起制动、突加负载、动态速降小等，则单闭环系统难以满足需要，因为单闭环系统中不能随心所欲地控制电流和转矩的动态过程。

图2-1所示为直流调速系统理想的起动过程。从图可以看出，起动电流 I_d 呈方形波，转速 n 按线性增长。这是在最大电流（转矩）受限制时调速系统所能获得的最快的起动过程。为了实现在允许条件下的最快起动，关键是要获得一段使电流保持最大值 I_{dm} 的恒流过程。

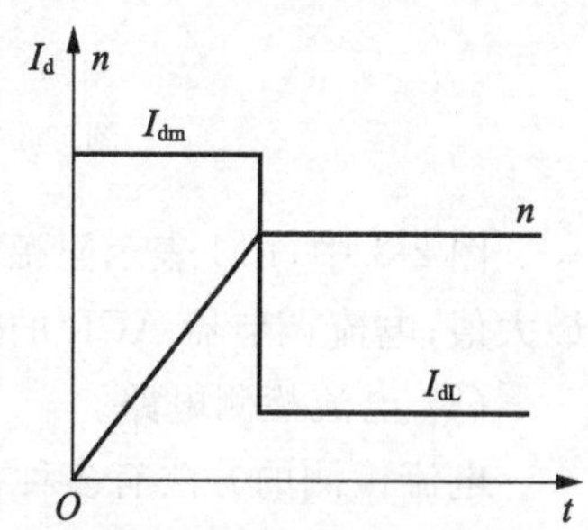

图2-1　理想起动过程

按照反馈控制规律，采用某个物理量的负反馈可以保持该量基本不变，因此采用电流负反馈应该能够得到近似的恒流过程。我们希望调速系统能够实现以下控制：起动过程中，只有电流负反馈，没有转速负反馈；稳态运行时，只有转速负反馈，没有电流负反馈。

2）转速、电流双闭环直流调速系统的组成

（1）系统组成。

转速、电流双闭环直流调速系统的结构原理框图如图2-2所示，转速调节器（ASR）的输出作为电流调节器（ACR）的输入，再用电流调节器的输出去控制电力电子变换器（UPE）。从闭环结构上看，电流环在里面（称为内环），转速环在外边（称为外环），两者构成嵌套的连接关系，如此形成了转速、电流双闭环的直流调速系统结构。增加了电流内环之后，需要相应地增设电流检测与反馈环节。

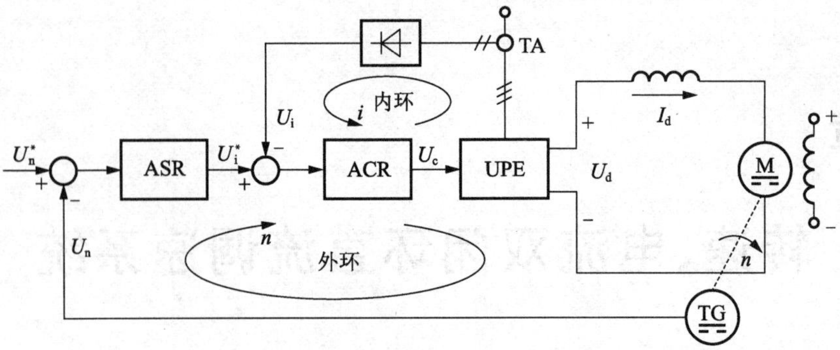

图 2-2 转速、电流双闭环直流调速系统的结构原理框图

(2) 系统电路结构。

为了获得良好的静、动态性能，转速和电流调节器一般都采用 PI 调节器，这样构成的双闭环直流调速系统的电路原理图如图 2-3 所示。

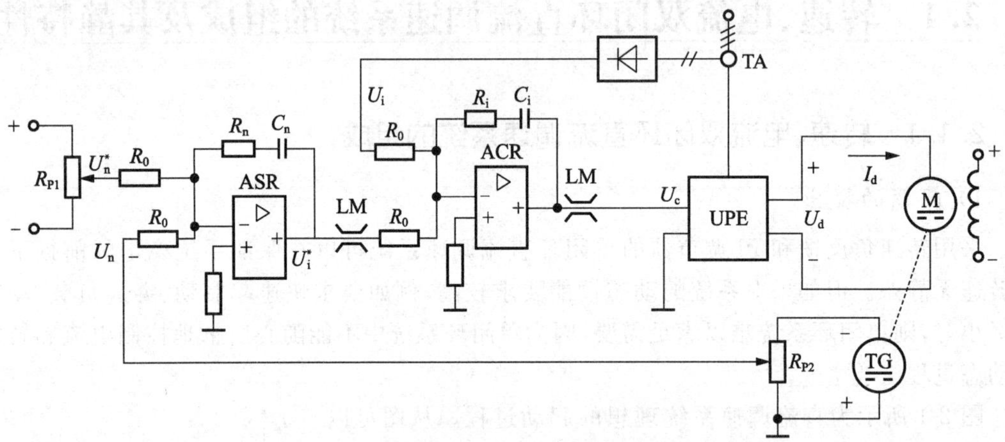

图 2-3 转速、电流双闭环直流调速系统的电路原理图

图 2-3 中，LM 表示限幅，转速调节器 ASR 的输出限幅电压 U_{im}^*决定了电流给定电压的最大值；电流调节器 ACR 的输出限幅电压 U_{cm}限制了电力电子变换器的最大输出电压 U_{dm}。

(3) 电流检测电路。

电流检测的方法有多种，图 2-4 提供了一种电流检测的方法。电流互感器 TA 采样三相交流电源侧的交流电流信号，通过二极管不可控整流电路将其转换为直流信号，再通过采样电阻获取电压信号 U_i，通过比例转换即可得到电流采样信号。

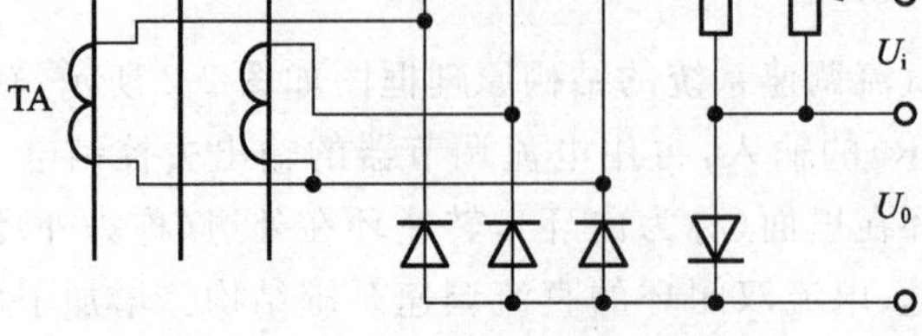

图 2-4 电流检测电路原理图

2.1.2 稳态结构框图

1）系统稳态结构框图

转速、电流双闭环调速系统稳态结构框图如图 2-5 所示，图中 ASR 和 ACR 分别用 PI 调节器的输入输出特性表示，引入电流反馈系数 β，其余的相应环节与转速单闭环调速系统的稳态结构框图完全一致。

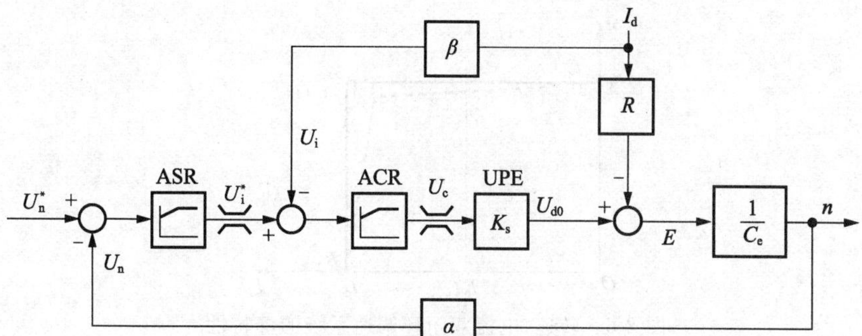

图 2-5 转速、电流双闭环调速系统稳态结构框图

2）限幅的作用

ASR 和 ACR 通常采用 PI 调节器，在运行过程中将处于不同的工作状态，而且它们的输出都采用了限幅电路。结合 PI 调节器的特点和限幅电路，ASR 和 ACR 可能工作于不饱和、饱和、退饱和 3 种状态。

(1) 不饱和状态——输出未达到限幅值。

当 ASR 或 ACR 工作于不饱和状态时，PI 调节器的作用是使 ASR 和 ACR 的输入偏差电压在稳态时总是零，限幅值不发挥作用。

(2) 饱和状态——输出达到限幅值。

当 ASR 或 ACR 工作于饱和状态时，PI 调节器的输出为恒值（即限幅值），输入量的变化不再影响输出，除非有反向的输入信号使调节器退出饱和。换句话说，饱和的调节器暂时隔断了输入和输出间的联系，相当于使该调节环开环。

(3) 退饱和状态——输出退出限幅值。

当 ASR 或 ACR 工作于饱和状态时，PI 调节器输入偏差信号反向，将使调节器退出饱和，重新回到不饱和状态。

3）系统静特性

实际设计过程中，在正常运行时，电流调节器是不会达到饱和状态的。因此，对于静特性来说，只有转速调节器饱和与不饱和两种情况。

转速调节器不饱和时，ASR 和 ACR 都处于不饱和状态，在稳态时，其各自的输出偏差为零，则可得：

$$U_n^* = U_n = \alpha n = \alpha n_0 \tag{2-1}$$

$$U_i^* = U_i = \beta I_d = \beta I_{dL} \tag{2-2}$$

$$n=\frac{U_n^*}{\alpha}=n_0 \tag{2-3}$$

$$I_d=\frac{U_i^*}{\beta}=I_{dL} \tag{2-4}$$

图 2-6 所示静特性的 CA 段为此时的特性曲线，由于 ASR 不饱和，$U_i^*<U_{im}^*$，而 $I_d<I_{dm}$，所以 CA 段静特性从理想空载状态的 $I_d=0$ 一直延续到 $I_d=I_{dm}$，而 I_{dm} 一般都大于额定电流 I_{dN}。这就是静特性的运行段，它显示水平的特性。

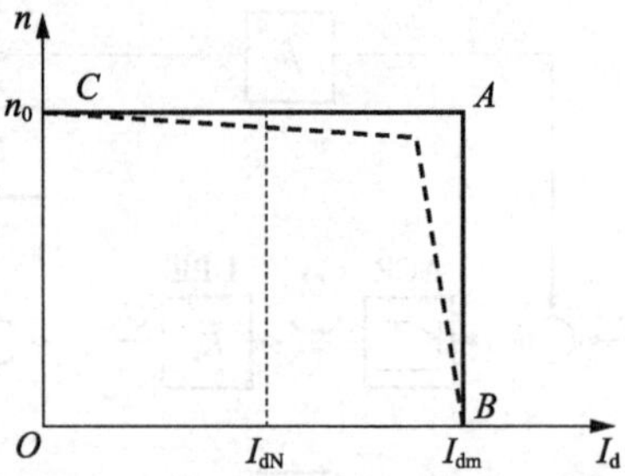

图 2-6　转速、电流双闭环调速系统的静特性

转速调节器饱和时，ASR 输出达到限幅值 U_{im}^*，转速外环呈开环状态，转速的变化对系统不再产生影响。由于电流调节器不饱和，双闭环系统变成一个电流无静差的单闭环调节系统，此阶段对应的特性曲线为图 2-6 中的 AB 段。稳态时，有：

$$I_d=\frac{U_{im}^*}{\beta}=I_{dm}$$

式中，最大电流 I_{dm} 是由设计者选定的，取决于电动机的容许过载能力和拖动系统允许的最大加速度。图 2-6 中 AB 段的垂直特性只适合 $n<n_0$ 的情况，因为如果 $n>n_0$，则 $U_n>U_n^*$，ASR 将退出饱和状态。

4) ASR 和 ACR 两个调节器的作用

双闭环调速系统的静特性在负载电流小于 I_{dm} 时表现为转速无静差，这时转速负反馈起主要调节作用。

当负载电流达到 I_{dm} 后，转速调节器饱和，电流调节器起主要调节作用，系统表现为电流无静差，得到过电流的自动保护。

2.1.3　稳态参数计算

1) 稳态关系

双闭环调速系统稳态工作时，当两个调节器都不饱和时，各变量之间有下列关系：

$$U_n^*=U_n=\alpha n=\alpha n_0$$

$$U_i^*=U_i=\beta I_d=\beta I_{dL}$$

$$U_c=\frac{U_{d0}}{K_s}=\frac{C_e n+I_d R}{K_s}=\frac{C_e U_n^*/\alpha+I_{dL}R}{K_s}$$

从上述各式可以看出：转速 n 是由给定电压 U_n^* 决定的；ASR 的输出量 U_i^* 是由负载电流 I_{dL} 决定的；控制电压 U_c 的大小同时取决于 n 和 I_d，或者说同时取决于 U_n^* 和 I_{dL}。

PI 调节器输出量的稳态值与输入无关，而是由其后面环节的需要而定。后面需要 PI 调节器提供多么大的输出值，它就提供多少，直到饱和为止。

2）反馈系数计算

转速反馈系数：

$$\alpha=\frac{U_{nm}^{*}}{n_{max}} \tag{2-5}$$

电流反馈系数：

$$\beta=\frac{U_{im}^{*}}{n_{dm}} \tag{2-6}$$

两个给定电压的最大值 U_{nm}^{*} 和 U_{im}^{*} 由设计者选定，设计原则为：U_{nm}^{*} 为运算放大器允许输入电压和稳压电源的限幅值，U_{im}^{*} 为 ASR 的输出限幅值。

2.2 转速、电流双闭环直流调速系统的动态分析

2.2.1 动态数学模型

1）系统动态结构

根据转速单闭环直流调速系统的动态结构，结合转速、电流双闭环直流调速系统的结构原理，可以得到转速、电流双闭环直流调速系统的动态结构框图，如图 2-7 所示。

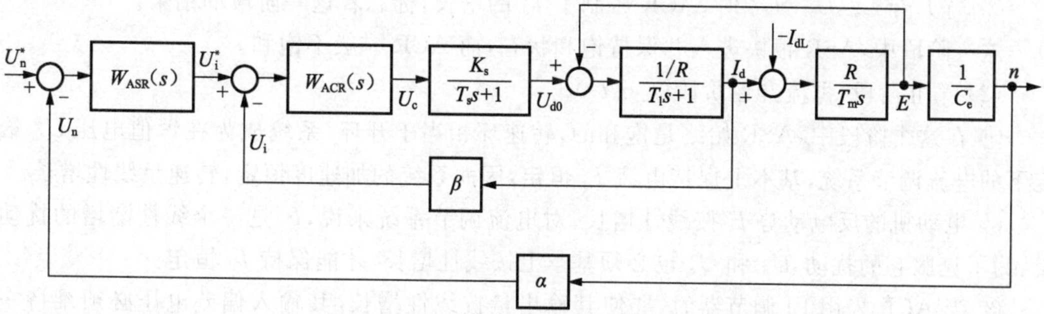

图 2-7 转速、电流双闭环直流调速系统的动态结构框图

2）数学模型

图 2-7 中，$W_{ASR}(s)$ 和 $W_{ACR}(s)$ 分别表示转速调节器和电流调节器的传递函数。如果采用 PI 调节器，则有：

$$W_{ASR}(s)=K_n\frac{\tau_n s+1}{\tau_n s}$$

$$W_{ACR}(s)=K_i\frac{\tau_i s+1}{\tau_i s}$$

式中，K_n 为转速环比例时间常数；τ_n 为转速环积分时间常数；K_i 为电流环比例时间常数；τ_i 为电流环积分时间常数。

电力电子变换器和电机模型的传递函数与转速单闭环直流调速系统一致。为了引出电流反馈，在电动机的动态结构框图中必须把电枢电流 I_d 显露出来。

2.2.2 起动过程分析

起动过程分析

双闭环直流调速系统突加给定电压 U_n^* 后由静止状态起动时，转速和电流的动态过程如图 2-8 所示。起动过程中，ASR 经历了不饱和、饱和、退饱和 3 种情况，整个动态过程分成图中标明的Ⅰ，Ⅱ，Ⅲ3 个阶段。

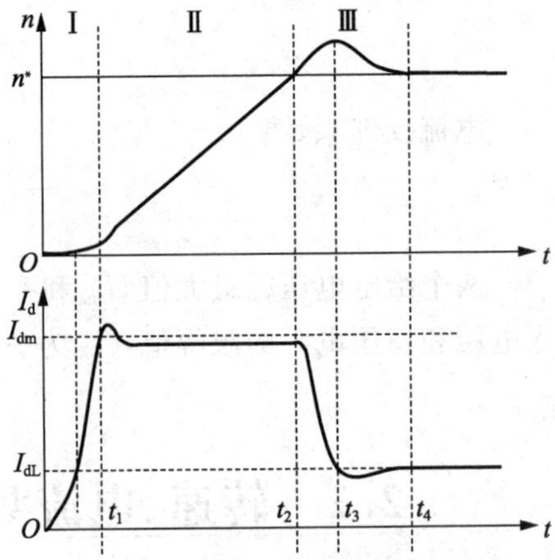

图 2-8 转速、电流双闭环直流调速系统的起动过程

1）起动过程

整个起动过程主要包括转速和电流的动态变化过程，它们之间的关系在每个阶段都可用式(2-7)来分析。

$$T_s - T_L = \frac{GD^2}{375} \cdot \frac{dn}{dt} \tag{2-7}$$

(1) 第Ⅰ阶段：电流上升阶段($0 \sim t_1$)。

① 突加给定电压 U_n^* 后，I_d 上升，当 I_d 小于负载电流 I_{dL}时，电动机不能转动。

② 当 $I_d \geqslant I_{dL}$后，电动机开始起动，由于机电惯性作用，转速不会很快增长，因而 ASR 的输入偏差电压的数值仍较大，其输出电压保持限幅值 U_{im}^*，强迫电流 I_d 迅速上升。

③ 当 $I_d = I_{dm}$，$U_i = U_{im}^*$时，ACR 压制了 I_d 的增长，标志着这一阶段的结束。

这一阶段中，ASR 很快进入并保持饱和状态，而 ACR 一般不饱和。

(2) 第Ⅱ阶段：恒流升速阶段($t_1 \sim t_2$)。

① 在这个阶段中，ASR 始终是饱和的，转速环相当于开环，系统成为在恒值电压 U_{im}^* 给定下的电流调节系统，基本上保持电流 I_d 恒定，因而系统的加速度恒定，转速呈线性增长。

② 电动机的反电动势 E 按线性增长，对电流调节系统来说，E 是一个线性渐增的扰动量，为了克服它的扰动，U_{d0} 和 U_c 也必须基本上按线性增长，才能保持 I_d 恒定。

③ 当 ACR 采用 PI 调节器时，要使其输出量按线性增长，其输入偏差电压必须维持一定的恒值，即 I_d 应略低于 I_{dm}。

恒流升速阶段是起动过程中的主要阶段。为了保证电流环的主要调节作用，在起动过程中 ACR 应是不饱和的，电力电子装置(UPE)的最大输出电压也必须留有余地，这些都是设计时必须注意的。

(3) 第Ⅲ阶段：转速调节阶段(t_2 以后)。

① 转速上升到给定值时，ASR 的输入偏差减少到零，但输出由于积分作用还维持在限幅值 U_{im}^*，所以电机仍在加速，使转速超调。

② 转速超调后，ASR 输入偏差电压变负，使它开始退出饱和状态，U_i^* 和 I_d 很快下降。但是只要 I_d 仍大于负载电流 I_{dL}，转速就会继续增加。

③ 当 $I_d = I_{dL}$时，转矩 $T_e = T_L$，$dn/dt = 0$，转速 n 到达峰值($t = t_3$ 时)。

④ 电动机在负载的阻力下减速，与此相应，在一小段时间($t_3 \sim t_4$)内，$I_d < I_{dL}$，直到稳定。如果调节器参数整定得不够好，也会有一些振荡过程。

在最后的转速调节阶段内，ASR 和 ACR 都不饱和，ASR 起主导的转速调节作用，而 ACR 力图使 I_d 尽快地跟随其给定值 U_i^* 调节，或者说，电流内环是一个电流随动子系统。

2) 起动过程的特点

(1) 饱和非线性控制。

根据 ASR 的饱和与不饱和，整个系统处于完全不同的两种状态：转速环开环和转速环闭环。

① 当 ASR 饱和时，转速环开环，系统表现为恒值电流调节的单闭环系统。

② 当 ASR 不饱和时，转速环闭环，整个系统是一个无静差调速系统，而电流内环表现为电流随动系统。

(2) 转速超调。

由于 ASR 采用了饱和非线性控制，所以起动过程结束进入转速调节阶段后必须使转速超调，ASR 的输入偏差电压 ΔU_n 为负值，才能使 ASR 退出饱和。因此，采用 PI 调节器的双闭环调速系统的转速响应必然有超调。

(3) 准时间最优控制。

起动过程中的主要阶段是第Ⅱ阶段的恒流升速，它的特征是电流保持恒定。恒定电流一般选择为电动机允许的最大电流，以便充分发挥电动机的过载能力，使起动过程尽可能最快。这一阶段属于有限制条件的最短时间控制。因此，整个起动过程可看作是一个准时间最优控制。

注意：对于不可逆的电力电子变换器，双闭环控制只能保证良好的起动性能，却不能产生回馈制动，在制动时，当电流下降到零以后，只好自由停车。必须加快制动时，只能采用电阻能耗制动或电磁抱闸。

2.2.3　动态抗扰性能分析

对于调速系统，最重要的动态性能是抗扰性能，主要包括抗负载扰动和抗电网电压扰动性能。

1) 抗负载扰动

由动态结构框图 2-9 中可以看出，负载扰动作用在电流环之后，因此只能靠 ASR 来产生抗负载扰动的作用。在设计 ASR 时，要求有较好的抗扰性能指标。

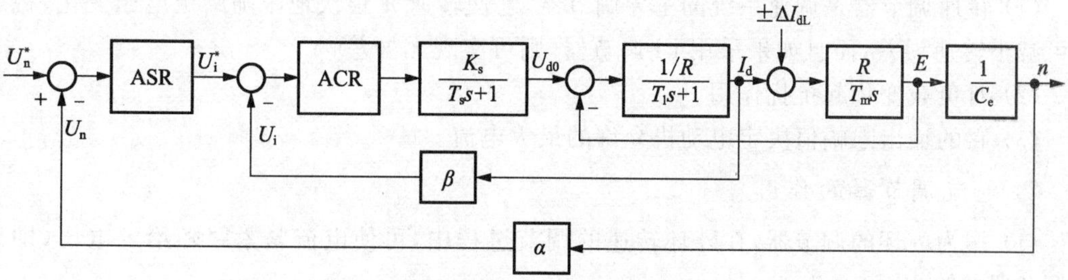

图 2-9　转速、电流双闭环直流调速系统的抗负载扰动框图

2）抗电网电压扰动

在转速单闭环调速系统中，电网电压扰动只能通过转速反馈进行调节，但其作用点离被调量较远，如图 2-10 所示，调节作用受多个环节的延滞，因此单闭环调速系统抵抗电压扰动的性能差一些。

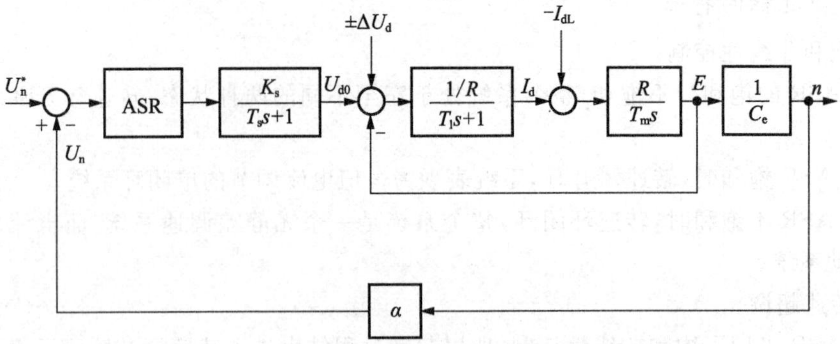

图 2-10　转速单闭环直流调速系统的抗电网电压扰动框图

在双闭环调速系统中，增设了电流内环，如图 2-11 所示，电压波动可以通过电流反馈得到及时调节，不必等它影响转速以后才能反馈回来，抗扰性能得到很大改善。在双闭环调速系统中，电网电压波动引起的转速动态变化比单闭环调速系统小得多。

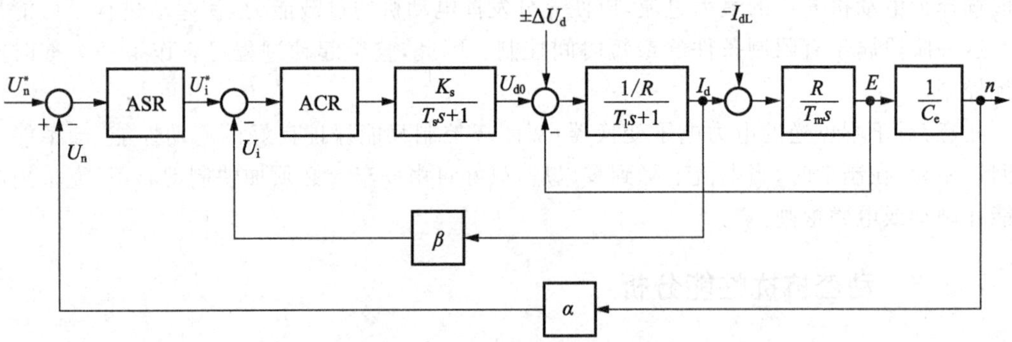

图 2-11　转速、电流双闭环直流调速系统的抗电网电压扰动框图

2.2.4　转速和电流两个调节器的作用

1）转速调节器的作用

(1) 转速调节器是调速系统的主导调节器，它使转速 n 很快地跟随给定电压变化，稳态时可减小转速误差，而且如果采用 PI 调节器，则可实现无静差。

(2) 对负载变化起抗扰作用。

(3) 它的输出限幅值决定电动机允许的最大电流。

2）电流调节器的作用

(1) 作为内环的调节器，在外环转速的调节过程中，可使电流紧紧跟随给定电压(即外环调节器的输出量)变化。

(2) 对电网电压的波动起及时抗扰的作用。

(3) 在转速动态过程中,保证获得电动机允许的最大电流,从而加快动态过程。

(4) 当电动机过载甚至堵转时,限制电枢电流的最大值,起快速的自动保护作用。一旦故障消失,系统立即自动恢复正常。这个作用对系统的可靠运行来说是十分重要的。

2.3 工程设计法

工程设计法的基本思路主要包括两个方面:一是选择调节器的结构,使系统典型化并满足稳定和稳态精度;二是设计调节器的参数,以满足动态性能指标的要求。

2.3.1 控制系统的动态性能指标

控制系统的动态性能指标主要包括跟随性能指标和抗扰性能指标两大类,每大类指标又包含多个指标。

1) 跟随性能指标

分析跟随性能指标时,通常选择一个典型的跟随过程。这里选择的典型跟随过程为输出量的初始值为零时,给定信号阶跃变化下的过渡过程。图 2-12 为系统典型的阶跃响应曲线,由图可以分析几个跟随性能指标:上升时间、超调量及调节时间。

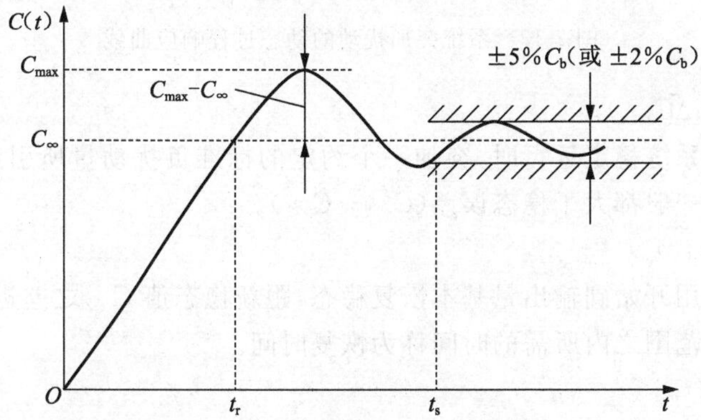

图 2-12 系统典型的阶跃响应曲线

(1) 上升时间(t_r)。

上升时间是指跟随过程中输出量从零第一次上升到 C_∞ 所经过的时间,表示动态响应的快速性。

(2) 超调量(σ)。

阶跃响应过程中,超过 t_r 后,输出量可能继续升高,到达最大值 C_{max} 后回落。C_{max} 超过稳态值 C_∞ 的百分数称为超调量,它反映了系统的相对稳定性。超调量越小,系统的相对稳定性越好。超调量通常用式(2-8)计算。

$$\sigma=\frac{C_{max}-C_\infty}{C_\infty}\times 100\% \tag{2-8}$$

(3) 调节时间(t_s)。

调节时间是指从阶跃作用开始到输出量基本恢复稳态，且距稳态值 C_∞ 之差进入某基准值 C_b 的±5%(或取±2%)范围内所需的时间。调节时间用来衡量整个输出量调节过程的快慢，既反映了系统的快速性，也包含了系统的稳定性。

2) 抗扰性能指标

通过突加一个扰动，根据系统的动态过程来分析抗扰性能指标，主要包括动态降落和恢复时间等。

典型抗扰过程:指控制系统稳定运行过程中，突加一个使输出量降低的扰动量后，输出量由降低到恢复的过渡过程。图 2-13 展示了突加典型扰动后系统的动态过程响应曲线。

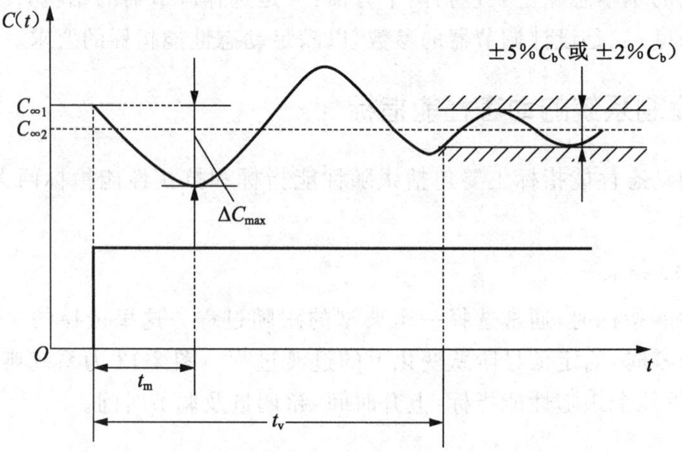

图 2-13 系统突加扰动的动态过程响应曲线

(1) 动态降落(ΔC_{max})。

动态降落是指系统稳定运行时，突加一个约定的标准负扰动量所引起的输出量的最大降落值。动态降落一般都大于稳态误差($C_{\infty 1}-C_{\infty 2}$)。

(2) 恢复时间(t_v)。

从阶跃扰动作用开始到输出量基本恢复稳态，距新稳态值 $C_{\infty 2}$之差进入某基准值 C_b 的±5%(或取±2%)范围之内所需的时间称为恢复时间。

(3) 峰值时间(t_m)。

从阶跃扰动作用开始到输出量达到最低值的时间称为峰值时间。

一般来说，调速系统的动态指标以抗扰性能为主，而随动系统的动态指标以跟随性能为主。

2.3.2 典型系统

许多控制系统的开环传递函数都可表示为:

$$W(s)=\frac{K\prod_{j=1}^{m}(\tau_j s+1)}{s^r\prod_{i=1}^{n}(T_i s+1)} \tag{2-9}$$

其中,分母中的 s^r 项表示该系统在原点处有 r 重极点,或者说系统含有 r 个积分环节。根据 $r=0,1,2\cdots$,分别称作0型、Ⅰ型、Ⅱ型……系统。为了保证稳定性和较好的稳态精度,多选用Ⅰ型和Ⅱ型系统。下面分别在Ⅰ型和Ⅱ型系统中选择两种典型系统进行分析。

1) 典型Ⅰ型系统

(1) 结构图和传递函数。

典型Ⅰ型系统结构图如图2-14所示。

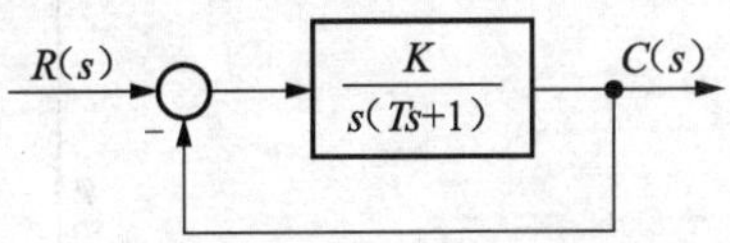

图2-14 典型Ⅰ型系统结构图

典型Ⅰ型系统的传递函数可用式(2-10)表示。

$$W(s)=\frac{K}{s(Ts+1)} \tag{2-10}$$

式中,T 为系统的惯性时间常数,K 为系统的开环增益。

(2) 开环对数频率特性。

典型Ⅰ型系统的开环对数频率特性如图2-15所示。

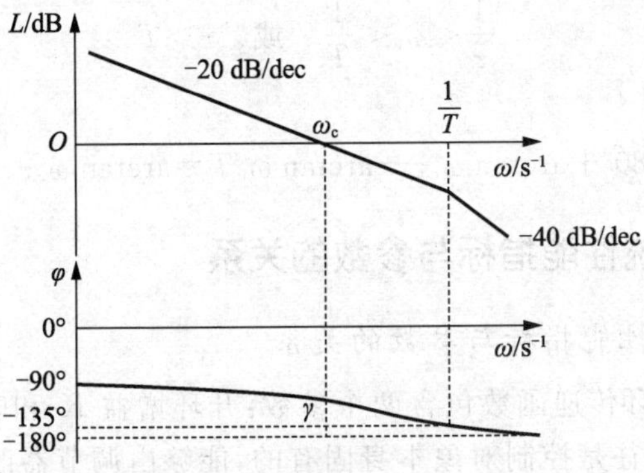

L—增益裕度。

图2-15 典型Ⅰ型系统的开环对数频率特性

(3) 性能特性。

由图2-15的典型Ⅰ型系统的开环对数频率特性可知:

$$\omega_c<\frac{1}{T} \quad 或 \quad \omega_c T<1 \tag{2-11}$$

则有 $\arctan \omega_c T<45°$,可得相角稳定裕度 γ 为:

$$\gamma=180°-90°-\arctan \omega_c T=90°-\arctan \omega_c T>45° \tag{2-12}$$

2) 典型Ⅱ型系统

(1) 结构图和传递函数。

典型Ⅱ型系统结构图如图2-16所示。

典型Ⅱ型系统的传递函数可用式(2-13)表示。

$$W(s)=\frac{K(\tau s+1)}{s^2(Ts+1)} \tag{2-13}$$

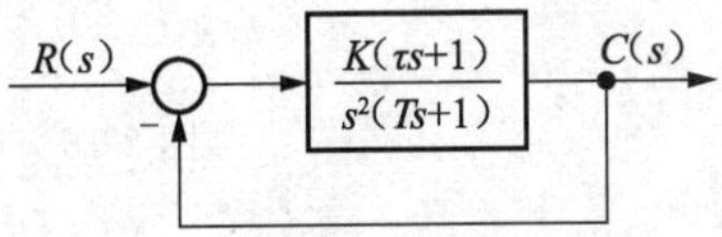

图2-16 典型Ⅱ型系统结构图

(2) 开环对数频率特性。

典型Ⅱ型系统的开环对数频率特性如图2-17所示。

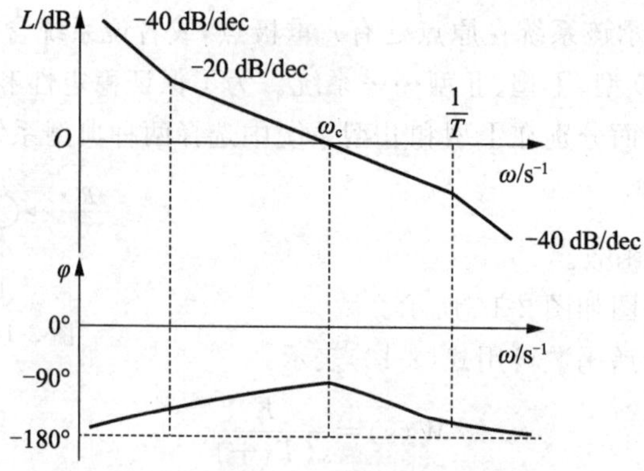

图 2-17　典型Ⅱ型系统的开环对数频率特性

(3) 性能特性。

由图 2-17 的典型Ⅱ型系统的开环对数频率特性可知：

$$\frac{1}{\tau}<\omega_c<\frac{1}{T} \quad 或 \quad \tau>T \tag{2-14}$$

则相角稳定裕度 γ 为：

$$\gamma=180^\circ-180^\circ+\arctan \omega_c\tau-\arctan \omega_c T=\arctan \omega_c\tau-\arctan \omega_c T \tag{2-15}$$

2.3.3 典型系统性能指标与参数的关系

1) 典型Ⅰ型系统性能指标与参数的关系

典型Ⅰ型系统的开环传递函数包含两个参数：开环增益 K 和时间常数 T。其中，时间常数 T 在实际系统中往往是控制对象本身固有的，能够由调节器改变的只有开环增益 K，也就是说，K 是唯一的待定参数。设计时，需要按照性能指标选择参数 K 的大小。

(1) K 与开环对数频率特性的关系。

典型Ⅰ型系统 K 与开环对数频率特性的关系如图 2-18 所示。

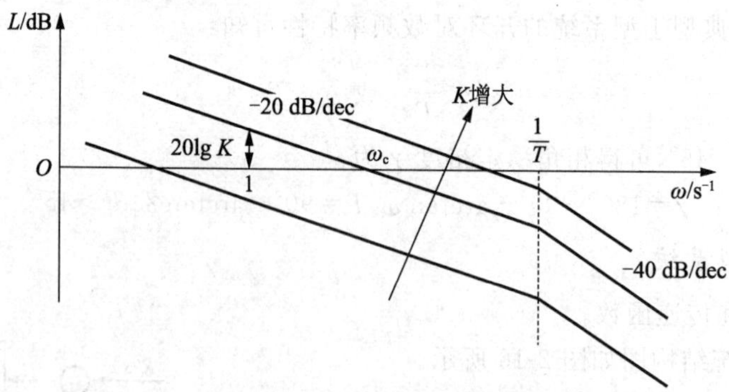

图 2-18　典型Ⅰ型系统 K 与开环对数频率特性的关系

由图 2-18 可以看出，随着 K 值的增大，开环对数频率特性曲线上移。

(2) K 与截止频率 ω_c 的关系。

由图 2-18 可知，$20\lg K=20(\lg \omega_c-\lg 1)=20\lg \omega_c$，从而得：

$$K=\omega_c \tag{2-16}$$

根据式(2-16)和(2-15)可知，K 值越大，截止频率 ω_c 也越大，系统响应得越快，但相角稳定裕度 $\gamma=90°-\arctan\omega_c T$ 越小，这也说明了快速性与稳定性之间的矛盾。

(3) 典型Ⅰ型系统跟随性能指标与参数的关系。

① 稳态跟随性能指标。

系统的稳态跟随性能指标可用不同输入信号作用下的稳态误差来表示，见表 2-1。从表 2-1 中可以看出，在阶跃输入下的Ⅰ型系统稳态时是无差的；在斜坡输入下则有恒值稳态误差，且与 K 值成反比；在加速度输入下稳态误差为∞。因此，Ⅰ型系统不能用于具有加速度输入的随动系统。

表 2-1　Ⅰ型系统在不同的典型输入信号作用下的稳态误差

输入信号	阶跃输入 $R(t)=R_0$	斜坡输入 $R(t)=v_0t$	加速度输入 $R(t)=a_0t^2/2$
稳态误差	0	v_0/K	∞

② 动态跟随性能指标。

典型Ⅰ型系统是一种二阶系统，其闭环传递函数的一般形式为：

$$W_{cI}(s)=\frac{C(s)}{R(s)}=\frac{\omega_n^2}{s^2+2\xi\omega_n s+\omega_n^2}$$

式中，ω_n 为无阻尼时的自然振荡角频率，或称固有角频率；ξ 为阻尼比，或称衰减系数。

典型Ⅰ型系统的闭环传递函数为：

$$W_{cI}(s)=\frac{W(s)}{1+W(s)}=\frac{\dfrac{K}{s(Ts+1)}}{1+\dfrac{K}{s(Ts+1)}}=\frac{\dfrac{K}{T}}{s^2+\dfrac{1}{T}s+\dfrac{K}{T}} \tag{2-17}$$

通过比较，可得参数换算关系如下：

$$\omega_n=\sqrt{\frac{K}{T}},\quad \xi=\frac{1}{2}\sqrt{\frac{1}{KT}},\quad \xi\omega_n=\frac{1}{2T}$$

当 $\xi<1$ 时，系统动态响应是欠阻尼的振荡特性；当 $\xi>1$ 时，系统动态响应是过阻尼的单调特性；当 $\xi=1$ 时，系统动态响应是临界阻尼。过阻尼特性动态响应较慢，因此一般把系统设计成欠阻尼状态，即 $0<\xi<1$。

欠阻尼状态下二阶系统在零初始条件下的阶跃响应动态指标计算公式如下：

超调量　$$\sigma\%=e^{-(\xi\pi/\sqrt{1-\xi^2})}\times100\%$$

上升时间　$$t_r=\frac{2\xi T}{\sqrt{1-\xi^2}}(\pi-\arccos\xi)$$

峰值时间　$$t_m=\frac{\pi}{\omega_n\sqrt{1-\xi^2}}$$

调节时间　$$t_s\approx\frac{3}{\xi\omega_n}=6T(\text{当 }\xi<0.9\text{ 时})$$

截止频率　$$\omega_c=\omega_n(\sqrt{4\xi^4+1}-2\xi^2)^{\frac{1}{2}}$$

相角稳定裕度　$$\gamma=\arctan\frac{2\xi}{(\sqrt{1+4\xi^4}-2\xi^2)^{\frac{1}{2}}}$$

当 $0.5<\xi<1$ 时，典型Ⅰ型系统各项动态跟随性能指标和频域指标与参数 KT 的关系见表 2-2。

表 2-2 典型Ⅰ型系统动态跟随性能指标和频域指标与参数 KT 的关系

参数 KT	0.25	0.39	0.5	0.69	1.0
阻尼比 ξ	1.0	0.8	0.707	0.6	0.5
超调量 σ	0%	1.5%	4.3%	9.5%	16.3%
上升时间 t_r	∞	$6.6T$	$4.7T$	$3.3T$	$2.4T$
峰值时间 t_p	∞	$8.3T$	$6.2T$	$4.7T$	$3.2T$
相角稳定裕度 γ	76.3°	69.9°	65.5°	59.2°	51.8°
截止频率 ω_c	$0.243/T$	$0.367/T$	$0.455/T$	$0.596/T$	$0.786/T$

具体选择参数时：如果主要要求动态响应快，可取 $\xi=0.5\sim0.6$，则 KT 值较大；如果主要要求超调小，可取 $\xi=0.8\sim1.0$，即 KT 值较小；如果要求无超调，可取 $\xi=1.0$，$KT=0.25$；当无特殊要求时，一般采用折中值，即 $KT=0.5$，$\xi=0.707$，此时动态响应略有超调（$\sigma\%=4.3\%$）。

也可能出现这种情况：无论怎样选择参数，总是顾此失彼，总有一项性能指标不能满足，这时典型Ⅰ型系统就不能适用了，需要采用别的控制规律。

(4) 典型Ⅰ型系统抗扰性能指标与参数的关系。

表 2-3 所示为典型Ⅰ型系统抗扰性能指标与参数的关系。从表中可以看出，当控制对象的两个时间常数相距较大时，动态降落减小，但恢复时间却拖得较长。

表 2-3 典型Ⅰ型系统抗扰性能指标与参数的关系($KT=0.5$)

$m=\frac{T_1}{T_2}=\frac{T}{T_2}$	$\frac{1}{5}$	$\frac{1}{10}$	$\frac{1}{20}$	$\frac{1}{30}$
$\frac{\Delta C_{max}}{C_b}$	55.5%	33.2%	18.5%	12.9%
t_m/T	2.8	3.4	3.8	4.0
t_v/T	14.7	21.7	28.7	30.4

2) 典型Ⅱ型系统性能指标与参数的关系

典型Ⅱ型系统的开环传递函数式与典型Ⅰ型系统的相仿，时间常数 T 也是控制对象固有的，不同的是待定的参数有两个，即 K 和 τ。

引入一个新的变量——中频宽度 $h=\tau/T=\omega_2/\omega_1$。

由图 2-19 可见，h 是斜率为 -20 dB/dec 的中频段的宽度（对数坐标），称为中频宽度。由于中频段的状况对控制系统的动态品质起着决定性的作用，因此 h 值是一个很关键的参数。

设 $\omega=1\ \mathrm{s}^{-1}$ 点处在 -40 dB/dec 特性段，由图 2-19 可以看出：

$$20\lg K=40(\lg\omega_1-\lg 1)+20(\lg\omega_c-\omega_1)=20\lg\omega_1\omega_c$$

因此，$K=\omega_1\omega_c$。

从频率特性上还可看出，T 一定，改变 τ 就等于改变了中频宽度 h；在 τ 确定以后，再改变 K，相当于使开环对数幅频特性上下平移，从而改变了截止频率 ω_c。因此，在设计调节器时选择两个参数 h 和 ω_c，就相当于选择参数 τ 和 K。

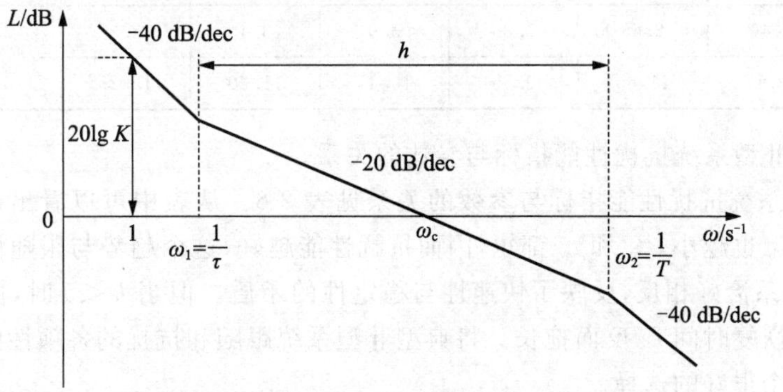

图 2-19　典型Ⅱ型系统的开环对数幅频特性

在工程设计中，如果两个参数都任意选择，就需要比较多的图表和数据，这样做虽然可以针对不同情况来选择参数，以便获得比较理想的动态性能，但终究不太方便。因此，如果能够在两个参数之间找到某种对动态性能有利的关系，选择其中一个参数就可以计算出另一个参数，那么双参数的设计问题就可以蜕化成单参数设计，使用就方便多了。当然，这样做对于照顾不同要求、优化动态性能来说，多少是要做出一些牺牲的。

采用振荡指标法中所用的闭环幅频特性峰值 Mr 最小准则，可以找出与两个参数之间较好的配合关系，详细推导过程见参考文献，此处不再详述，只是给出工程设计法中计算典型Ⅱ型系统参数的公式如下，通过它们计算调节器的参数。

$$\tau=hT$$

$$K=\omega_1\omega_c=\omega_1^2\frac{h+1}{2}=\left(\frac{1}{hT}\right)^2\frac{h+1}{2}=\frac{h+1}{2h^2T^2}$$

（1）典型Ⅱ型系统跟随性能指标与参数的关系。

① 稳态跟随性能指标。

典型Ⅱ型系统在不同输入信号作用下的稳态误差列于表 2-4 中。从表中可以看出，在阶跃和斜坡输入下，Ⅱ型系统稳态误差均为 0；在加速度输入下，稳态误差与开环增益 K 成反比。

表 2-4　典型Ⅱ型系统在不同输入信号作用下的稳态误差

输入信号	阶跃输入 $R(t)=R_0$	斜坡输入 $R(t)=v_0t$	加速度输入 $R(t)=a_0t^2/2$
稳态误差	0	0	a_0/K

② 动态跟随性能指标。

表 2-5 为按照 Mr 最小准则确定相关参数得到的典型Ⅱ型系统阶跃输入跟随性能指标。由于过渡过程的衰减振荡性质，调节时间随 h 的变化不是单调的，以 $h=5$ 时的调节时间为最短。此外，h 愈大则超调量愈小，如果要使 $\sigma\%\leqslant25\%$，中频宽度就得选择 $h\geqslant9$ 才行，但中频宽度过大会使扰动作用下的恢复时间拖长，须视具体工艺要求来决定取舍。总的来说，典型Ⅱ型系统的超调量都比典型Ⅰ型系统的大。

表 2-5　典型Ⅱ型系统阶跃输入跟随性能指标

h	3	4	5	6	7	8	9	10
σ	52.6%	43.6%	37.6%	33.2%	29.8%	27.2%	25.0%	23.3%
t_r/T	2.40	2.65	2.85	3.0	3.1	3.2	3.3	3.35
t_s/T	12.15	11.65	9.55	10.45	11.30	12.25	13.25	14.20

(2) 典型Ⅱ型系统抗扰性能指标与参数的关系。

典型Ⅱ型系统抗扰性能指标与参数的关系见表 2-6。从表中可以看出，一般来说，h 值越小，$\Delta C_{max}/C_b$ 也越小，t_m 和 t_v 都短，因而抗扰性能越好，这个趋势与跟随性能指标中超调量与 h 值的关系恰好相反，反映了快速性与稳定性的矛盾。但当 $h<5$ 时，由于振荡次数的增加，h 再小，恢复时间 t_v 反而拖长。将典型Ⅱ型系统跟随和抗扰的各项性能指标综合起来看，$h=5$ 是一个很好的选择。

表 2-6　典型Ⅱ型系统抗扰性能指标与参数的关系

h	3	4	5	6	7	8	9	10
$\Delta C_{max}/C_b$	72.2%	77.5%	81.2%	84.0%	86.3%	88.1%	89.6%	90.8%
t_m/T	2.45	2.70	2.85	3.00	3.15	3.25	3.30	3.40
t_v/T	13.60	10.45	8.80	12.95	16.85	19.80	22.80	25.85

对于两种典型系统，典型Ⅰ型系统在跟随性能上可以做到超调量小，但抗扰性能稍差；典型Ⅱ型系统的超调量相对较大，但抗扰性能比较好。

2.3.4　非典型系统的典型化

1) 调节器结构的选择

通过选择合适的调节器结构，可以将系统校正成典型Ⅰ型系统或者典型Ⅱ型系统。图 2-20 说明了校正过程的实现思路和方法。

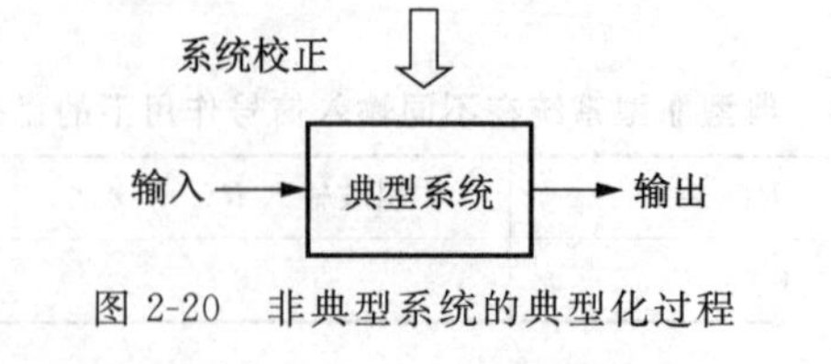

图 2-20　非典型系统的典型化过程

【例 2-1】　设控制对象是双惯性型的，其传递函数为：

$$W_{obj}(s)=\frac{K_2}{(T_1s+1)(T_2s+1)}$$

用 PI 调节器将其校正成典型Ⅰ型系统。

解　PI 调节器的传递函数为：

$$W_{PI}(s)=K_{PI}\frac{\tau_1 s+1}{\tau_1 s}$$

选择 $\tau_1=T_1, K_{PI}K_2/\tau_1=K$，则有：

$$W(s)=W_{PI}(s)W_{obj}(s)=K_{PI}\frac{\tau_1 s+1}{\tau_1 s}\frac{K_2}{(T_1 s+1)(T_2 s+1)}=\frac{K}{s(T_2 s+1)}$$

把 T_2 看作典型Ⅰ型系统的时间常数 T，则通过确定 PI 调节器的结构和参数，实现了双惯性控制对象的典型化处理。

表 2-7 和 2-8 列举了多类控制对象，通过选择调节器的结构，分别校正成为典型Ⅰ型系统和典型Ⅱ型系统。

表 2-7　校正成典型Ⅰ型系统的几种调节器选择

控制对象	$\frac{K_2}{(T_1s+1)(T_2s+1)}$ $T_1>T_2$	$\frac{K_2}{Ts+1}$	$\frac{K_2}{s(Ts+1)}$	$\frac{K_2}{(T_1s+1)(T_2s+1)(T_3s+1)}$ $T_1,T_2>T_3$	$\frac{K_2}{(T_1s+1)(T_2s+1)(T_3s+1)}$ $T_1\gg T_2,T_3$
调节器	$\frac{K_{PI}(\tau_1s+1)}{\tau_1s}$	$\frac{K_1}{s}$	K_P	$\frac{(\tau_1s+1)(\tau_2s+1)}{\tau s}$	$\frac{K_{PI}(\tau_1s+1)}{\tau_1s}$
参数配合	$\tau_1=T_1$			$\tau_1=T_1$ $\tau_2=T_2$	$\tau_1=T_1$ $T_\Sigma=T_2+T_3$

表 2-8　校正成典型Ⅱ型系统的几种调节器选择

控制对象	$\frac{K_2}{s(Ts+1)}$	$\frac{K_2}{(T_1s+1)(T_2s+1)}$ $T_1\gg T_2$	$\frac{K_2}{s(T_1s+1)(T_2s+1)}$ T_1,T_2 相近	$\frac{K_2}{s(T_1s+1)(T_2s+1)}$ T_1,T_2 都很小	$\frac{K_2}{(T_1s+1)(T_2s+1)(T_3s+1)}$ $T_1,T_2\gg T_3$
调节器	$\frac{K_{PI}(\tau_1s+1)}{\tau_1s}$	$\frac{K_{PI}(\tau_1s+1)}{\tau s}$	$\frac{(\tau_1s+1)(\tau_2s+1)}{\tau s}$	$\frac{K_{PI}(\tau_1s+1)}{\tau_1s}$	$\frac{K_{PI}(\tau_1s+1)}{\tau_1s}$
参数配合	$\tau_1=hT$	$\tau_1=hT_2$ 认为：$\frac{1}{T_1s+1}\approx\frac{1}{T_1s}$	$\tau_1=hT_1$（或 hT_2） $\tau_2=T_2$（或 T_1）	$\tau_1=h(T_1+T_2)$	$\tau_1=h(T_2+T_3)$ 认为：$\frac{1}{T_1s+1}\approx\frac{1}{T_1s}$

2）传递函数的近似处理

当控制对象的传递函数比较复杂时，若将其典型化，则所需的调节器结构将非常复杂，不利于分析计算；通常需要先对控制对象的传递函数进行简化处理，再通过简单的调节器将其典型化。以下列举几种传递函数近似处理的情况。

(1) 高频段小惯性环节的近似处理。

实际系统中往往有若干个小时间常数的惯性环节，这些小时间常数所对应的频率都处于频率特性的高频段，形成一组小惯性群。例如，系统的开环传递函数为：

$$W(s)=\frac{K(\tau s+1)}{s(T_1 s+1)(T_2 s+1)(T_3 s+1)} \tag{2-18}$$

当系统有一组小惯性群时，在一定的条件下，可以将它们近似地看成是一个小惯性环节，其时间常数等于小惯性群中各时间常数之和。

将 T_2 和 T_3 两个小惯性环节合并，可得 $\frac{1}{(T_2 s+1)(T_3 s+1)}\approx\frac{1}{(T_2+T_3)s+1}$。此时需

要对这个近似进行近似条件推导，也就是说，只有当满足近似条件时，才能将 T_2 和 T_3 两个小惯性环节合并处理。

近似条件为：

$$\omega_c \leqslant \frac{1}{3\sqrt{T_2 T_3}}$$

(2) 高阶系统的降阶近似处理。

以三阶系统为例，设 $W(s)=\dfrac{K}{as^3+bs^2+cs+1}$，其中，$a$，$b$，$c$ 都是正系数，且 $bc>a$，即系统是稳定的。

对此传递函数进行降阶处理，得 $W(s)\approx\dfrac{K}{cs+1}$，相应的近似条件为：

$$\omega_c \leqslant \frac{1}{3}\min\left(\sqrt{\frac{1}{b}},\sqrt{\frac{c}{a}}\right)$$

(3) 低频段大惯性环节的近似处理。

当系统中存在一个时间常数特别大的惯性环节时，可以近似地将它看成是积分环节，即 $\dfrac{1}{Ts+1}\rightarrow\dfrac{1}{Ts}$，近似条件为：

$$\omega_c \geqslant \frac{3}{T}$$

比如 $W_a(s)=\dfrac{K(\tau s+1)}{s(T_1 s+1)(T_2 s+1)}$ 可近似处理为 $W_b(s)=\dfrac{K(\tau s+1)}{T_1 s^2(T_2 s+1)}$。

图 2-21 展示了该传递函数经过低频段大惯性环节处理之后对数频率特性的变化情况，可以看出，对频率特性的影响很小。

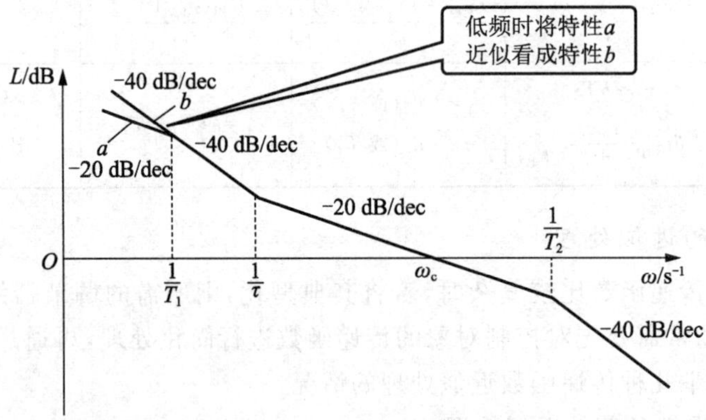

图 2-21 低频段大惯性环节近似处理对频率特性的影响

2.4 转速、电流双闭环直流调速系统的设计

系统设计对象为图 2-22 所示的转速、电流双闭环直流调速系统，该系统在图 2-7 的基础上增加了滤波环节，包括电流滤波、转速滤波和两个给定信号的滤波环节。其中，T_{oi} 为电流

反馈滤波时间常数，T_{on}为转速反馈滤波时间常数。

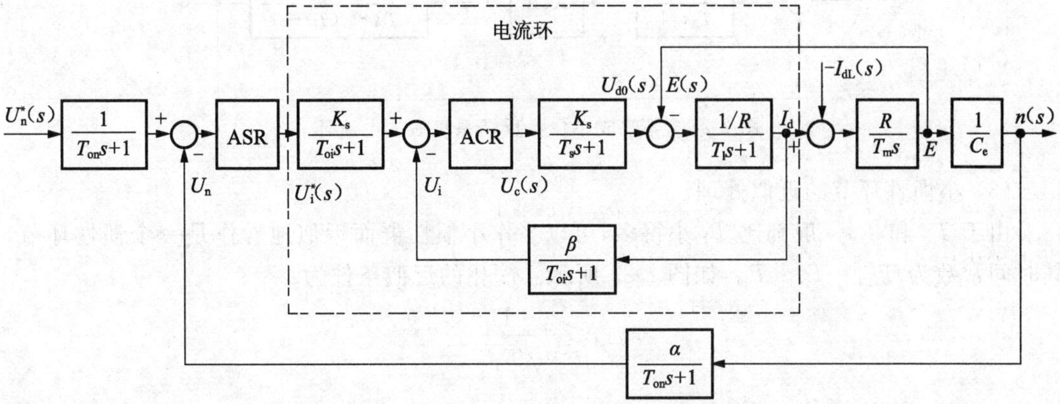

图 2-22 转速、电流双闭环直流调速系统动态结构框图

系统设计的一般原则为先内环后外环，就是从内环开始逐步向外扩展。在这里，针对转速、电流双闭环直流调速系统，首先设计电流调节器，然后把整个电流环看作是转速调节系统中的一个环节，再设计转速调节器。下面分别详细分析转速调节器和电流调节器的工程设计方法。

2.4.1 电流调节器的设计

电流调节器的设计分为以下几个步骤：电流环结构图的简化，电流调节器结构的选择，电流调节器参数的计算，电流调节器的实现。

1）电流环结构图的简化

电流环结构图的简化步骤主要包括：忽略反电动势的动态影响，将电流环等效成单位负反馈系统，小惯性环节的近似处理。

(1) 忽略反电动势的动态影响。

由于反电动势受转速的直接影响，而转速作为大惯性环节，在按动态性能设计电流环时可以暂不考虑反电动势变化的动态影响，即$\Delta E\approx 0$，所以此时可得简化后的电流环如图2-23 所示。

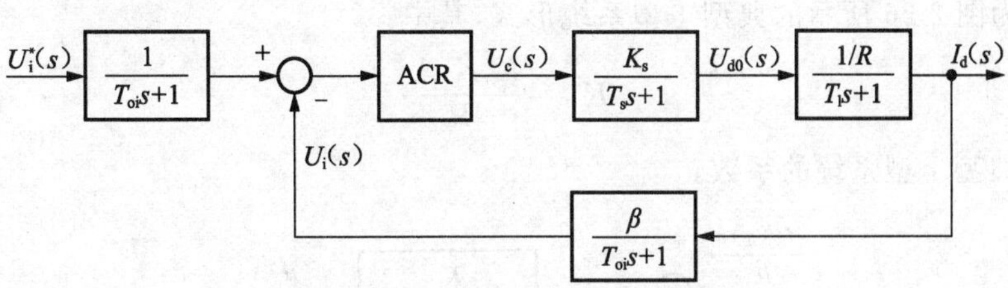

图 2-23 忽略反电动势动态影响后的电流环

(2) 将电流环等效成单位负反馈系统。

如果把给定滤波和反馈滤波两个环节都等效地移到环内，同时把给定信号改成$U_i^*(s)/\beta$，则电流环便等效成单位负反馈系统，如图 2-24 所示。

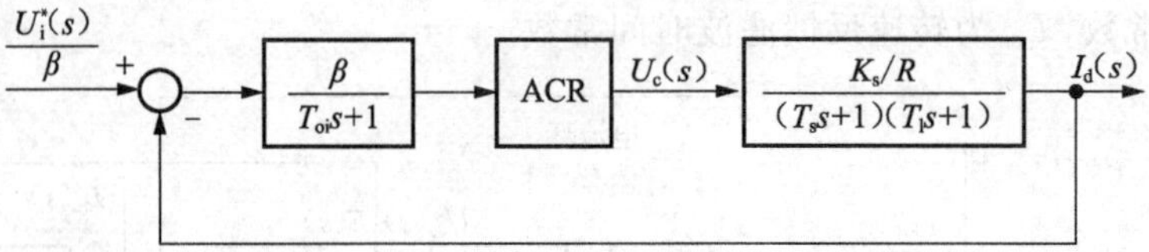

图 2-24 等效成单位负反馈系统后的电流环

(3) 小惯性环节的近似处理。

由于 T_s 和 T_{oi} 一般都比 T_l 小得多，可以当作小惯性群而近似地看作是一个惯性环节，其时间常数为 $T_{\Sigma i}=T_s+T_{oi}$，如图 2-25 所示。简化的近似条件为：

$$\omega_{ci}\leqslant\frac{1}{3\sqrt{T_s T_{oi}}}$$

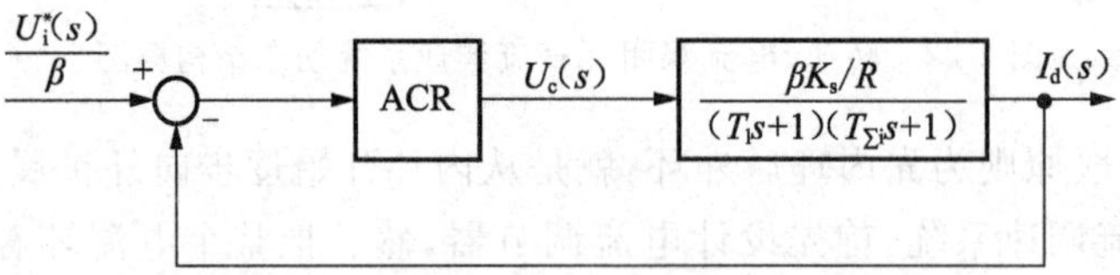

图 2-25 小惯性环节近似处理后的电流环

2）电流调节器结构的选择

从稳态要求上看，希望电流无静差，以得到理想的堵转特性。由简化图可以看出，采用Ⅰ型系统足够。

从动态要求上看，实际系统不允许电枢电流在突加控制作用时有太大的超调，以保证电流在动态过程中不超过允许值，而对电网电压波动的及时抗扰作用只是次要的因素，为此，电流环应以跟随性能为主，应选用典型Ⅰ型系统。

电流环的控制对象是双惯性型的，要校正成典型Ⅰ型系统，显然应采用 PI 调节器，其传递函数可以写成：

$$W_{ACR}(s)=K_i\frac{\tau_i s+1}{\tau_i s} \tag{2-19}$$

式中，K_i 为电流调节器的比例系数，τ_i 为电流调节器的超前时间常数。

为了让调节器的零点与控制对象的大时间常数极点对消，选择 $\tau_i=T_l$，则电流环的动态结构图便成为图 2-26 所示的典型Ⅰ型系统形式，其中：

$$K_I=\frac{K_i K_s\beta}{\tau_i R} \tag{2-20}$$

式中，K_I 为典型Ⅰ型系统的系数。

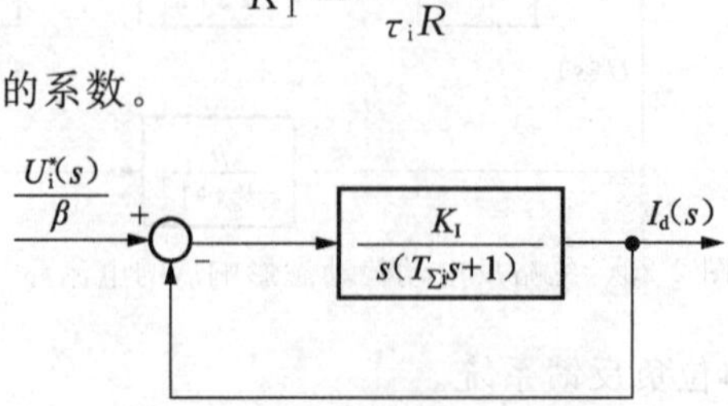

图 2-26 校正后的电流环结构

3）电流调节器的参数计算

电流调节器的参数有 K_i 和 τ_i，其中 τ_i 已选定（$\tau_i=T_l$），剩下的只有比例系数 K_i，可根据所需要的动态性能指标选取。

一般情况下，希望电流超调量 $\sigma_i\leqslant5\%$，可选取 $\xi=0.707$，$K_I T_{\Sigma i}=0.5$，且

$$K_I=\omega_{ci}=\frac{1}{2T_{\Sigma i}}$$

$$K_i=\frac{T_l R}{2K_s\beta T_{\Sigma i}}=\frac{R}{2K_s\beta}\frac{T_l}{T_{\Sigma i}}$$

4）电流调节器的实现

模拟式电流调节器电路原理图如图 2-27 所示，其中 U_i^* 为电流给定电压，$-\beta I_d$ 为电流负反馈电压，U_c 为电力电子变换器的控制电压。

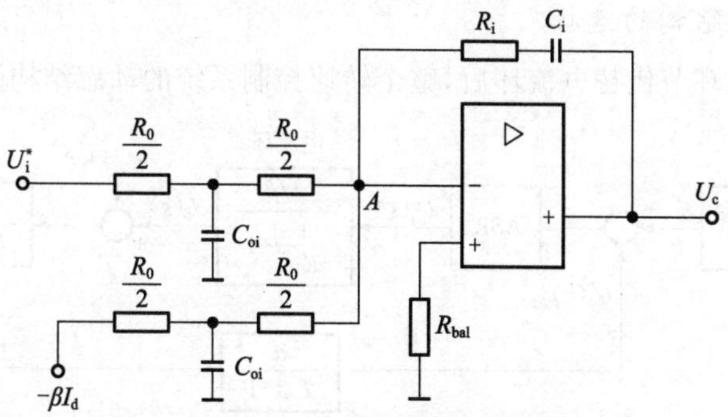

图 2-27 模拟式电流调节器电路原理图

根据图 2-27 所示电路可以求得电流调节器电路参数的计算公式为：

$$K_i=\frac{R_i}{R_0},\quad \tau_i=R_iC_i,\quad T_{oi}=\frac{1}{4}R_0C_{oi}$$

2.4.2 转速调节器的设计

转速调节器的设计分为以下几个步骤：电流环等效闭环传递函数的确定，转速调节器结构的选择，转速调节器参数的选择，转速调节器的实现。

1）电流环等效闭环传递函数的确定

电流环经简化后可视作转速环中的一个环节，为此须求出它的闭环传递函数，如式(2-21)所示。

$$W_{cli}(s)=\frac{I_d(s)}{U_i^*(s)/\beta}=\frac{\dfrac{K_I}{s(T_{\Sigma i}s+1)}}{1+\dfrac{K_I}{s(T_{\Sigma i}s+1)}}=\frac{1}{\dfrac{T_{\Sigma i}}{K_I}s^2+\dfrac{1}{K_I}s+1} \tag{2-21}$$

忽略式(2-21)中的高次项，化简电流环的闭环传递函数，则可降阶近似为式(2-22)。

$$W_{cli}(s)\approx\frac{1}{\dfrac{1}{K_I}s+1} \tag{2-22}$$

近似条件为：
$$\omega_{cn} \leqslant \frac{1}{3}\sqrt{\frac{K_I}{T_{\Sigma i}}}$$
其中，ω_{cn} 为转速环开环频率特性的截止频率。

将电流环接入转速环内，则电流环等效环节的输入量应为 $U_i^*(s)$，因此电流环在转速环中应等效为：

$$\frac{I_d(s)}{U_i^*(s)} = \frac{W_{cli}(s)}{\beta} \approx \frac{\frac{1}{\beta}}{\frac{1}{K_I}s+1} \tag{2-23}$$

由此可以看出，双惯性环节的电流环控制对象经闭环控制后可以近似地等效成只有较小时间常数的一阶惯性环节。电流的闭环控制改造了控制对象，加快了电流的跟随作用，这是局部闭环(内环)控制的一个重要功能。

2) 转速调节器结构的选择

用电流环的等效环节代替电流环后，整个转速控制系统的动态结构图如图 2-28 所示。

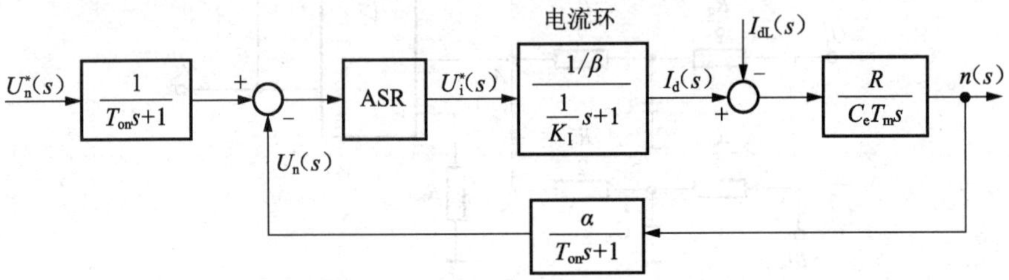

图 2-28 转速控制系统动态结构图

与电流环中的处理方法一样，把转速给定滤波和反馈滤波环节移到环内，同时将给定信号改成 $U_n^*(s)/\alpha$，再把时间常数为 $1/K_I$ 和 T_{on} 的两个小惯性环节合并起来，近似成一个时间常数为的惯性环节，其中：

$$T_{\Sigma n} = \frac{1}{K_I} + T_{on}$$

式中，$T_{\Sigma n}$ 为合并后的时间常数。于是，得到图 2-29 所示的转速环简化结构图。

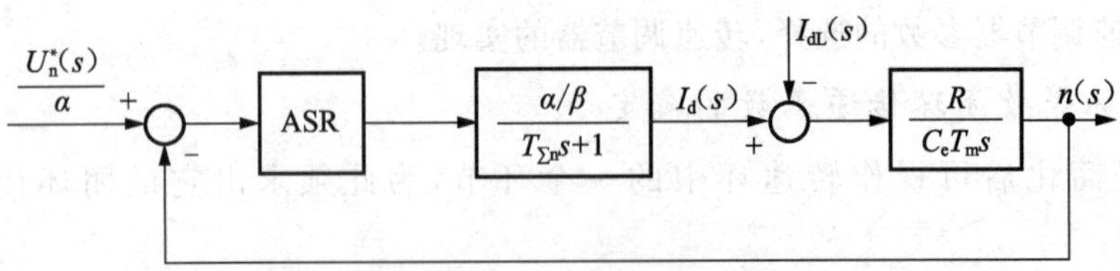

图 2-29 转速环简化结构图

为了实现转速无静差，在负载扰动作用点前面必须有一个积分环节，它应该包含在转速调节器 ASR 中，而现在在扰动作用点后面已经有了一个积分环节，因此转速环开环传递函数应共有两个积分环节，应该设计成典型 Ⅱ 型系统，这样的系统同时也能满足动态抗扰性能好的要求。

由此可见，ASR 应该采用 PI 调节器，其传递函数为：

$$W_{ASR}(s)=\frac{K_n(\tau_n s+1)}{\tau_n s} \tag{2-24}$$

式中，K_n 为转速调节器的比例系数，τ_n 为转速调节器的超前时间常数。

调速系统的开环传递函数为：

$$W_n(s)=\frac{K_n(\tau_n s+1)}{\tau_n s}\frac{\frac{\alpha R}{\beta}}{C_e T_m s(T_{\Sigma n}s+1)}=\frac{K_n\alpha R(\tau_n s+1)}{\tau_n\beta C_e T_m s^2(T_{\Sigma n}s+1)} \tag{2-25}$$

式中，R 为回路等效电阻，如图 2-29 所示。

令转速环开环增益为：

$$K_N=\frac{K_n\alpha R}{\tau_n\beta C_e T_m}$$

则有：

$$W_n(s)=\frac{K_N(\tau_n s+1)}{s^2(T_{\Sigma n}s+1)} \tag{2-26}$$

校正后的转速环结构如图 2-30 所示，为典型Ⅱ型系统。

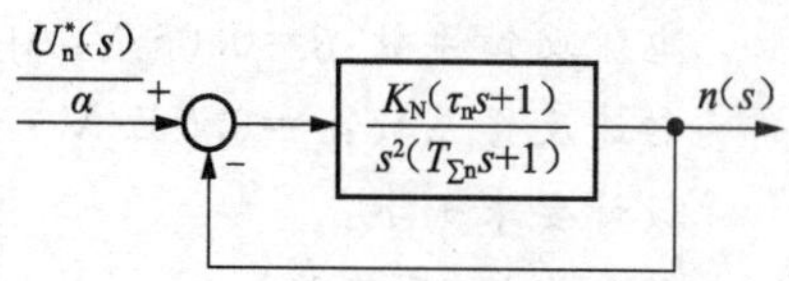

图 2-30　校正后的转速环结构

3）转速调节器参数的选择

转速调节器的参数包括 K_n 和 τ_n。按照典型Ⅱ型系统的参数关系：

$$\tau_n=hT_{\Sigma n}$$

$$K_N=\frac{h+1}{2h^2T_{\Sigma n}^2}$$

可得：

$$K_n=\frac{(h+1)\beta C_e T_m}{2h\alpha R T_{\Sigma n}} \tag{2-27}$$

参数选择：中频宽度 h 的选择由动态性能的要求决定。当无特殊要求时，一般可选择 $h=5$。

4）转速调节器的实现

模拟式转速调节器电路原理图如图 2-31 所示，其中 U_n^* 为转速给定电压，$-\alpha n$ 为转速负反馈电压，U_i^* 为调节器的输出，也是电流调节器的给定电压。

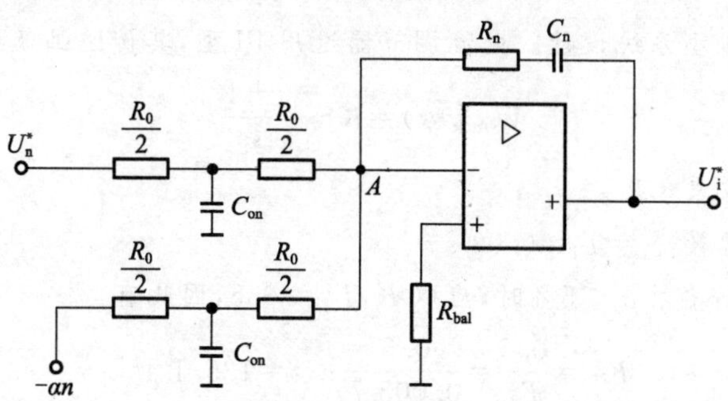

图 2-31　模拟式转速调节器电路原理图

根据图 2-31 所示电路可以求得转速调节器电路参数的计算公式为：

$$K_n=\frac{R_n}{R_0},\quad \tau_n=R_nC_n,\quad T_{on}=\frac{1}{4}R_0C_{on} \tag{2-28}$$

外环的响应比内环的慢，这是按照上述工程设计方法设计多环控制系统的特点。这样做虽然不利于快速性，但每个控制环本身都是稳定的，对系统的组成和调试工作非常有利。

2.4.3 双闭环直流调速系统设计举例

【例 2-2】 某晶闸管供电的双闭环直流调速系统，整流装置采用三相桥式电路，基本数据如下：

直流电动机：$U_N=220$ V，$I_N=136$ A，$n_N=1\,460$ r/min，$C_e=0.132$ V·min/r。

晶闸管装置放大系数：$K_s=40$。

电枢回路总电阻：$R=0.5\ \Omega$。

时间常数：$T_l=0.03$ s，$T_m=0.18$ s。

电流反馈系数：$\beta=0.05$ V/A[≈ 10 V/$(1.5I_N)$]，允许过载系数 $\lambda=1.5$。

转速反馈系数：$\alpha=0.007$ V·min/r(≈ 10 V/n_N)。

设计要求如下：

稳态指标，无静差。

动态指标，电流超调量 $\sigma_i\leqslant 5\%$，空载起动到额定转速时的转速超调量 $\sigma_n\leqslant 10\%$。

解 (1) 电流环的设计。

① 确定时间常数。

a. 整流装置滞后时间常数 T_s。

三相桥式电路的平均失控时间 $T_s=0.001\,7$ s。

b. 电流滤波时间常数 T_{oi}。

三相桥式电路每个波头的时间是 3.33 ms，为了基本滤平波头，应有 $(1\sim 2)T_{oi}=3.33$ ms，因此取 $T_{oi}=2$ ms$=0.002$ s。

c. 电流环时间常数 $T_{\Sigma i}$。

按时间常数近似处理，取 $T_{\Sigma i}=T_s+T_{oi}=0.003\,7$ s。

② 选择电流调节器结构。

根据设计要求：$\sigma_i\leqslant 5\%$，而且 $\dfrac{T_l}{T_{\Sigma i}}=\dfrac{0.03}{0.003\,7}=8.11<10$。

因此，可按典型Ⅰ型系统设计。电流调节器选用 PI 型，其传递函数为：

$$W_{ACR}(s)=K_i\,\frac{\tau_i s+1}{\tau_i s}$$

③ 选择电流调节器参数。

ACR 超前时间常数：$\tau_i=T_l=0.03$ s。

电流环开环增益：要求 $\sigma_i\leqslant 5\%$ 时，应取 $K_IT_{\Sigma i}=0.5$，因此有：

$$K_I=\frac{0.5}{T_{\Sigma i}}=\frac{0.5}{0.003\,7}\ \mathrm{s}^{-1}=135.1\ \mathrm{s}^{-1}$$

于是，ACR 的比例系数为：

$$K_i = K_I \frac{\tau_i R}{\beta K_s} = 135.1 \times \frac{0.03 \times 0.5}{0.05 \times 40} = 1.013$$

④ 校验近似条件。

电流环截止频率：$\omega_{ci} = K_I = 135.1\ s^{-1}$

a. 晶闸管装置传递函数近似条件：$\omega_{ci} \leqslant \frac{1}{3T_s}$。

$\frac{1}{3T_s} = \frac{1}{3 \times 0.0017}\ s^{-1} = 196.1\ s^{-1} > \omega_{ci}$，满足近似条件。

b. 忽略反电动势对电流环影响的条件：$\omega_{ci} \geqslant 3\sqrt{\frac{1}{T_m T_l}}$。

$3\sqrt{\frac{1}{T_m T_l}} = 3 \times \sqrt{\frac{1}{0.18 \times 0.03}}\ s^{-1} = 40.82\ s^{-1} > \omega_{ci}$，满足近似条件。

c. 时间常数近似处理条件：$\omega_{ci} \leqslant \frac{1}{3}\sqrt{\frac{1}{T_s T_{oi}}}$。

现在，$\frac{1}{3}\sqrt{\frac{1}{T_s T_{oi}}} = \frac{1}{3} \times \sqrt{\frac{1}{0.0017 \times 0.002}}\ s^{-1} = 180.8\ s^{-1} > \omega_{ci}$，满足近似条件。

⑤ 计算调节器电阻和电容。

电流调节器电路原理图如图 2-27 所示，按所用运算放大器取 $R_0 = 40\ k\Omega$，各电阻和电容值计算如下：

$$R_i = K_i R_0 = 1.013 \times 40\ k\Omega = 40.52\ k\Omega，取\ 40\ k\Omega$$

$$C_i = \frac{\tau_i}{R_i} = \frac{0.03}{40 \times 10^3} \times 10^6\ \mu F = 0.75\ \mu F，取\ 0.75\ \mu F$$

$$C_{oi} = \frac{4T_{oi}}{R_0} = \frac{4 \times 0.002}{40 \times 10^3} \times 10^6\ \mu F = 0.2\ \mu F，取\ 0.2\ \mu F$$

按照上述参数，电流环可以达到的动态指标为：$\sigma_i\% = 4.3\% < 5\%$，满足设计要求。

(2) 转速环的设计。

① 确定时间常数。

a. 电流环等效时间常数$\frac{1}{K_I}$。因 $K_I T_{\Sigma i} = 0.5$，则$\frac{1}{K_I} = 2T_{\Sigma i} = 2 \times 0.0037\ s = 0.0074\ s$。

b. 转速滤波时间常数 T_{on}。

根据所用测速发电机纹波情况，取 $T_{on} = 0.01\ s$。

c. 转速环小时间常数 $T_{\Sigma n}$。

按小时间常数近似处理，$T_{\Sigma n} = \frac{1}{K_I} + T_{on} = 0.0074\ s + 0.01\ s = 0.0174\ s$。

② 选择转速调节器结构。

由于设计要求无静差，转速调节器必须含有积分环节；又根据动态要求，应按典型Ⅱ型系统设计转速环，故 ASR 选用 PI 调节器，其传递函数为：

$$W_{ASR}(s) = K_n \frac{\tau_n s + 1}{\tau_n s}$$

③ 选择转速调节器参数。

按跟随和抗扰性能都较好的原则，取 $h=5$，则 ASR 的超前时间常数为：

$$\tau_n = hT_{\Sigma n} = 5\times 0.0174\ \text{s} = 0.087\ \text{s}$$

转速环开环增益为：

$$K_N = \frac{h+1}{2h^2T_{\Sigma n}^2} = \frac{6}{2\times 25\times 0.0174^2}\ \text{s}^{-2} = 396.4\ \text{s}^{-2}$$

于是，ASR 的比例系数为：

$$K_n = \frac{(h+1)\beta C_e T_m}{2h\alpha RT_{\Sigma n}} = \frac{6\times 0.05\times 0.132\times 0.18}{2\times 5\times 0.007\times 0.5\times 0.0174} = 11.7$$

④ 校验近似条件。

转速环截止频率为：$\omega_{cn} = \dfrac{K_N}{\omega_1} = K_N\tau_n = 396.4\times 0.087\ \text{s}^{-1} = 34.5\ \text{s}^{-1}$。

a. 电流环传递函数简化条件：$\omega_{cn} \leqslant \dfrac{1}{3}\sqrt{\dfrac{K_I}{T_{\Sigma n}}}$。

$\dfrac{1}{3}\sqrt{\dfrac{K_I}{T_{\Sigma i}}} = \dfrac{1}{3}\sqrt{\dfrac{135.1}{0.0037}} = 63.7\ \text{s}^{-1} > \omega_{cn}$，满足简化条件。

b. 转速环小时间常数近似处理条件：$\omega_{cn} \leqslant \dfrac{1}{3}\sqrt{\dfrac{K_I}{T_{on}}}$

$\dfrac{1}{3}\sqrt{\dfrac{K_I}{T_{on}}} = \dfrac{1}{3}\sqrt{\dfrac{135.1}{0.01}} = 38.75\ \text{s}^{-1} > \omega_{cn}$，满足近似条件。

⑤ 计算调节器电阻和电容。

转速调节器电路原理图如图 2-31 所示，取 $R_0=40\ \text{k}\Omega$，则：

$$R_n = K_nR_0 = 11.7\times 40\ \text{k}\Omega = 468\ \text{k}\Omega\text{，取 }470\ \text{k}\Omega$$

$$C_n = \frac{\tau_n}{R_n} = \frac{0.087}{470\times 10^3}\times 10^6\ \mu\text{F} = 0.185\ \mu\text{F}\text{，取 }0.2\ \mu\text{F}$$

$$C_{on} = \frac{4T_{on}}{R_0} = \frac{4\times 0.01}{40\times 10^3}\times 10^6\ \mu\text{F} = 1\ \mu\text{F}\text{，取 }1\ \mu\text{F}$$

当 $h=5$ 时，$\sigma_n=37.6\%$，不能满足设计要求。实际上 $\sigma_n=37.6\%$ 是按照线性系统计算的结果，当突加阶跃给定时，转速调节器饱和，不符合线性系统的前提，应该按照退饱和的情况重新计算超调量。具体计算过程详见参考文献 2，此处不再详述。

习 题

2-1 对于转速、电流双闭环直流调速系统，试分析以下问题。

(1) 若因机械故障造成转轴堵死，试分析其工作状态。

(2) 在调试时，如果电流反馈极性接反，则会出现什么现象？如果转速反馈极性接反，则会出现什么现象？

(3) 给定电压不变，当反馈系数增加时，系统稳定后转速反馈电压和实际转速怎么变化？（增大，减小，不变）

2-2 试从下述5个方面比较转速、电流双闭环直流调速系统和转速单闭环直流调速系统。

(1) 调速系统的静态特性；

(2) 动态限流性能；

(3) 起动的快速性；

(4) 抗负载扰动的性能；

(5) 抗电源波动的性能。

2-3 双闭环调速系统的ASR和ACR均为PI调节器，设系统最大给定电压 $U_{nm}^*=15$ V，$n_N=1\ 500$ r/min，$I_N=20$ A，电流过载倍数为2，电枢回路总电阻 $R=2\ \Omega$，$K_s=20$，$C_e=0.127$ V·min/r，求：

(1) 当系统稳定运行在 $U_n^*=5$ V，$I_{dL}=10$ A 时，系统的 n，U_n，U_i^*，U_i 和 U_c 各为多少？

(2) 当电动机负载过大而堵转时，U_i^* 和 U_c 各为多少？

2-4 在转速、电流双闭环调速系统中，两个调节器ASR，ACR均采用PI调节器。已知参数：直流电动机，$P_N=3.7$ kW，$U_N=220$ V，$I_N=20$ A，$n_N=1\ 000$ r/min，电枢回路总电阻 $R=1.5\ \Omega$，$U_{nm}^*=U_{im}^*=U_{cm}=8$ V，电枢回路最大电流 $I_{dm}=40$ A，电力电子变换器的放大系数 $K_s=40$。试求：

(1) 电流反馈系数 β 和转速反馈系数 α；

(2) 当电动机在最高速发生堵转时 U_{d0}，U_i^*，U_i 和 U_c 的值。

2-5 有一个系统，其控制对象的传递函数为 $W_{obj}(s)=\dfrac{K_1}{\tau s+1}=\dfrac{10}{0.01s+1}$，要求设计一个无静差系统，在阶跃输入下系统超调量 $\sigma\%\leqslant 5\%$(按线性系统考虑)。试对系统进行动态校正，决定调节器的结构，并选择其参数。

2-6 有一个闭环系统，其控制对象的传递函数为 $W_{obj}(s)=\dfrac{K_1}{s(\tau s+1)}=\dfrac{10}{s(0.02s+1)}$，要求校正为典型Ⅱ型系统，在阶跃输入下系统超调量 $\sigma\%\leqslant 30\%$(按线性系统考虑)。试决定调节器的结构，并选择其参数。

2-7 在一个由三相半波可控晶闸管整流装置供电的转速、电流双闭环调速系统中，已知：直流电动机的额定数据为 $P_N=60$ kW，$U_N=220$ V，$I_N=308$ A，$n_N=1\ 000$ r/min，电动势系数 $C_e=0.196$ V·min/r，主回路总电阻 $R=0.18\ \Omega$，触发整流环节的放大倍数 $K_s=35$，电磁时间常数 $T_l=0.012$ s，机电时间常数 $T_m=0.12$ s，电流反馈滤波时间常数 $T_{oi}=0.002\ 5$ s，转速反馈滤波时间常数 $T_{on}=0.015$ s，额定转速时的给定电压 $U_{nN}^*=10$ V，调节器ASR和ACR的饱和输出电压分别为 $U_{im}^*=8$ V，$U_{cm}=6.5$ V。系统的静、动态指标为：稳态无静差，调速范围 $D=10$，电流超调量 $\sigma_i\leqslant 5\%$，空载起动到额定转速时的转速超调量 $\sigma_n\leqslant 10\%$。

(1) 确定电流反馈系数 β(假设起动电流限制在 $1.1I_N$ 以内)和转速反馈系数 α。

(2) 试设计电流调节器ACR，计算其参数 R_i，C_i，C_{0i}，并画出其电路图。(调节器输入回路电阻 $R_0=40$ kΩ)

(3) 设计转速调节器ASR，计算其参数 R_n，C_n，C_{0n}。($R_0=40$ kΩ)

(4) 计算电动机带40%额定负载起动到最低转速时的转速超调量 σ_n。

(5) 计算空载起动到额定转速的时间。

2-8 有一转速、电流双闭环调速系统，主电路采用三相桥式整流电路。已知：直流电动机参数为 $P_N=500$ kW，$U_N=750$ V，$I_N=760$ A，$n_N=375$ r/min，电动势系数 $C_e=1.82$ V·min/r，电枢回路总电阻 $R=0.14\ \Omega$，允许电流过载倍数 $\lambda=1.5$，触发整流环节的放大倍数 $K_s=75$，电磁时间常数 $T_l=0.031$ s，机电时间常数 $T_m=0.112$ s，电流反馈滤波时间常数 $T_{oi}=0.002$ s，转速反馈滤波时间常数 $T_{on}=0.02$ s。设调节器输入输出电压 $U_{nm}^*=U_{im}^*=U_{nm}=10$ V，调节器输入电阻 $R_0=40$ kΩ。

设计指标：稳态无静差，电流超调量 $\sigma_i\leqslant 5\%$，空载起动到额定转速时的转速超调量 $\sigma_n\leqslant 10\%$。电流调节器已按典型Ⅰ型系统设计，并取参数 $KT=0.5$。试设计转速、电流调节器。

2-9 已知在一个转速、电流双闭环 V-M 系统中，转速调节器 ASR、电流调节器 ACR 均采用 PI 调节器。

(1) 在此系统中，当转速给定信号最大值 $U_{nm}^*=15$ V 时，$n=n_N=1\ 500$ r/min；当电流给定信号最大值 $U_{im}^*=10$ V 时，允许最大电流 $I_{dm}=30$ A。已知电枢回路总电阻 $R=2\ \Omega$，晶闸管装置的放大倍数 $K_s=30$，电动机额定电流 $I_N=20$ A，电动势系数 $C_e=0.128$ V·min/r。现系统在 $U_n^*=5$ V，$I_{dl}=20$ A 时稳定运行，求此时的稳态转速 n 及 ACR 的输出电压 U_c。

(2) 当系统在上述情况下运行时，电动机突然失磁（$\Phi=0$），系统将会发生什么现象？试分析并说明之。若系统能够稳定下来，则求稳定后的 n，U_n，U_i^*，U_i，I_d，U_c。

第3章

可逆直流调速系统与数字控制的直流调速系统

许多生产机械要求电动机既能正转，又能反转，而且常常需要快速地起动和制动，这就需要电力拖动系统具有四象限运行的特性，也就是说，需要可逆的调速系统。

改变电枢电压的极性，或者改变励磁磁通的方向，都能够改变直流电动机的旋转方向，这本来是很简单的事。然而当电动机采用电力电子装置供电时，由于电力电子器件的单向导电性，问题就变得复杂起来了，需要专用的可逆电力电子装置和自动控制系统。可逆电力电子装置包括可逆 PWM 变换器和可逆 V-M 系统，本章主要分析这两种可逆直流调速系统。

3.1 可逆直流调速系统

3.1.1 可逆 PWM 系统

可逆 PWM 变换器主电路有多种形式，最常用的是桥式（亦称 H 形）电路。这时，电动机 M 两端电压的极性随开关器件栅极驱动电压极性的变化而改变，其控制方式有双极式、单极式、受限单极式等多种。

1）双极式可逆 PWM 变换器

（1）主电路结构。

双极式可逆 PWM 变换器的主电路结构原理图如图 3-1 所示，属于电压型变流器电路，主要由 VT_1，VT_2，VT_3 和 VT_4 这 4 个全控型器件及其反并联的续流二极管构成，通过控制 4 个全控型器件的触发脉冲信号可以实现直流电动机负载的可逆运行。

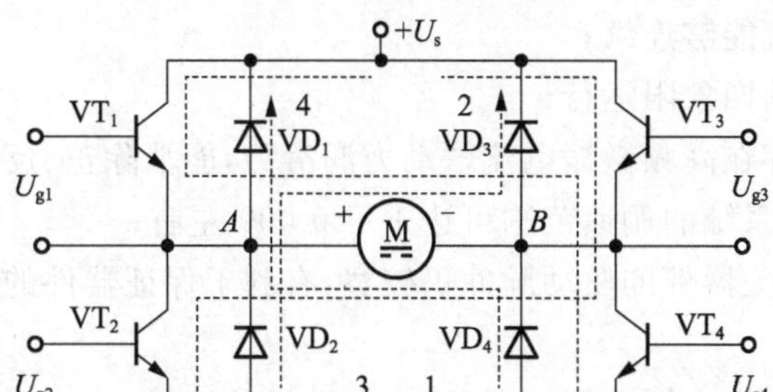

图 3-1 双极式可逆 PWM 变换器主电路结构原理图

(2) 控制方式。

双极式可逆 PWM 变换器的控制采用互补通断控制方式，VT_1，VT_2，VT_3 和 VT_4 4 个全控型器件对应触发信号的正负极性关系为 $U_{g1}=U_{g4}=-U_{g2}=-U_{g3}$。

正向电动运行时的波形如图 3-2 所示。

第 1 阶段，在 $0\leqslant t\leqslant t_{on}$ 期间，U_{g1} 和 U_{g4} 为正，VT_1 和 VT_4 导通，U_{g2} 和 U_{g3} 为负，VT_2 和 VT_3 截止，电流 i_d 沿图 3-1 中回路 1 流通，电动机 M 两端电压 $U_{AB}=+U_s$。

第 2 阶段，在 $t_{on}<t\leqslant T$ 期间，U_{g1} 和 U_{g4} 为负，VT_1 和 VT_4 截止，VD_2 和 VD_3 续流，钳位使 VT_2 和 VT_3 保持截止，电流 i_d 沿图 3-1 中回路 2 流通，电动机 M 两端电压 $U_{AB}=-U_s$。

反向电动运行时的波形如图 3-3 所示。

第 1 阶段，在 $0\leqslant t\leqslant t_{on}$ 期间，U_{g2} 和 U_{g3} 为负，VT_2 和 VT_3 截止，VD_1 和 VD_4 续流，钳位使 VT_1 和 VT_4 截止，电流 $-i_d$ 沿图 3-1 中回路 4 流通，电动机 M 两端电压 $U_{AB}=+U_s$。

第 2 阶段，在 $t_{on}<t\leqslant T$ 期间，U_{g2} 和 U_{g3} 为正，VT_2 和 VT_3 导通，U_{g1} 和 U_{g4} 为负，VT_1 和 VT_4 保持截止，电流 $-i_d$ 沿图 3-1 中回路 3 流通，电动机 M 两端电压 $U_{AB}=-U_s$。

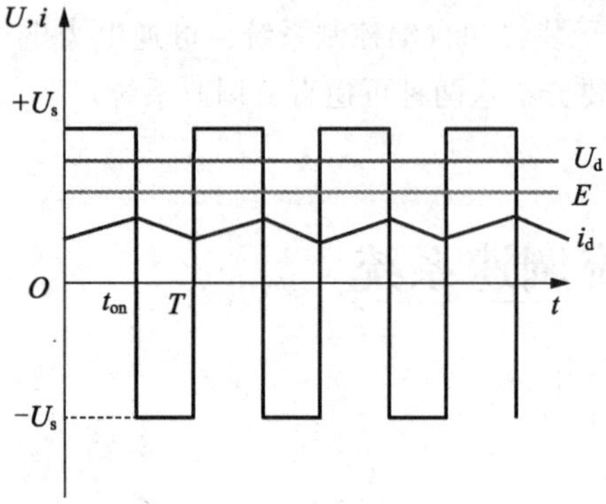

图 3-2　正向电动运行波形

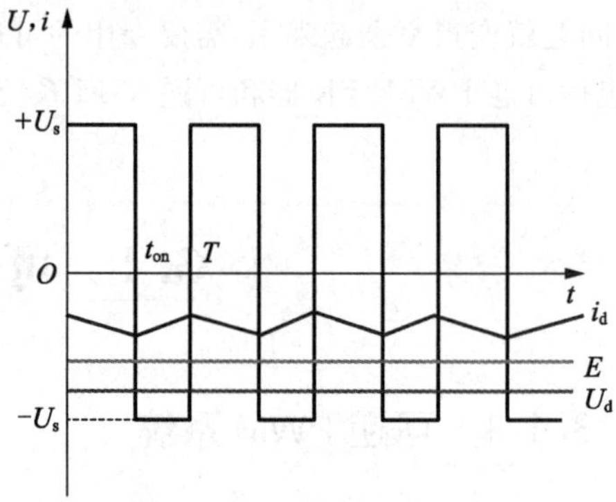

图 3-3　反向电动运行波形

(3) 输出平均电压。

$$U_d=\frac{t_{on}}{T}U_s-\frac{T-t_{on}}{T}U_s=\left(\frac{2t_{on}}{T}-1\right)U_s \tag{3-1}$$

$$\gamma=2\rho-1 \tag{3-2}$$

调速时，ρ 的可调范围为 0～1，对应的 γ 为 $-1<\gamma<+1$。当 $\rho>0.5$ 时，γ 为正，电动机正转；当 $\rho<0.5$ 时，γ 为负，电动机反转；当 $\rho=0.5$ 时，$\gamma=0$，电动机停止。

(4) 优点。

① 一般情况下电流能够连续；

② 可实现电动机的四象限运行；

③ 电动机停止时存在高频微振电流（“动力润滑”），能消除正、反向时的静摩擦死区；

④ 低速平稳性好，系统的调速范围可达 1∶20 000 左右；

⑤ 低速时，每个开关器件的驱动脉冲仍较宽，有利于保证器件的可靠导通。

(5) 缺点。

① 电动机停止时电枢电压不等于零，增大电动机的损耗；

② 工作过程中，4 个开关器件可能都处于开关状态，开关损耗大；

③ 切换时可能发生上、下桥臂直通的事故，因此必须在上、下桥臂的驱动脉冲之间设置逻辑延时以防止直通。

2）单极式可逆 PWM 变换器

单极式可逆 PWM 变换器的主电路与双极式的一样，不同之处仅在于驱动脉冲信号。单极式变换器中，左边两个管子的驱动信号 $U_{g1}=-U_{g2}$，与双极式的一样；右边两个管子的驱动信号不同，改成因电动机的转向而施加不同的直流控制信号。

电动机正转时，使 U_{g3} 恒为负，U_{g4} 恒为正；电动机反转时，使 U_{g3} 恒为正，U_{g4} 恒为负。单极式可逆 PWM 变换器的优点是开关损耗减少，装置的可靠性提高。它的主电路结构原理图如图 3-4 所示。下面以正向运行为例进行分析，反向运行同理。

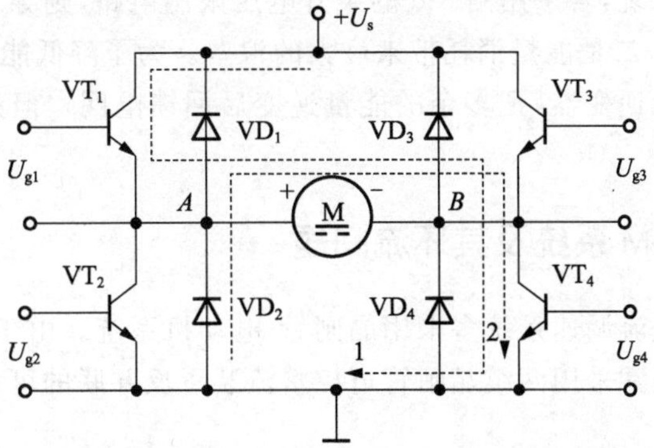

图 3-4　单极式可逆 PWM 变换器主电路结构原理图

正向运行时：

第 1 阶段，在 $0\leqslant t\leqslant t_{on}$ 期间，U_{g1} 和 U_{g4} 为正，VT_1 和 VT_4 导通，U_{g2} 和 U_{g3} 为负，VT_2 和 VT_3 截止，电流 i_d 沿图 3-4 中回路 1 流通，电动机 M 两端电压 $U_{AB}=+U_s$。

第 2 阶段，在 $t_{on}<t\leqslant T$ 期间，U_{g1} 和 U_{g3} 为负，VT_1 和 VT_3 截止，VT_4 导通，VD_2 续流，钳位使 VT_2 保持截止，电流 i_d 沿图 3-4 中回路 2 流通，电动机 M 两端电压 $U_{AB}=0$。

3）受限单极式可逆 PWM 变换器

受限单极式可逆 PWM 变换器是在单极式的基础上，当电动机正转时，U_{g2} 恒为负，而当电动机反转时，U_{g1} 恒为负，它的静、动态性能变差，但可靠性大大提高。具体原理分析与单极式的类似，不再详述。

4）电能回馈与泵升电压的限制

PWM 变换器的直流电源通常由交流电网经不可控的二极管整流器产生，并采用大电容 C 滤波，以获得恒定的直流电压。电容 C 同时对感性负载的无功功率起储能缓冲作用。

对于 PWM 变换器中的滤波电容，其作用除滤波外，还可吸收电机制动时运行系统的动能。由于直流电源靠二极管整流器供电，不可能回馈电能，电动机制动时只好对滤波电容充电，这将使电容两端的电压升高，称作泵升电压（图 3-5）。

电力电子器件的耐压限制着最高泵升电压，因此电容容量就不可能很小，一般几千瓦的调速系统所需的电容量达数千微法。在大容量或负载有较大惯量的系统中，不可能只靠电容器来限制泵升电压，这时可以采用图 3-6 中的镇流电阻 R_b 来消耗掉部分动能。分流电路

靠开关器件 VT_b 在泵升电压达到允许数值时接通，通过镇流电阻 R_b 消耗能量，降低直流母线电压；当电压降至允许值后，关断开关器件 VT_b，耗能回路停止工作。

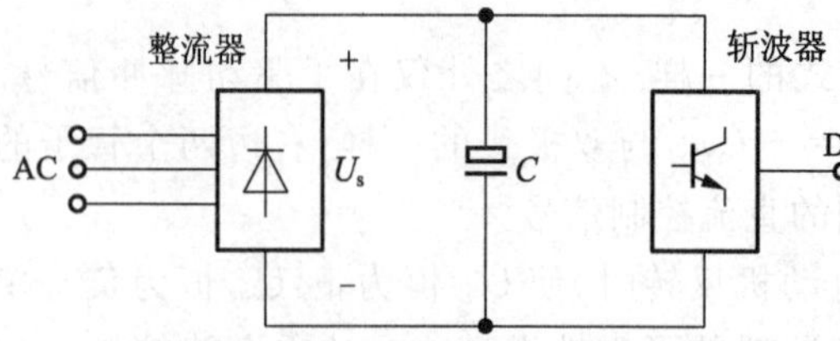

图 3-5　PWM 变换器的泵升电压

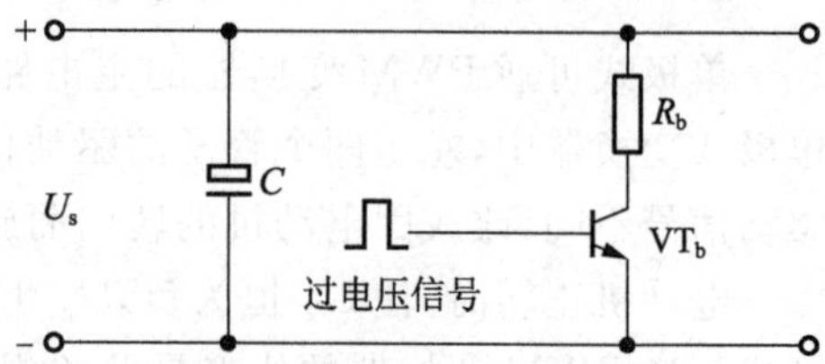

图 3-6　泵升电压限制电路

对于更大容量的系统，若采用图 3-6 的泵升电压限制电路，则导致的结果一是需要的镇流电阻 R_b 功率非常大，二是能量消耗带来巨大的浪费。为了降低能耗、提高效率，可以在二极管整流器输出端并接逆变器，把多余的能量逆变后回馈电网。但是这时的系统将更加复杂，成本也会大大增加。

3.1.2　可逆 V-M 系统及其环流问题

较大功率的可逆直流调速系统多采用晶闸管-电动机系统。由于晶闸管的单向导电性，所以需要可逆运行时经常采用两组晶闸管可控整流装置反并联的可逆线路，如图 3-7 所示。

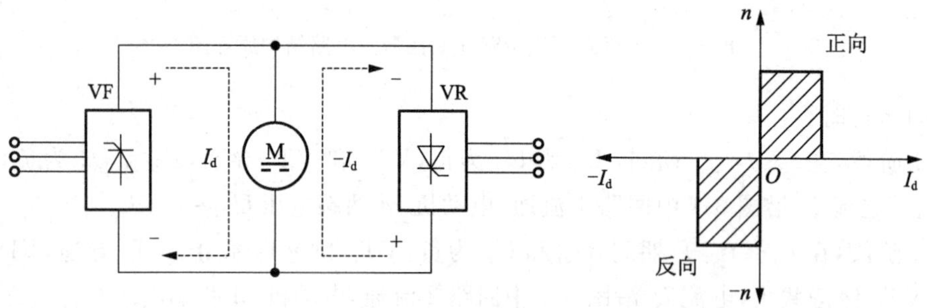

图 3-7　两组晶闸管可控整流装置反并联可逆线路

电动机正转时，由正组晶闸管整流装置 VF 供电；反转时，由反组晶闸管整流装置 VR 供电。两组晶闸管分别由两套触发装置控制，都能灵活地控制电动机的起、制动和升、降速。但是，不允许让两组晶闸管同时处于整流状态，否则将造成电源短路，因此对控制电路提出了严格的要求。

1）晶闸管-电动机系统的四象限运行

（1）晶闸管整流装置的整流和逆变状态。

在两组晶闸管反并联线路的 V-M 系统中，晶闸管装置可以工作在整流或有源逆变状态。在电流连续的条件下，晶闸管装置的理想空载输出电压 U_{d0} 为：

$$U_{d0}=\frac{m}{\pi}U_m\sin\frac{\pi}{m}\cos\alpha=U_{d0\max}\cos\alpha$$

当控制角 $\alpha<90°$ 时，晶闸管装置处于整流状态；当控制角 $\alpha>90°$ 时，晶闸管装置处于逆变状态。因此，在整流状态中，U_{d0} 为正值；在逆变状态中，U_{d0} 为负值。为了方便起见，定义

逆变角 $\beta=180^\circ-\alpha$，则理想空载输出电压公式可改写为：

$$U_{d0}=-U_{d0max}\cos\beta$$

(2) 单组晶闸管整流装置的有源逆变。

单组晶闸管整流装置供电的 V-M 系统在拖动起重机类型的负载时，也可能出现整流和有源逆变两种状态。提升重物时，晶闸管整流装置处于整流状态，此时 $\alpha<90^\circ$，$U_{d0}>E$，$n>0$，由电网向电动机提供能量，如图 3-8 所示。下放重物时，晶闸管整流装置处于逆变状态，此时 $\alpha>90^\circ$，$U_{d0}<E$，$n<0$，由电动机向电网回馈能量，如图 3-9 所示。

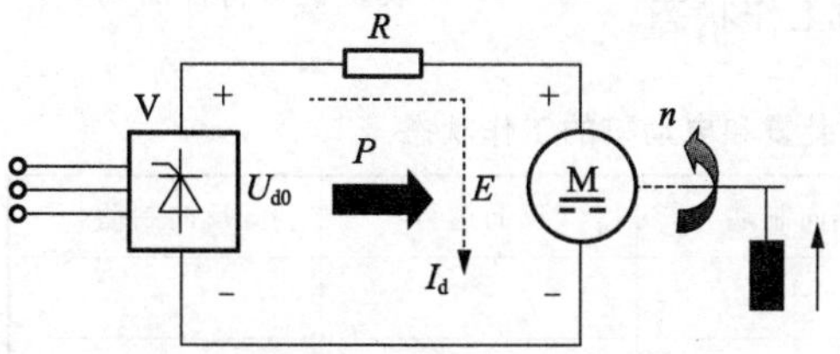

图 3-8 单组晶闸管整流状态示意图

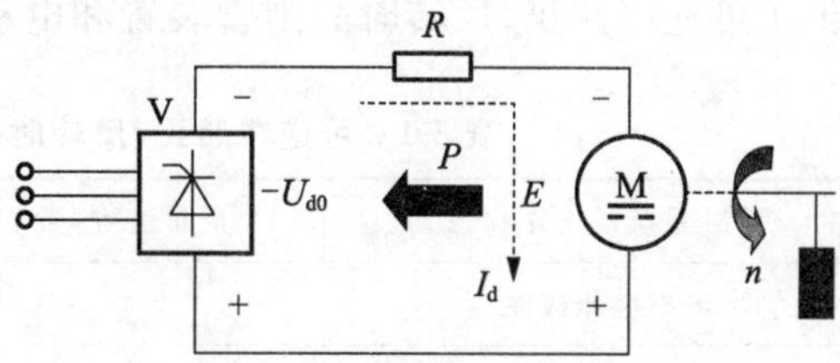

图 3-9 单组晶闸管逆变状态示意图

单组晶闸管整流装置的机械特性曲线如图 3-10 所示，整流状态时电动机工作于第一象限，逆变状态时电动机工作于第四象限。

(3) 两组晶闸管整流装置反并联的整流和逆变。

两组晶闸管整流装置反并联可逆线路的整流和逆变状态原理与单组晶闸管整流装置的相同，只是出现逆变状态的具体条件不一样。

现以正组晶闸管整流装置整流和反组晶闸管整流装置逆变为例，说明两组晶闸管整流装置反并联可逆线路的工作原理。

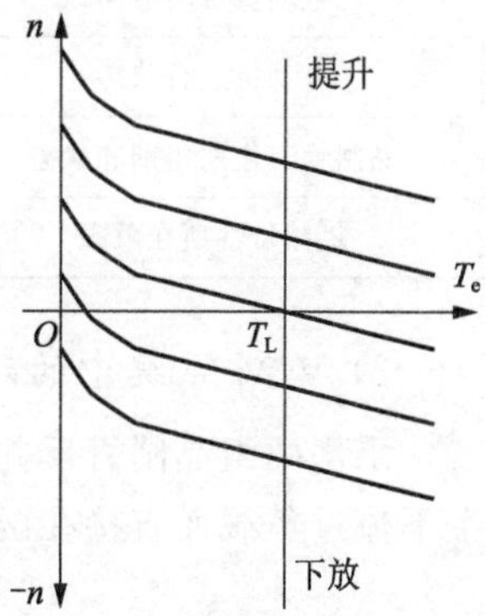

图 3-10 单组晶闸管整流装置机械特性曲线

正组晶闸管整流装置 VF 处于整流状态时，正组控制角 $\alpha_f<90^\circ$，正组输出电压 $U_{d0f}>E$，$n>0$，电动机从电路输入能量做电动运行，如图 3-11 所示。

反组晶闸管整流装置 VR 处于逆变状态时，反组控制角 $\alpha_r>90^\circ$，反组输出电压 $|U_{d0r}|<E$，$n<0$，电动机输出电能，实现回馈制动，如图 3-12 所示。

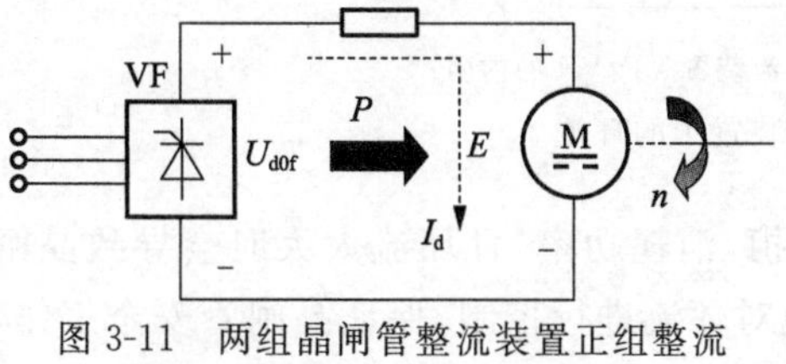

图 3-11 两组晶闸管整流装置正组整流

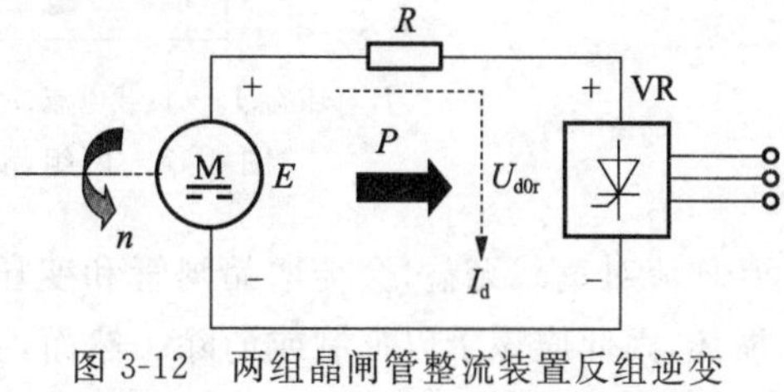

图 3-12 两组晶闸管整流装置反组逆变

两组晶闸管整流装置的机械特性曲线如图 3-13 所示，正组整流状态时电动机工作于第一象限，反组逆变状态时电动机工作于第二象限。

(4) V-M 系统的四象限运行。

在可逆调速系统中，正转运行时可以利用反组晶闸管实现回馈制动，反转运行时可以利用正组晶闸管实现回馈制动。这样，采用两组晶闸管装置反并联构成的可逆直流调速系统就可以实现电动机的四象限运行。

即使是不可逆的调速系统，只要是需要快速地回馈制动，常常也采用两组反并联的晶闸管装置，由正组提供电动运行所需的整流供电，反组只提供逆变制动。这时，两组晶闸管装置的容量大小可以不同，反组只在短时间内给电动机提供制动电流，并不提供稳态运行的电流，因此实际采用的容量可以小一些。表 3-1 给出了可逆线路正、反转时晶闸管装置和电动机的工作状态。

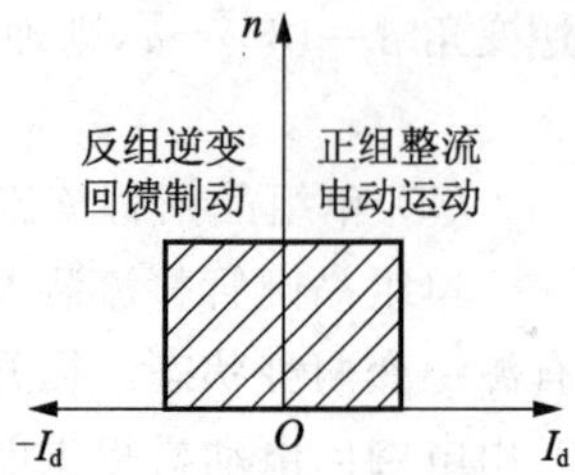

图 3-13　两组晶闸管整流装置机械特性曲线

表 3-1　可逆线路正、反转时晶闸管装置和电动机的工作状态

V-M 系统的工作状态	正向运行	正向制动	反向运行	反向制动
电枢电压极性	+	+	−	−
电枢电流极性	+	−	−	+
电动机旋转方向	+	+	−	−
电动机运行状态	电　动	回馈发电	电　动	回馈发电
晶闸管工作的组别和状态	正组整流	反组逆变	反组整流	正组逆变
机械特性所在象限	一	二	三	四

2）V-M 系统中的环流问题

采用两组晶闸管反并联的可逆 V-M 系统，如果两组装置的整流电压同时出现，则会产生不流过负载而直接在两组晶闸管之间流通的短路电流，称为环流，如图 3-14 所示。

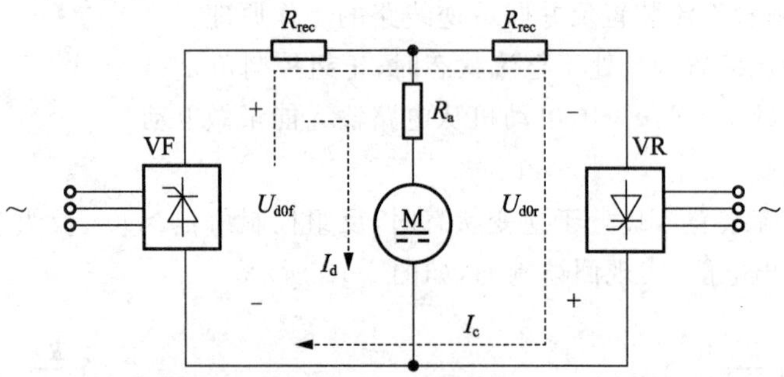

I_c—环流；I_d—负载电流；R_{rec}，R_a—整流装置 VF/VR 的内阻。

图 3-14　两组晶闸管整流装置中的环流

环流对负载无益，会徒增晶闸管和变压器的负担，消耗功率，且环流太大时会导致晶闸管损坏，因此应该予以抑制或消除。然而，要合理地对环流进行控制，保证晶闸管安全工作，可以利用环流作为流过晶闸管的基本负载电流，使电动机在空载或轻载时可以工作在晶闸管装置的电流连续区，避免电流断续引起的非线性对系统性能的影响。

环流主要分为静态环流和动态环流两大类。静态环流是指可逆线路在一定控制角下稳定工作时出现的环流，而动态环流是仅在可逆 V-M 系统处于过渡过程中出现的环流。其中，静态环流又分为直流平均环流和瞬时脉动环流。下面主要对两类静态环流进行详细分析。

(1) 直流平均环流及配合控制。

由晶闸管装置输出的直流平均电压所产生的环流称为直流平均环流。在两组晶闸管反并联的可逆 V-M 系统中,如果让正组晶闸管 VF 和反组晶闸管 VR 都处于整流状态,两组的直流平均电压正负相连,则必然产生较大的直流平均环流。为了防止直流平均环流的产生,需要采取必要的措施,比如采用封锁触发脉冲的方法,在任何时候只允许一组晶闸管装置工作;或者采用配合控制的策略,使一组晶闸管装置工作在整流状态,另一组工作在逆变状态。下面主要分析配合控制策略的原理。

为防止产生直流平均环流,应该在正组晶闸管处于整流状态时强迫反组晶闸管处于逆变状态,且控制它们的幅值相等,用逆变电压把整流电压顶住,则直流平均环流为零,于是有:

$$U_{d0r}=-U_{d0f}$$

又有:
$$U_{d0f}=U_{d0max}\cos\alpha_f,\quad U_{d0f}=U_{d0max}\cos\alpha_r$$

其中,α_f 和 α_r 分别为正组晶闸管和反组晶闸管的控制角。

由于两组晶闸管装置相同,两组的最大输出电压 U_{d0max} 是一样的,因此当直流平均环流为零时,应有:

$$\cos\alpha_r=-\cos\alpha_f \text{ 或 } \alpha_r+\alpha_f=180°$$

如果反组晶闸管的控制角用逆变角 β_r 表示,则 $\alpha_f=\beta_r$。

由此可见,按照 $\alpha_f=\beta_r$ 来控制就可以消除直流平均环流,这称作 $\alpha=\beta$ 配合控制。为了更可靠地消除直流平均环流,可采用 $\alpha_f\geqslant\beta_r$。

为了实现配合控制,可将两组晶闸管装置的触发脉冲零位都定在 90°,如图 3-15 所示。当控制电压 $U_c=0$ 时,使 $\alpha_f=\alpha_r=90°$,此时 $U_{d0f}=U_{d0r}=0$,电动机处于停止状态。当控制电压 U_c 增大时,只要使两组触发装置(正组触发装置 GTF 和反组触发装置 GTR)的控制电压大小相等、符号相反就可以了。

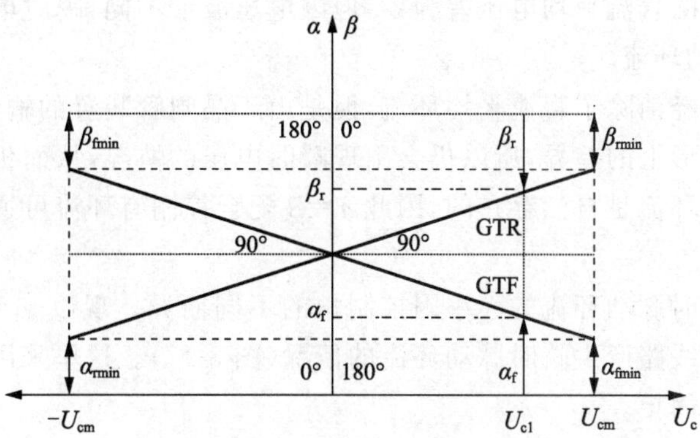

图 3-15 $\alpha=\beta$ 配合控制方法

$\alpha=\beta$ 配合控制电路如图 3-16 所示,用同一个控制电压去控制两组触发装置,正组触发装置 GTF 由 U_c 直接控制,而反组触发装置 GTR 由 $\overline{U}_c=-U_c$ 控制,其中 $\overline{U}_c$ 是经过反号器 AR 获得的。移相时,如果一组晶闸管装置处于整流状态,另一组便处于逆变状态,但这里仅是对控制角的工作状态而言的。

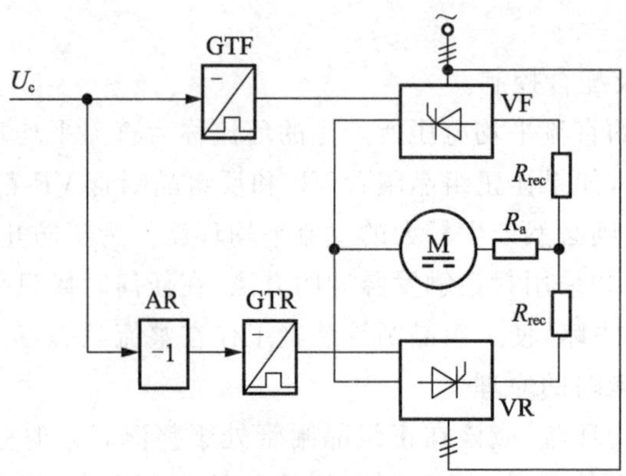

图 3-16　$\alpha=\beta$ 配合控制电路

在 $\alpha=\beta$ 配合控制下，晶闸管装置的工作状态出现了除整流状态和逆变状态之外的工作状态——待逆变状态和待整流状态。当整流组工作在整流状态时，逆变组除环流外并未流过负载电流，也就没有电能回馈电网，确切地说，它只是处于待逆变状态，表示该组晶闸管装置在逆变角的控制下等待工作。在制动时，当发出信号改变控制角后，整流电压和逆变电压的幅值同时降低，一旦电动机反电动势 $E>|U_{d0r}|=|U_{d0f}|$，整流组电流将被截止，逆变组才真正投入逆变工作，使电动机产生回馈制动，将电能通过逆变组回馈电网。同样，当逆变组工作时，另一组也在等待着整流，可称为处于待整流状态。

因此，在 $\alpha=\beta$ 配合控制下，负载电流可以迅速地从正向到反向（或从反向到正向）平滑过渡，但实际上只有一组晶闸管装置在工作，另一组则处于等待工作的状态。

为了防止晶闸管装置在逆变状态工作中逆变角太小而导致换流失败，出现“逆变颠覆”现象，必须在控制电路中采用限幅作用，形成最小逆变角 β_{min} 保护。与此同时，对 α 角也应实施 α_{min} 保护，以免出现 $U_{d0f}>U_{d0r}$ 而产生直流平均环流。通常取 $\alpha_{min}=\beta_{min}=30°$。

（2）瞬时脉动环流及其抑制。

两组晶闸管输出的直流平均电压差为零，但因电压波形不同，瞬时电压差仍会产生脉动的环流，称为瞬时脉动环流。

采用配合控制已经消除了直流平均环流，但是由于晶闸管装置的输出电压是脉动的，造成整流与逆变电压波形上的差异，所以仍会出现瞬时电压的情况，从而仍能产生瞬时的脉动环流。这个瞬时脉动环流是自然存在的，因此 $\alpha=\beta$ 配合控制有环流可逆系统又称为自然环流系统。

瞬时电压差和瞬时脉动环流的大小因控制角的不同而异。现以 $\alpha_f=\beta_r=60°$ 为例，分析三相零式反并联可逆线路产生瞬时脉动环流的情况（图 3-17）。这里采用零式线路分析的目的只是为了绘制波形简单。

正组整流电压 u_{d0f} 和反组逆变电压 u_{d0r} 之间的瞬时电压差 $\Delta u_{d0}=u_{d0f}-u_{d0r}$，由于这个瞬时电压差的存在，所以在两组晶闸管之间产生了瞬时脉动环流 i_{cp}，如图 3-18 所示。由于晶闸管的内阻很小，环流回路的阻抗主要是电感，所以不能突变，并且落后于 Δu_{d0}；又由于晶闸管的单向导电性，即环流只能在一个方向脉动，所以瞬时脉动环流也有直流分量 I_{cp}，但与平均电压差所产生的直流平均环流在性质上是根本不同的。

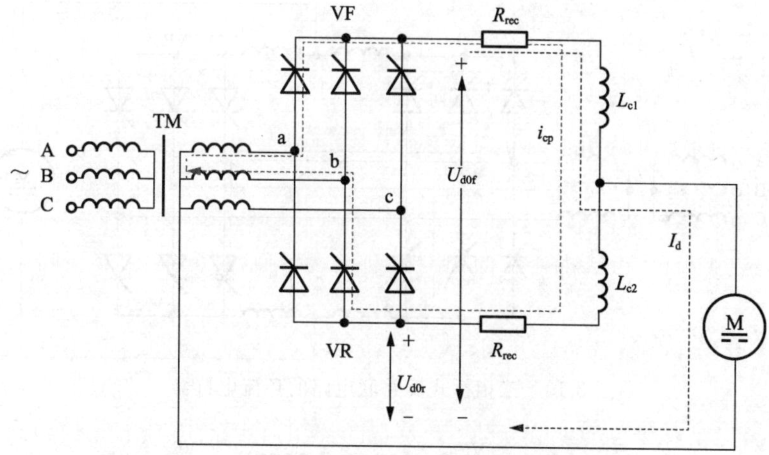

图 3-17 三相零式反并联电路的环流

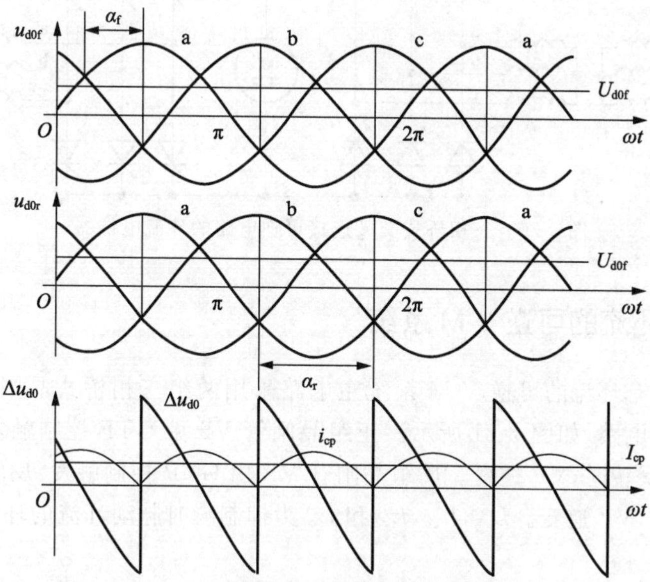

图 3-18 三相零式反并联电路的电压波形

直流平均环流可以用配合控制消除，而瞬时脉动环流却是自然存在的。为了抑制瞬时脉动环流，可在环流回路中串入电抗器，称为环流电抗器或均衡电抗器。环流电抗的大小可以按照将瞬时环流的直流分量限制在负载额定电流的5%～10%来设计。

环流电抗器的设置取决于电路结构。三相零式反并联可逆电路必须在正、反两个回路中各设一个环流电抗器，因为其中总有一个电抗器会因流过直流负载电流而饱和，失去限流作用，如图 3-17 所示。在三相桥式反并联可逆电路中，每一组桥又有 2 条并联的环流通道，总共要设置 4 个环流电抗器，如图 3-19 所示(图中给出了其中的 1 和 2 两条环流路线)。在三相桥式交叉连接可逆电路中，由于电源独立，每一组桥只有一条环流通道，所以只要设置 2 个环流电抗器即可，如图 3-20 所示。

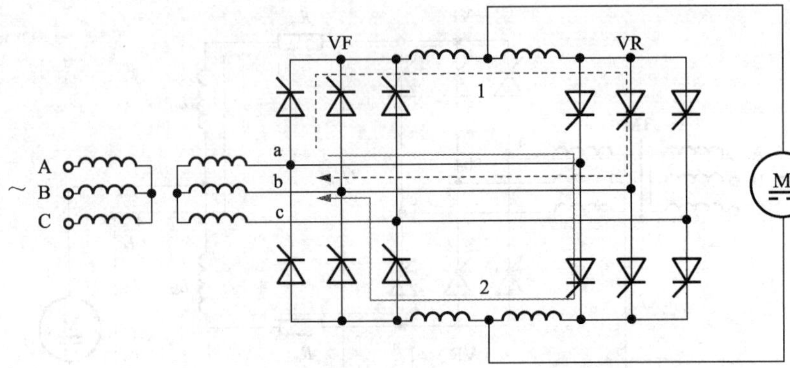

图 3-19　三相桥式反并联电路的环流电抗器

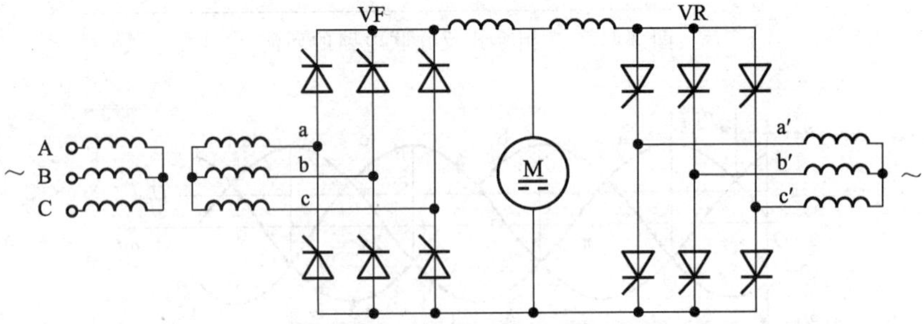

图 3-20　三相桥式交叉连接可逆电路的环流电抗器

3.1.3　有环流的可逆 V-M 系统

环流及配合控制

有环流的可逆 V-M 系统主电路采用两组三相桥式晶闸管装置反并联的可逆电路，如图 3-21 所示。正组晶闸管 VF 由 GTF 控制触发：正转时，VF 整流；反转时，VF 逆变。反组晶闸管 VR 由 GTR 控制触发：反转时，VR 整流；正转时，VF 逆变。L_{c1}，L_{c2}，L_{c3} 和 L_{c4} 为抑制瞬时脉动环流的环流电抗器。

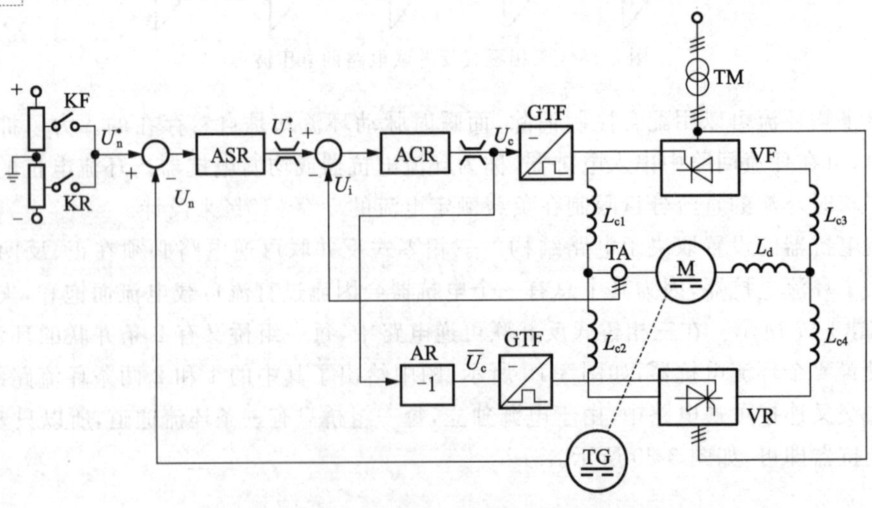

图 3-21　有环流的可逆 V-M 系统主电路结构图

根据可逆系统正反向运行的需要，给定电压、转速反馈电压和电流反馈电压都应该能够反映正和负的极性。

给定电压：正转时，KF 闭合，U_n^* 为"＋"；反转时，KR 闭合，U_n^* 为"－"。

转速反馈电压：正转时，U_n 为"－"；反转时，U_n 为"＋"。

电流反馈电压：正转时，U_i 为"＋"；反转时，U_i 为"－"。

值得注意的是，由于电流反馈应能够反映极性，所以图 3-21 中的电流互感器 TA 需采用直流电流互感器或霍尔传感器。

系统控制电路采用典型的转速、电流双闭环系统，其中转速调节器 ASR 控制转速，设置双向输出限幅电路，以限制最大起、制动电流；电流调节器 ACR 控制电流，设置双向输出限幅电路，以限制最小控制角 α_{min} 与最小逆变角 β_{min}。

当控制方式采用同步信号为锯齿波的触发电路时，移相控制特性是线性的。两组触发装置的控制特性如图 3-15 所示。

停转时，$U_c=0$，$\alpha_r=\beta_f=90°$，$U_{d0f}=U_{d0r}=0$。

正转时，$U_c>0$，$\alpha_f<90°$，VF 整流，U_{d0f} 为"＋"；$\overline{U}_c<0$，$\beta_r<90°$，VR 逆变，U_{d0r} 为"－"。

反转时，$\overline{U}_c>0$，$\alpha_r<90°$，VR 整流，U_{d0r} 为"＋"；$U_c<0$，$\beta_f<90°$，VF 逆变，U_{d0f} 为"－"。

下面以正向运行过程为例，介绍有环流的可逆 V-M 系统的正向电动运行，如图 3-22 所示。KF 闭合，U_n^* 为"＋"，经过 ASR 后，U_i^* 为"－"，再经过 ACR 后，U_c 为"＋"，$\overline{U}_c$ 为"－"，则 VF 整流，VR 待逆变，电动机正向运行，其他各环节如图 3-22 所示。

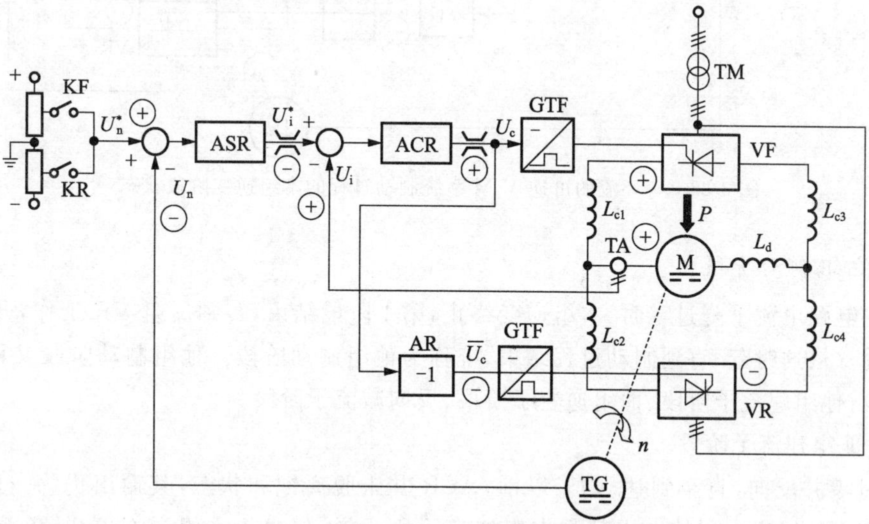

图 3-22　有环流的可逆 V-M 系统正向电动运行状态

有环流的可逆 V-M 系统的制动过程复杂，状态变化较多，整个制动过程可以分为两个主要阶段，其中还有一些子阶段。主要阶段包括本组逆变阶段和他组制动阶段。现以正向制动为例，说明有环流可逆 V-M 系统的制动过程。

1）本组逆变阶段

在此阶段，电流由正向负载电流下降到零，其方向未变，因此仍通过正组 VF 流通，具体过程如下：

(1) 发出停车(或反向)指令后,转速给定电压突变为零(或负值)。

(2) ASR 输出跃变到正限幅值$+U_{im}^*$。

(3) ACR 输出跃变到负限幅值$-U_{cm}$。

(4) VF 由整流状态很快变到逆变状态,同时反组 VR 由待逆变状态转变成待整流状态。

(5) 在 VF-M 回路中,由于 VF 变成逆变状态,极性变负,而电动机反电动势 E 极性未变,迫使电流迅速下降,主电路电感迅速释放储能,企图维持正向电流,这时 $L\frac{dI_d}{dt}-E>|U_{d0f}|=|U_{d0r}|$,大部分能量通过 VF 回馈电网,所以称为本组逆变阶段。由于电流的迅速下降,这个阶段所占时间很短,转速来不及产生明显的变化,如图 3-23 所示。

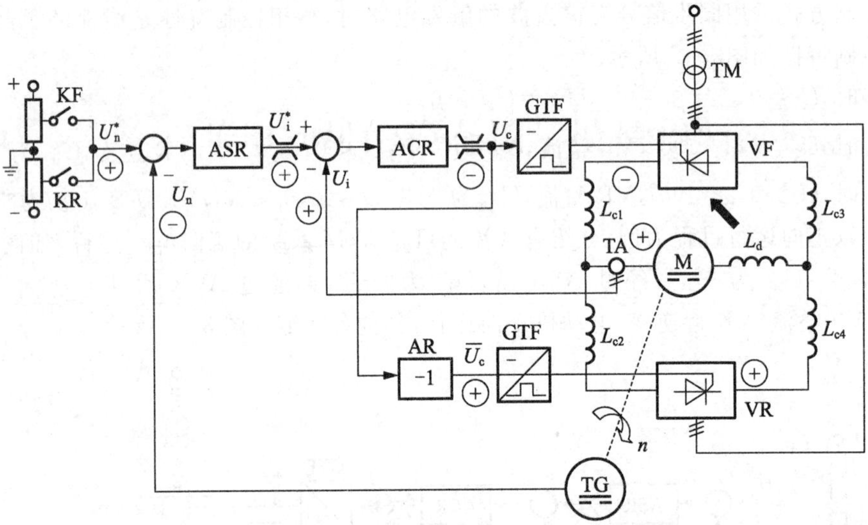

图 3-23 有环流的可逆 V-M 系统制动过程的本组逆变阶段状态

2) 他组制动阶段

当主电路电流下降过零时,本组逆变终止,第 I 阶段结束,转到反组 VR 工作,开始通过反组制动。从这时起,直到制动过程结束,统称为他组制动阶段。他组制动阶段又可分成 3 个子阶段:他组建流子阶段、他组逆变子阶段、反向减流子阶段。

(1) 他组建流子阶段。

I_d 过零并反向,直至到达$-I_{dm}$以前,ACR 并未脱离饱和状态,其输出仍为$-U_{cm}$。这时,VF 和 VR 输出电压的大小都与本组逆变阶段一样,但由于本组逆变停止,电流变化延缓,$L\frac{dI_d}{dt}$数值略减,使 $L\frac{dI_d}{dt}-E<|U_{d0f}|=|U_{d0r}|$。

反组 VR 由待整流状态进入整流状态,向主电路提供$-I_d$。由于反组整流电压 U_{d0r}和反电动势 E 的极性相同,反向电流很快增长,电动机处于反接制动状态,转速明显降低,因此又可称为"他组反接制动状态"。此阶段各环节的状态如图 3-24 所示。

(2) 他组逆变子阶段。

当反向电流达到$-I_{dm}$并略有超调时,ACR 输出电压 U_c 退出饱和,其数值很快减小,又

由负变正，然后增大，使 VR 回到逆变状态，而 VF 变成待整流状态。此后，在 ACR 的调节作用下，力图维持接近最大的反向电流 $-I_{dm}$，因而 $L\frac{dI_d}{dt}\approx 0, E>|U_{d0f}|=|U_{d0r}|$。

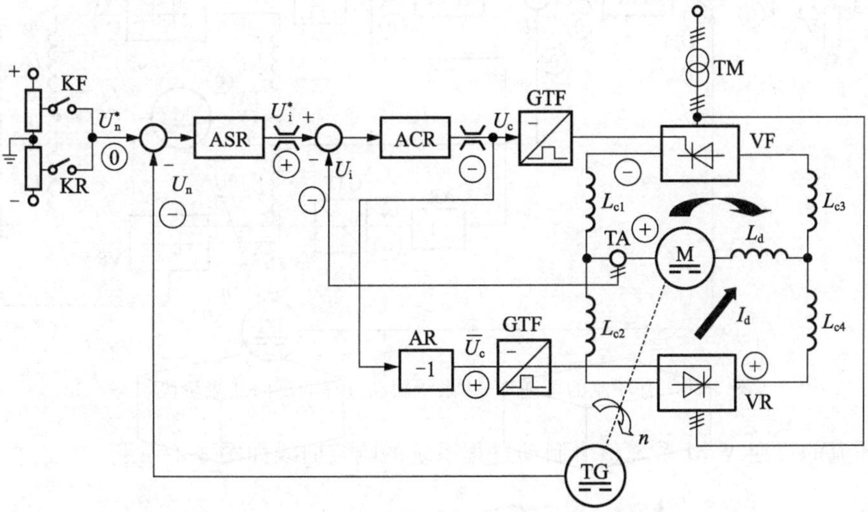

图 3-24　有环流的可逆 V-M 系统制动过程的他组建流阶段状态

电机在恒减速条件下回馈制动，把动能转换成电能，其中的大部分通过 VR 逆变回馈电网，称为“他组回馈制动阶段”或“他组逆变阶段”。此阶段所占的时间最长，是制动过程中的主要阶段。此阶段各环节的状态如图 3-25 所示。

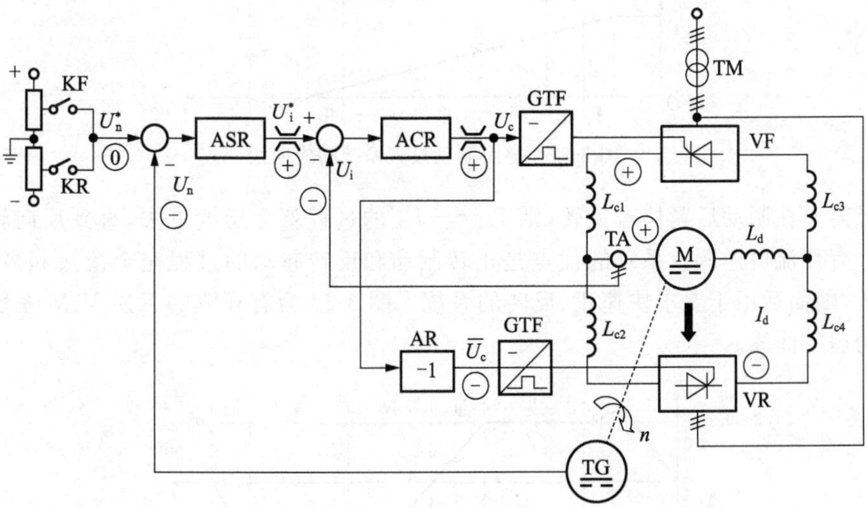

图 3-25　有环流的可逆 V-M 系统制动过程的他组逆变阶段状态

（3）反向减流子阶段。

在这一阶段，转速下降得很低，无法再维持 $-I_{dm}$，于是电流立即衰减。在电流衰减过程中，电感 L 上的感应电压 $L\mathrm{d}I_d/\mathrm{d}t$ 支持着反向电流，并释放出存储的磁能，与电动机断续释放出的动能一起通过 VR 逆变回馈电网。如果电动机随即停止，则整个制动过程到此结束。此阶段各环节的状态如图 3-26 所示。

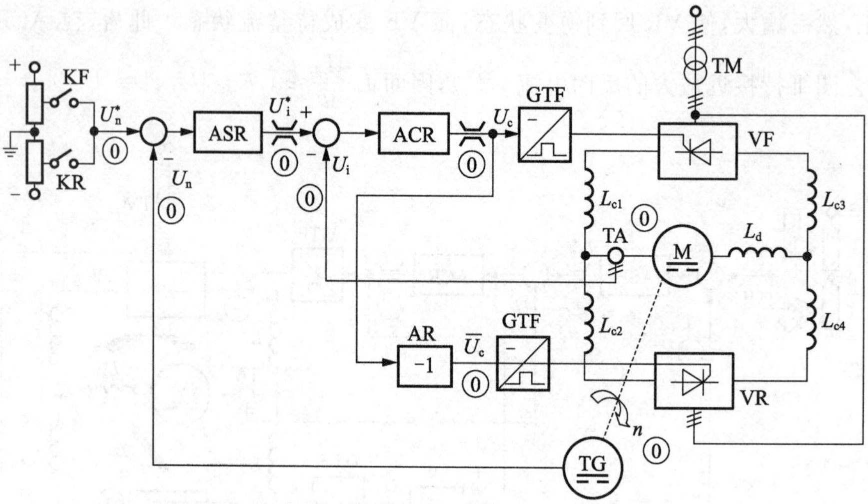

图 3-26 有环流的可逆 V-M 系统制动过程的反向减流阶段状态

有环流的可逆 V-M 系统整个制动过程系统的响应曲线如图 3-27 所示。

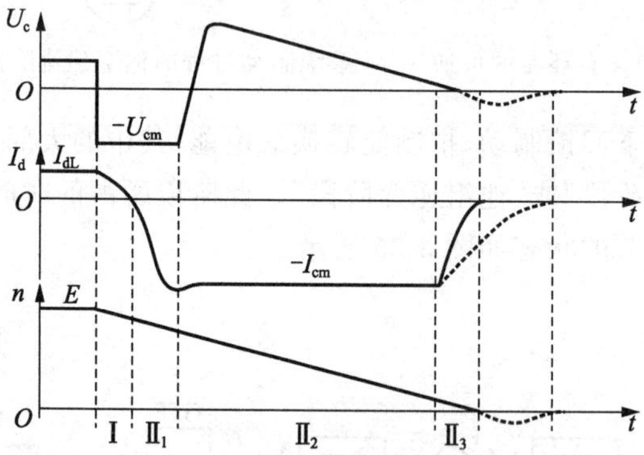

图 3-27 整个制动过程系统响应曲线

如果需要在制动后紧接着反转，则 $I_d=-I_{dm}$ 的过程就会延续下去，直到反向转速稳定时为止。有环流可逆调速系统的优点是正转制动和反转起动的过程完全衔接起来，没有间断或死区，因而适用于要求快速正、反转的系统。图 3-28 为有环流的可逆 V-M 系统从起动到制动的运行曲线。

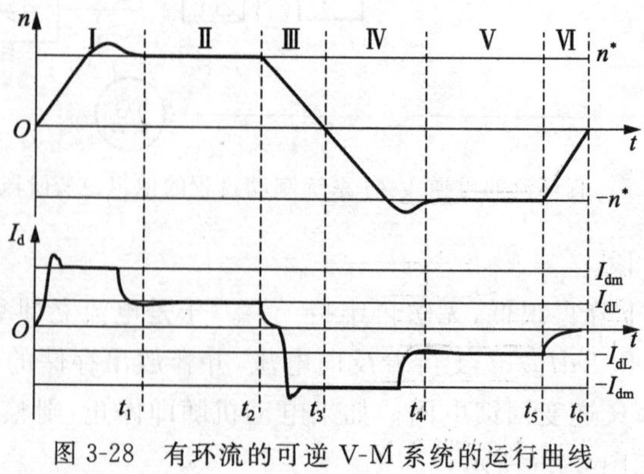

图 3-28 有环流的可逆 V-M 系统的运行曲线

3.1.4　无环流的可逆 V-M 系统

有环流可逆系统虽然具有反向快、过渡平滑等优点，但设置几个环流电抗器终究很笨重，因此当工艺过程对系统正反转的平滑过渡特性要求不是很高时，特别是对于大容量的系统，常采用既没有直流平均环流又没有瞬时脉动环流的无环流控制可逆系统。按照实现无环流控制原理的不同，无环流可逆系统又有两大类：逻辑控制无环流系统和错位控制无环流系统。

在错位控制无环流可逆系统中，同样采用配合控制的触发移相方法，但两组脉冲的关系是 $\alpha_r+\alpha_f=300°$，甚至是 $\alpha_r+\alpha_f=360°$，也就是说，初始相位整定在 $\alpha_r=\alpha_f=150°$或 180°。这样，当待逆变组的触发脉冲来到时，它的晶闸管已经完全处于反向阻断状态，不可能导通，当然就不会产生瞬时脉动环流了。鉴于目前错位控制的无环流可逆系统实际应用已经较少，这里不再详细介绍。

当一组晶闸管工作时，用逻辑电路（硬件）或逻辑算法（软件）去封锁另一组晶闸管的触发脉冲，使它完全处于阻断状态，以确保两组晶闸管不同时工作，从根本上切断环流的通路，这就是逻辑控制的无环流可逆系统。

逻辑控制无环流可逆系统的结构如图 3-29 所示。系统主电路采用两组晶闸管装置反并联线路。由于没有环流，不用设置环流电抗器，但仍保留平波电抗器 L_d，以保证稳定运行时电流波形连续。控制系统采用转速、电流双闭环方案。电流环分设两个电流调节器，其中 1ACR 用于控制正组触发装置 GTF，2ACR 用于控制反组触发装置 GTR。1ACR 的给定信号经反号器 AR 作为 2ACR 的给定信号，因此电流反馈信号的极性不需要变化，可以采用不反映极性的电流检测方法。

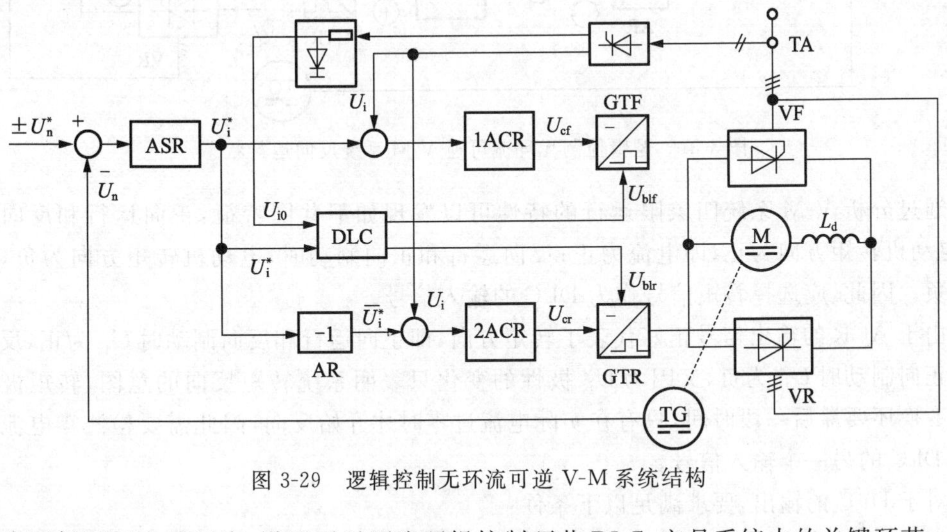

图 3-29　逻辑控制无环流可逆 V-M 系统结构

为了保证不出现环流，设置了无环流逻辑控制环节 DLC，它是系统中的关键环节。它按照系统的工作状态指挥系统进行正、反组的自动切换，其输出信号 U_{blf} 用来控制正组触发脉冲的封锁或开放，U_{blr} 用来控制反组触发脉冲的封锁或开放。

逻辑控制无环流可逆系统工作原理较为简单，此处不再详细论述。图 3-30 和图 3-31 分别给出了逻辑控制无环流可逆系统正向运行和反向运行时各环节的工作状态。

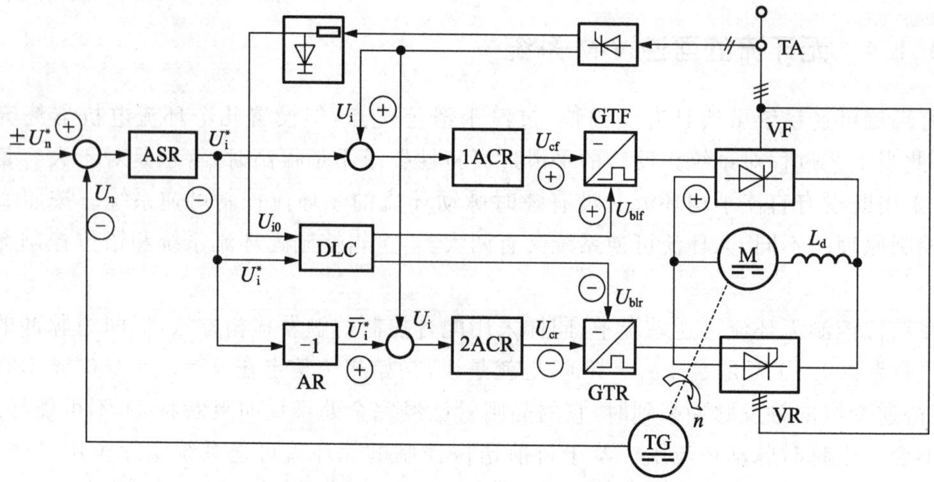

图 3-30　逻辑控制无环流可逆 V-M 系统正向运行状态

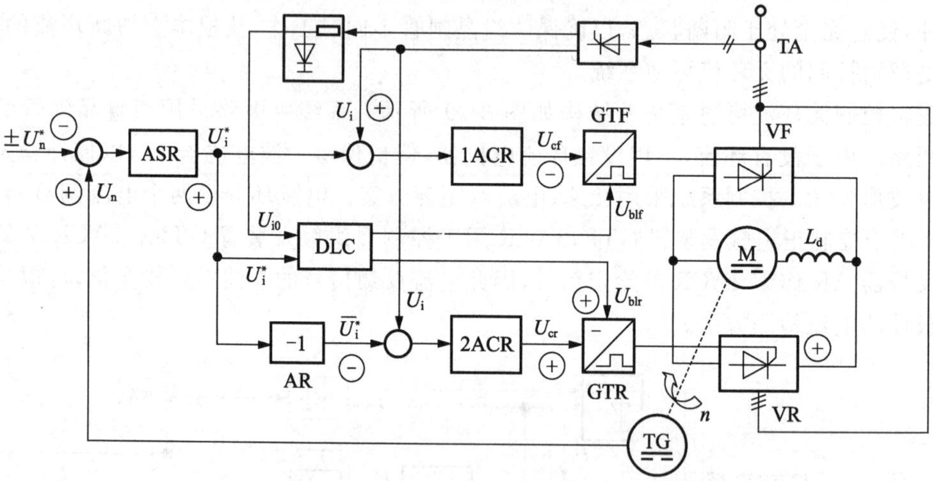

图 3-31　逻辑控制无环流可逆 V-M 系统反向运行状态

通过分析 V-M 系统四象限运行的特性可以发现如下共同特征：正向运行和反向制动时，电动机转矩方向为正，即电流为正；反向运行和正向制动时，电动机转矩方向为负，即电流为负。因此，应选择转矩信号作为 DLC 的输入信号。

由于 ACR 的输出信号正好代表了转矩方向，即正向运行和反向制动时 U_i^* 为正，反向运行和正向制动时 U_i^* 为负，又因为 U_i^* 极性的变化只表明系统转矩反向的意图，转矩极性的真正变换还要滞后一段时间，只有在实际电流过零时才开始反向，因此需要检测零电流信号作为 DLC 的另一个输入信号。

对于 DLC 的输出，要求满足以下条件：

正向运行时，VF 整流，开放 VF，封锁 VR；

反向制动时，VF 逆变，开放 VF，封锁 VR；

反向运行时，VR 整流，开放 VR，封锁 VF；

正向制动时，VR 逆变，开放 VR，封锁 VF。

因此，DLC 的输出有两种状态：

VF 开放——$U_{blf}=1$，VF 封锁——$U_{blf}=0$；

VR 开放——$U_{blr}=1$，VR 封锁——$U_{blr}=0$。

DLC 的内部逻辑要求对输入信号进行转换，将模拟量转换为开关量，再根据输入信号做出正确的逻辑判断。为保证两组晶闸管装置可靠切换，需要有两个延时：

t_1 延时——关断等待时间，确认电流已经过零，而非因电流脉动引起的误信号；

t_2 延时——触发等待时间，确保被关断的晶闸管已恢复阻断能力，防止其重新导通。

DLC 还要具有逻辑连锁保护功能，以保证在任何情况下两个信号必须是相反的，决不容许两组晶闸管同时开放脉冲，从而确保主电路没有出现环流的可能。根据 DLC 的输入、输出分析，可得 DLC 电路的总体结构如图 3-32 所示。

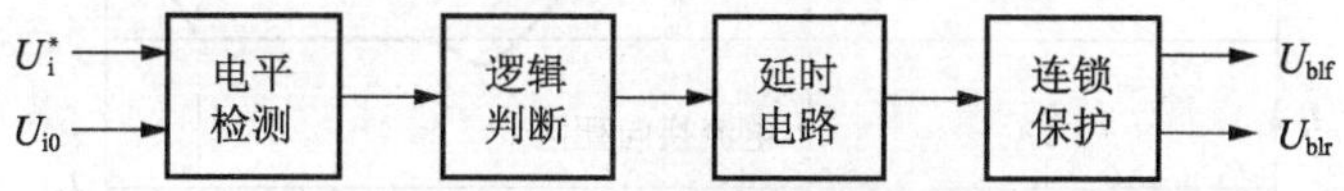

图 3-32　DLC 电路的总体结构图

无环流逻辑控制环节是逻辑无环流系统的关键环节，它的任务是：当需要切换到正组晶闸管 VF 工作时，封锁反组触发脉冲而开放正组触发脉冲；当需要切换到反组晶闸管 VR 工作时，封锁正组脉冲而开放反组脉冲。无环流逻辑控制环节通常采用数字控制，如数字逻辑电路、微机软件、PLC(可编程逻辑控制)等，用以实现同样的逻辑控制关系。

前面介绍的逻辑控制无环流可逆调速系统中，采用了两个电流调节器和两套触发装置分别控制正组、反组晶闸管。实际上，任何时刻都只有一组晶闸管在工作，另一组晶闸管由于脉冲被封锁而处于阻断状态，这时它的电流调节器和触发装置都是等待状态。采用模拟控制时，可以利用电子模拟开关选择一套电流调节器和触发装置工作，另一套装置就可以节省下来了。

图 3-33 给出了逻辑选触无环流的可逆系统原理框图。图中，SAF 和 SAR 分别是正、反组电子模拟开关。采用数字控制时，电子模拟开关的任务可以用条件选择程序来完成。实际系统都是逻辑选触系统。此外，触发装置可采用由定时器进行移相控制的数字触发器，或采用集成触发电路。

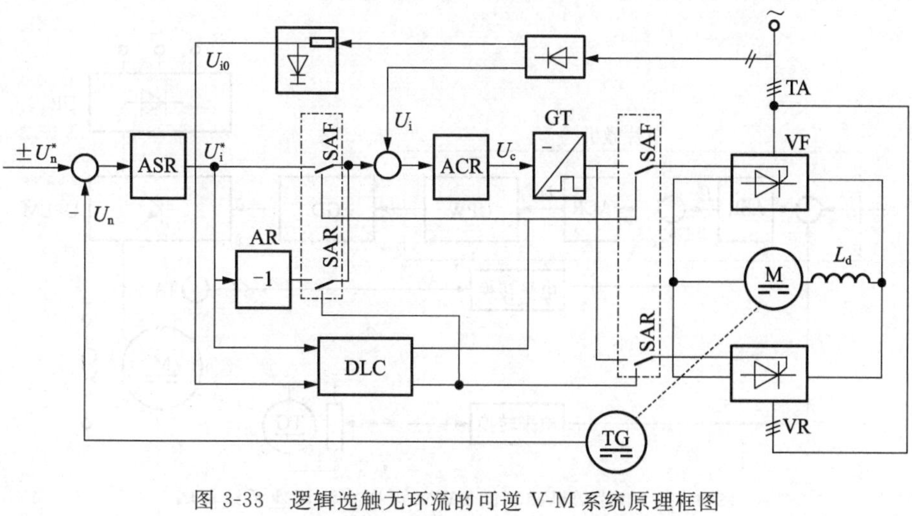

图 3-33　逻辑选触无环流的可逆 V-M 系统原理框图

通过上述分析可知，逻辑无环流的可逆系统省去了环流电抗器，没有附加的环流损耗；节省了变压器和晶闸管装置等设备的容量；减少了因换流失败而造成的事故。但是，由于延时造成了电流换向死区，所以影响了过渡过程的快速性。电流换向死区带来的影响如图3-34所示。换向死区导致无环流的可逆系统的电流有一段为零的区间，这是与有环流的可逆系统的不同之处。

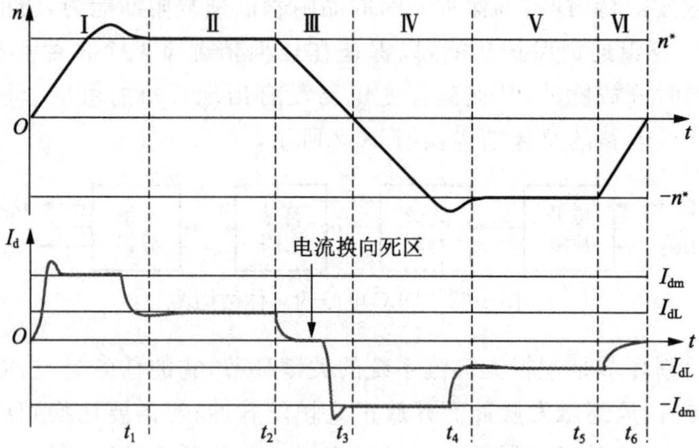

图 3-34　无环流可逆 V-M 系统的电流换向死区的影响

3.2　数字控制的直流调速系统

单片微机控制的 PWM 可逆直流调速系统框图如图 3-35 所示。图中，UR 为整流器；UPEM 为桥式可逆电力电子变换器，注意直流变换器必须是可逆的；GD 为驱动电路模块，内部含有光电隔离电路和开关放大电路；UPW 为 PWM 波生成环节，其算法包含在单片微机软件中；TG 为测速发电机，当调速精度要求较高时可采用数字测速码盘；TA 为霍尔电流传感器；给定量 n^*，I_d^* 和反馈量 n，I_d 都已经是数字量。

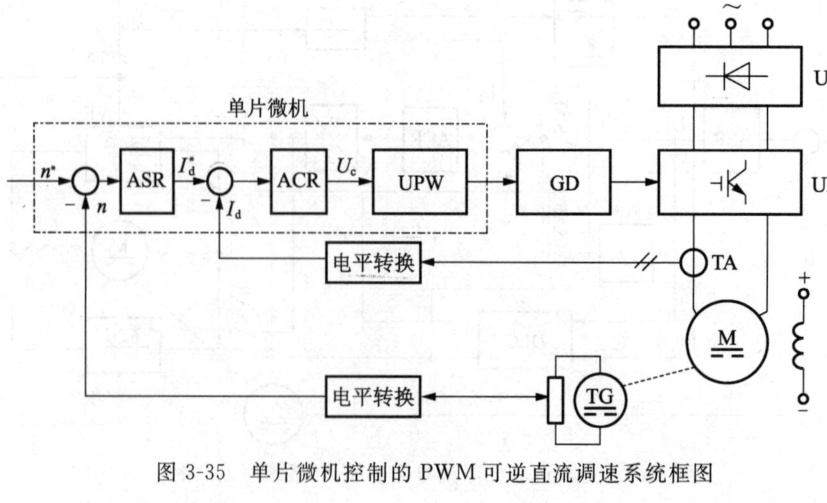

图 3-35　单片微机控制的 PWM 可逆直流调速系统框图

控制系统一般采用转速、电流双闭环控制，其中电流环为内环，转速环为外环，内环的采样周期小于外环的采样周期。无论是电流采样值还是转速采样值都有交流分量，常采用阻容电路滤波，但阻容值太大时会延缓动态响应，为此可采用硬件滤波与软件滤波相结合的办法。

当转速给定信号在$-n_{max}^{*}\sim 0\sim +n_{max}^{*}$之间变化并达到稳态后，由微机输出的 PWM 信号占空比 ρ 在 0～1/2～0 的范围内变化，使 UPEM 的输出平均电压系数 γ 的变化范围为 $-1\sim 0\sim +1$，实现了双极式可逆控制。

在变流中，为了避免同一桥臂上、下两个电力电子器件同时导通而引起直流电源短路，在由 VT_1 和 VT_4 导通切换到 VT_2 和 VT_3 导通或反向切换时必须留有死区时间。对于功率晶体管，死区时间约 30 μs；对于 IGBT(Insulated gate bipolar transistor，绝缘栅双极型晶体管)，死区时间约 5 μs 或更小些。

3.2.1 数字控制的双闭环直流调速系统硬件结构

数字控制的双闭环直流调速系统硬件结构如图 3-36 所示。该系统主要由以下部分组成：主电路、检测电路、控制电路、给定电路和显示电路。

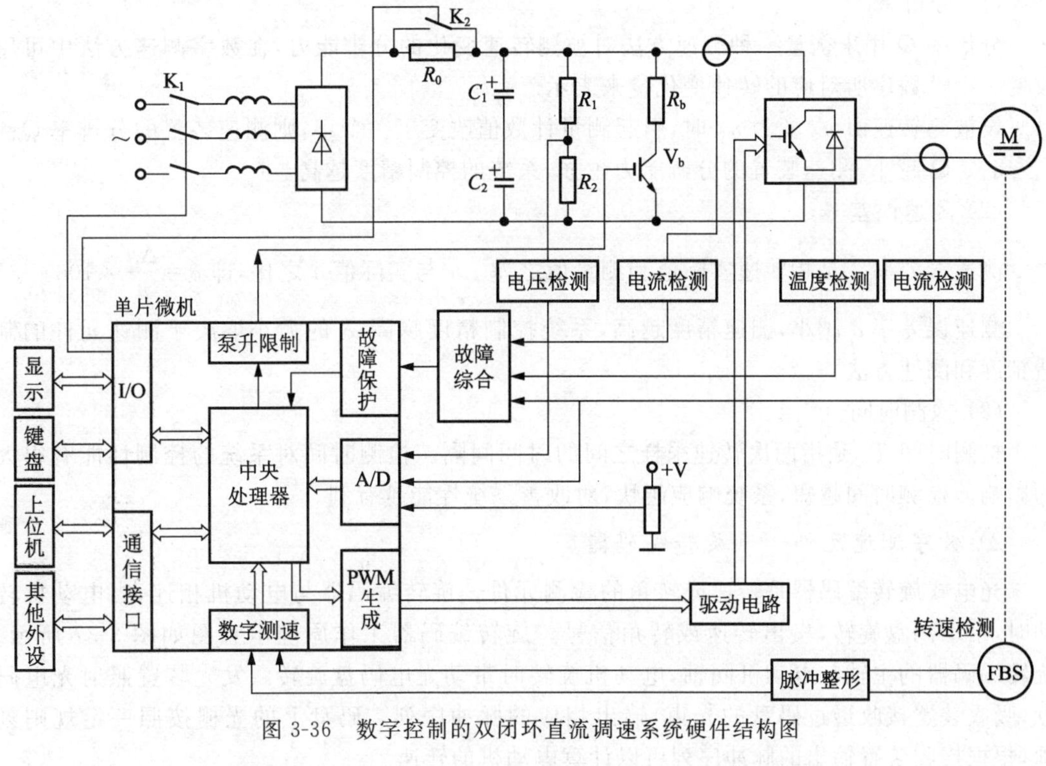

图 3-36 数字控制的双闭环直流调速系统硬件结构图

在主电路中，三相交流电源经不可控整流器变换为电压恒定的直流电源，再经过电力电子变换器(UPE)得到可调的直流电压，给直流电动机供电。数字控制的双闭环直流调速系统主电路中的 UPE 有两种方式：一是直流 PWM 功率变换器，二是晶闸管可控整流器。

检测回路主要包括电压、电流、温度和转速检测。其中，电压、电流和温度检测通过 A/D 转换通道变为数字量送入微机；转速检测通常采用数字测速方法，使用的测量元件为旋转编码器(光电编码器)。电流和电压检测除了用来构成相应的反馈控制外，还是各种保护和故障诊断信息的来源。电流、电压信号也存在幅值和极性的问题，需要经过一定的处理后经A/D转换送入微机，其处理方法与转速信号的相同。

利用微机拥有的强大的逻辑判断功能对电压、电流、温度等信号进行分析比较，若发生故障则立即进行故障诊断，以便及时处理，避免故障进一步扩大。这也是采用微机控制的优势所在。数字控制器是系统的核心，可选用单片微机或数字信号处理器(DSP)，如 Intel 8X196MC 系列或 TMS320X240 系列等专门为电动机控制设计的微处理器，它们本身都带有 A/D 转换器、通用 I/O 和通信接口，还带有一般微机并不具备的故障保护、数字测速和 PWM 生成功能，可大大简化数字控制系统的硬件电路。

系统的给定有两种方式：模拟给定和数字给定。模拟给定是以模拟量表示的给定值，例如给定电位器的输出电压；模拟给定须经 A/D 转换为数字量，再参与运算。数字给定是用数字量表示的给定值，可以是拨盘设定、键盘设定或采用通信方式由上位机直接发送。

3.2.2 数字测速与数字滤波

1）数字测速指标

(1) 分辨率。

分辨率 Q 用来衡量一种测速方法对被测转速变化的分辨能力，在数字测速方法中可用改变一个计数字所对应的转速变化量来表示。

设被测转速由 n_1 变为 n_2 时，引起测量计数值改变了一个字，则测速装置的分辨率 $Q=n_2-n_1$。Q 越小，测速装置的分辨能力越强，系统的控制精度越高。

(2) 测速误差率。

测速误差率 δ 是指转速实际值和测量值之差 Δn 与实际值 n 之比，即 $\delta=\frac{\Delta n}{n}\times 100\%$。

测速误差率 δ 越小，测速精度越高，系统控制精度越高；δ 的大小取决于测速元件的制造精度和测速方法。

(3) 检测时间。

检测时间 T_c 是指两次转速采样之间的时间间隔。检测时间对系统的控制性能有很大的影响。检测时间越短，系统响应越快，对改善系统性能越有利。

2）数字测速元件——旋转编码器

光电式旋转编码器是转速或转角的检测元件。旋转编码器与电动机相连，当电动机转动时，带动码盘旋转，发出转速或转角信号。旋转编码器工作原理示意图如图 3-37 所示。旋转编码器的主轴与电动机同轴，电动机旋转时带动光电码盘旋转。发光装置照射光电码盘，吸收装置接收透过码盘的光束，输出相应的脉冲序列。码盘上的光栅按照一定规则刻画，根据接收装置输出的脉冲序列可以计算电动机的转速。

根据码盘的构造不同，编码器可分为绝对式编码器和增量式编码器两大类。绝对式编码器的码盘上分层刻有表示角度的二进制数码或循环码(格雷码)，通过接收器将该数码送入计算机。绝对式编码器常用于检测转角，若需得到转速信号，必须对转角进行微分处理。增量式编码器的码盘上均匀刻有一定数量的光栅，当电动机旋转时，码盘随之转动。通过光栅的作用，持续不断地开放或封闭光的通路，在接收装置的输出端得到频率与转速成正比的方波脉冲序列，从而可以计算转速。

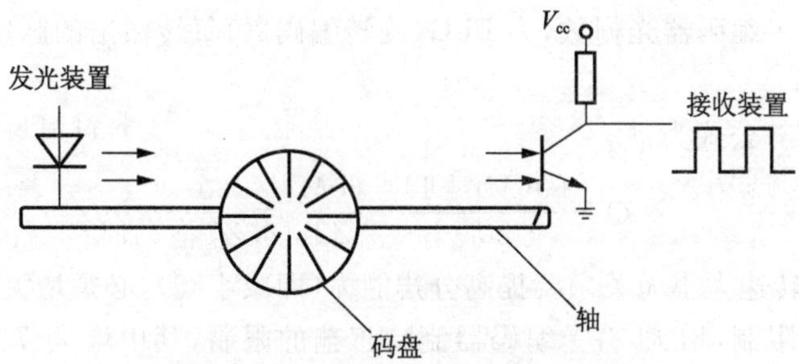

图 3-37　旋转编码器工作原理示意图

要获得转速的方向，还需增加一对发光与接收装置，且使两对发光与接收装置错开光栅节距的1/4，这样两组脉冲序列A和B的相位相差90°。正转时A相超前B相，反转时B相超前A相。采用鉴相电路即可分辨出转向。

若码盘的光栅数为 N，则转速分辨率为 $1/N$。常用的旋转编码器光栅数有1 024，2 048，4 096等。再增加光栅数，将大大增加旋转编码器的制作难度和成本。采用倍频电路可以有效地提高转速分辨率而不增加光栅数。一般采用四倍频电路，大于四倍频的电路较难实现。

3）数字测速方法

在数字测速中，常用光电式旋转编码器作为转速或转角的检测元件。测速原理为：由光电式旋转编码器产生与被测转速成正比的脉冲，测速装置将输入脉冲转换为以数字形式表示的转速值。

常用的脉冲/数字(P/D)转换方法包括：M法——脉冲直接计数方法；T法——脉冲时间计数方法；M/T法——脉冲时间混合计数方法。

(1) M法测速。

① 工作原理。

在一定的时间 T_c 内测取旋转编码器输出的脉冲个数 M_1，用以计算这段时间内的平均转速，称为M法测速。将 M_1 除以 T_c 即得旋转编码器输出脉冲的频率 f_1，即 $f_1=M_1/T_c$，因此M法又称为频率法。

② 工作过程。

M法测速工作过程如图3-38所示。

a. 计数器记录PLG发出的脉冲信号；

b. 定时器每隔时间 T_c 向CPU发出中断请求 INT_t；

c. CPU响应中断后，读出脉冲个数 M_1 并将计数器清零，重新计数；

d. 根据脉冲个数 M_1 计算出对应的转速 n。

③ 转速计算。

n 的计算公式为：

$$n=\frac{60M_1}{ZT_c}$$

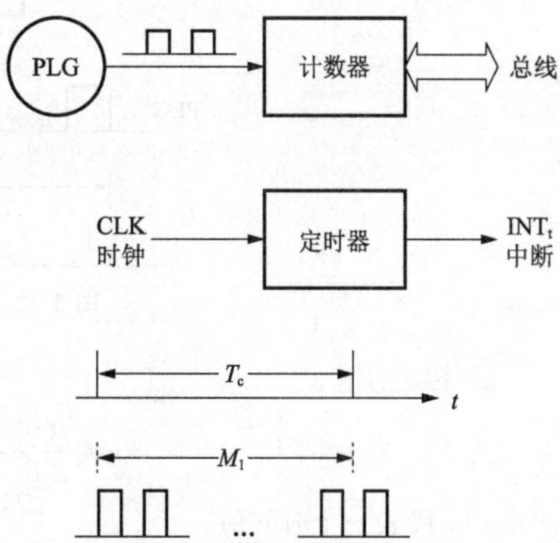

图 3-38　M法测速工作过程

式中，Z=倍频系数×编码器光栅数，为PLG(旋转编码器)每转输出的脉冲个数。

④ 分辨率计算。

分辨率 Q 的计算公式为：

$$Q=\frac{60(M_1+1)}{ZT_c}-\frac{60M_1}{ZT_c}=\frac{60}{ZT_c}$$

分辨率与实际转速大小无关。要提高分辨能力(即减小 Q)，必须增大 T_c 或 Z。但在实际应用中两者都受限制，增大 Z 受编码器制造工艺的限制，其中增大 T_c 势必使采样周期变长。

⑤ 测速误差率计算。

最大测速误差率 δ_{max} 的计算公式为：

$$\delta_{max}=\frac{\frac{60M_1}{ZT_c}-\frac{60(M_1-1)}{ZT_c}}{\frac{60M_1}{ZT_c}}\times100\%=\frac{1}{M_1}\times100\%$$

转速越低，M_1 越小，误差率越大，因此M法测速适用于高速段。

(2) T法测速。

① 工作原理。

在编码器两个相邻输出脉冲的间隔时间内，用一个计数器对已知频率为 f_0 的高频时钟脉冲进行计数，由此来计算转速，称为T法测速。测速时间源于编码器输出脉冲的周期，故T法又称周期法。

② 工作过程。

T法测速工作过程如图3-39所示。

a. 计数器记录来自CPU的高频脉冲 f_0；

b. PLG每输出一个脉冲，中断电路向CPU发出一次中断请求；

c. CPU响应 INT_n 中断，从计数器中读出脉冲个数 M_2 并立即清零，重新计数。

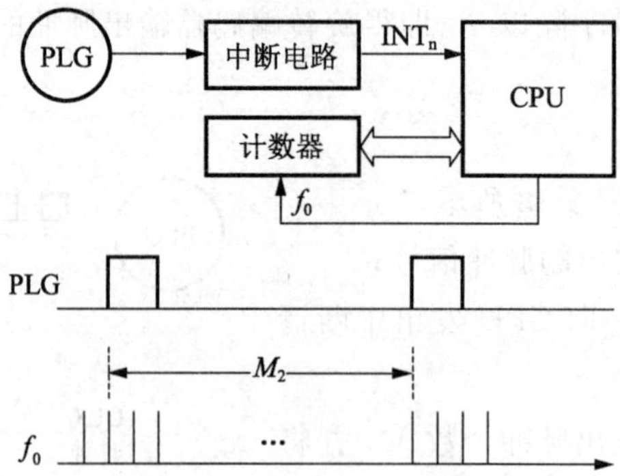

图3-39 T法测速工作过程

③ 转速计算。

$$n=\frac{60}{ZT_t}=\frac{60f_0}{ZM_2},\quad T_t=\frac{M_2}{f_0}$$

式中，T_t 代表一个时间值。

④ 分辨率计算。

$$Q=\frac{60f_0}{Z(M_2-1)}-\frac{60f_0}{ZM_2}=\frac{60f_0}{ZM_2(M_2-1)}\rightarrow Q=\frac{Zn^2}{60f_0-Zn}$$

分辨率与转速的高低有关，转速越低，Q 值越小，分辨能力越强。

⑤ 测速误差率计算。

最大测速误差率 $\delta_{\max}$ 为：

$$\delta_{\max}=\frac{\dfrac{60f_0}{Z(M_2-1)}-\dfrac{60f_0}{ZM_2}}{\dfrac{60f_0}{ZM_2}}\times100\%=\frac{1}{M_2-1}\times100\%$$

低速时，编码器相邻脉冲间隔时间长，测得的高频时钟脉冲个数 M_2 多，所以误差率小，测速精度高，故 T 法测速适用于低速段。

(3) M/T 法测速。

① 工作原理。

M/T 法测速是将 M 法与 T 法两种测速方法相结合，取长补短，既检测 T_c 时间内旋转编码器输出的脉冲个数 M_1，又检测同一时间间隔的高频时钟脉冲个数 M_2，用来计算转速。

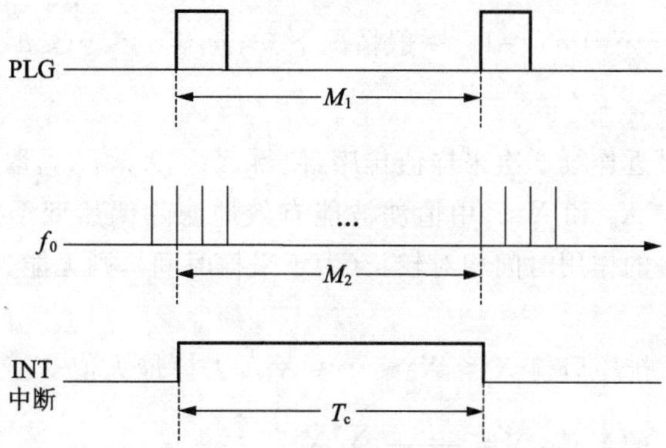

图 3-40　M/T 法测速工作过程

② 工作过程。

a. T_0 定时器控制采样时间；

b. M_1 计数器记录 PLG 脉冲；

c. M_2 计数器记录时钟脉冲。

③ 转速计算。

$$n=\frac{60M_1}{ZT_c}=\frac{60M_1f_0}{ZM_2}$$

④ 分辨率计算。

$$Q=\frac{60f_0M_1}{ZM_2(M_2-1)}$$

⑤ 测速误差率计算。

低速时 M/T 法趋向于 T 法，高速时 M/T 法相当于 T 法的 M_1 次平均，而在这 M_1 次中最多产生一个高频时钟脉冲的误差。因此，M/T 法可以在较宽的转速范围内测速，具有较高的测速精度。

4）数字滤波

（1）数字滤波简介。

检测得到的转速信号中通常会混入干扰信号。在模拟调速中可通过硬件组成的滤波器（如 *RC* 滤波电路）滤除干扰信号，而在数字测速中可用软件实现数字滤波。

数字滤波使用灵活、修改方便，不但能替代硬件滤波器，而且能实现硬件滤波器无法实现的功能。数字滤波可用于测速滤波，也可用于电压、电流检测信号的滤波。

（2）数字滤波方法。

① 算术平均值滤波。

设有 N 次采样值 $X_1, X_2, \cdots, X_N$，其算术平均值滤波就是找到一个值 Y，使 Y 与各次采样值之差的平方和 $E=\sum_{i=1}^{N}(Y-X_i)^2$ 最小。令 $\mathrm{d}E/\mathrm{d}Y=0$，可得 $Y=\frac{1}{N}\sum_{i=1}^{N}X_i$。

算术平均值滤波的优点是算法简单；缺点是需要较多的采样次数才能有明显的平滑效果，但是采样次数增多，带来的误差积累也会增加。

加权算术平均值滤波主要重视当前的采样值，也附带考虑过去的采样值。此时，$Y=\sum_{i=1}^{N}a_iX_i$，其中 $a_1+a_2+\cdots+a_N=1$。一般情况下 $0<a_1\leqslant a_2\leqslant\cdots\leqslant a_N$。

② 中值滤波。

中值滤波是指将最近连续 3 次采样值排序，使得 $X_1\leqslant X_2\leqslant X_3$，取这 3 个采样值的中值 X_2 作为有效信号，舍去 X_1 和 X_3。中值滤波能有效地滤除偶然型干扰脉冲（作用时间短、幅值大），但若干扰信号的作用时间相对较长（大于采样时间），则无能为力。

③ 中值平均滤波。

设有 N 次采样值，排序后得 $X_1\leqslant X_2\leqslant\cdots\leqslant X_N$，去掉最大值 X_N 和最小值 X_1，剩下的取算术平均值即滤波后的 Y 值：$Y=\frac{1}{N-2}\sum_{i=2}^{N-1}X_i$。

中值平均滤波是中值滤波和算术平均值滤波的结合，既能滤除偶然型干扰脉冲，又能平滑滤波，但程序较为复杂，运算量较大。

3.2.3 数字控制器基础

数字PI调节器

1）采样频率的选择

（1）香农采样定理。

根据香农（Shannon）采样定理，采样频率 f_{sam} 应不小于信号最高频率 $f_{\max}$ 的 2 倍，即 $f_{\mathrm{sam}}\geqslant 2f_{\max}$。这时，经采样及保持后，原信号的频谱可以不发生明显的畸变，系统可保持原有的性能。

但实际系统中信号的最高频率很难确定，尤其对于非周期性信号（系统的过渡过程），其频谱为 0～∞ 的连续函数，最高频率理论上为无穷大，因此难以直接用采样定理来确定系统的采样频率。

(2) 采样频率的确定。

在一般情况下可以令采样周期 $T_{sam} \leqslant \frac{1}{4 \sim 10} T_{min}$。其中,$T_{min}$ 为控制对象的最小时间常数。或者令采样角频率 $\omega_{sam} \geqslant (4 \sim 10)\omega_c$,其中 ω_c 为控制系统的截止频率。

(3) 采样频率的要求。

① 采样频率越高,离散系统越接近于连续系统。但在采样周期内必须完成信号的采集与转换,完成控制运算,并输出控制信号,因此采样周期又不能太短,也就是说采样频率总是有限的。

② 过高的采样频率可能造成不必要的累积误差,因此需合理选择采样频率。

(4) 采样定理的用法。

① 在直流调速系统中,电枢电流的时间常数较小,电流内环必须有足够高的采样频率,而电流调节算法一般比较简单,采用较高的采样频率是可能的。因此,电流调节器一般都可以采用间接方法设计,即先按连续控制系统设计,然后将得到的调节器数字化。

② 对于转速环,由于系统的动态性能往往对转速环截止频率的大小有一定要求,所以不能太低。但转速控制有时比较复杂,占用的机时较长,因而转速环的采样频率又不能很高。如果所选择的采样频率不够高,当按连续系统设计误差较大时,就应按照离散控制系统来设计转速调节器。

2) 数字 PI 调节器

(1) 模拟调节器的数字化。

PI 调节器是电力拖动自动控制系统中最常用的一种控制器。在微机数字控制系统中,当采样频率足够高时,可先按模拟系统的设计方法设计调节器,然后离散化,就可以得到数字控制器的算法。

(2) PI 调节器的传递函数。

PI 调节器的传递函数为:

$$W_{PI}(s) = \frac{U(s)}{E(s)} = \frac{K_{PI}\tau s + 1}{\tau s} \tag{3-3}$$

PI 调节器的时域表达式为:

$$u(t) = K_{PI}e(t) + \frac{1}{\tau}\int e(t)\mathrm{d}t = K_P e(t) + K_I \int e(t)\mathrm{d}t \tag{3-4}$$

其中,$K_P = K_{PI}$ 为比例系数;$K_I = 1/\tau$ 为积分系数。

(3) PI 调节器的差分方程。

将式(3-4)离散化成差分方程,其第 k 拍输出 $u(k)$ 为:

$$\begin{aligned} u(k) &= K_P e(k) + K_I T_{sam} \sum_{i=1}^{k} e(i) = K_P e(k) + u_I(k) \\ &= K_P e(k) + K_I T_{sam} e(k) + u_I(k-1) \end{aligned} \tag{3-5}$$

其中,T_{sam} 为采样周期。

(4) 数字 PI 调节器算法。

数字 PI 调节器算法一般可分为两种类型:位置式算法和增量式算法。

① 位置式算法。

算法特点：比例部分只与当前的偏差有关，而积分部分则是系统过去所有偏差的累积［式(3-5)表述的差分方程］。

PI 调节器的输出为：

$$u(k)=u(k-1)+\Delta u(k) \tag{3-6}$$

位置式 PI 调节器的结构清晰，P 和 I 两部分作用分明，参数调整简单明了，但需要存储的数据较多。

② 增量式算法。

$$\Delta u(k)=u(k)-u(k-1)=K_P[e(k)-e(k-1)]+K_I T_{sam} e(k) \tag{3-7}$$

PI 调节器的输出为：

$$u(k)=u(k-1)+\Delta u(k) \tag{3-8}$$

(5) 限幅值设置。

与模拟调节器相似，在数字控制算法中，需要对 u 限幅，这里只需在程序内设置限幅值 u_m，当 $u(k)>u_m$ 时，便以限幅值 u_m 作为输出。

不考虑限幅时，位置式和增量式两种算法完全等同，而考虑限幅时，两者略有差异。增量式算法只需输出限幅，而位置式算法必须同时设积分限幅和输出限幅，两者缺一不可。若没有积分限幅，当反馈大于给定时，调节器退出饱和，积分项可能仍很大，将产生较大的退饱和超调。

习　题

3-1　分析直流脉宽调速系统可逆和不可逆电路的区别。

3-2　为什么 PWM-电动机系统比晶闸管-电动机系统能够获得更好的动态性能？

3-3　试分析有制动通路的不可逆 PWM 变换器进行制动时，两个开关器件是如何工作的。

3-4　晶闸管可逆系统中环流产生的原因是什么？通常采用什么抑制办法？

3-5　从系统的组成、功用、工作原理、特性等方面比较直流 PWM 可逆调速系统与晶闸管直流可逆调速系统的异同点。

3-6　已知旋转编码器光栅数为 1 024，倍频系数为 4，高频时钟脉冲频率为 1 MHz，旋转编码器输出脉冲个数和高频时钟脉冲个数均采用 16 位计数器，M 法和 T 法测速时间均为 0.01 s，求转速为 1 500 r/min 和 150 r/min 时的分辨率和最大测速误差率。

第 2 篇 交流拖动控制系统

第4章

基于稳态模型的异步电动机调速系统

4.1 异步电动机的稳态数学模型和调速方法

4.1.1 异步电动机的基本工作原理

1）简化模型

图 4-1 给出了异步电动机的简化模型，其中磁极旋转，线圈位于空间中固定的轴上且可以绕轴线旋转。最初，磁极旋转，线圈不动，在线圈中会产生感应电流，进而产生电磁力，分析线圈的受力情况可以发现电磁力会产生驱动性质的转矩，使线圈跟随磁极旋转。

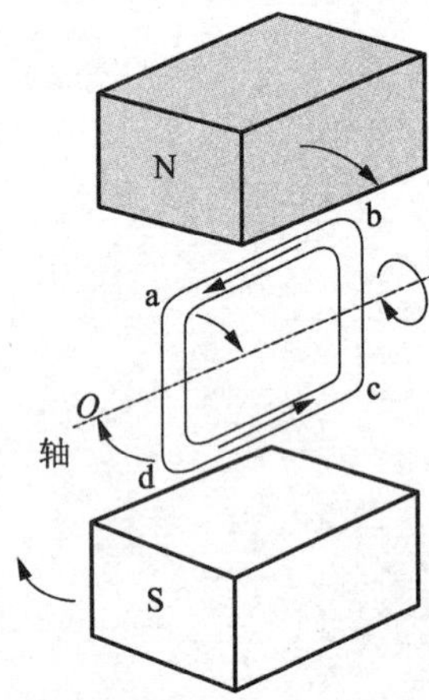

图 4-1 异步电动机简化模型

磁极的转速就是所谓的同步速。既然线圈会旋转，那么其转速就有 3 种可能：低于同步速、等于同步速和高于同步速。

当线圈转速等于同步速时，导线不切割磁力线，没有电流，也没有电磁转矩产生。如果轴上一点儿摩擦都没有，这种情况是有可能的，但实际上轴上要带负载，线圈就会产生电磁转矩，因此其转速不能与磁极转速相同，称为异步。

当线圈转速低于同步速时，线圈中有感应电流产生，这个感应电流产生驱动性质的转矩，此时电机处于电动状态；当线圈转速高于同步速时，线圈中也有感应电流产生，但这个感应电流会产生制动性质的转矩，此时电机处于发电状态。

线圈与磁极的转速不同，通常用转差率这一参数来表征这种转速的差异。设磁极的转速即同步速为 n_1，线圈的转速为 n，则转差率 s 为：

$$s=\frac{n_1-n}{n_1} \tag{4-1}$$

转差率是异步电动机的一个重要参数，不仅能反映转速的大小，而且能体现电动机的运行状态。

2）简化模型的 3 个问题及改进

(1) 转子：既然转子不能与磁场同步，那么它与磁场的相对位置也时刻处于变化之中，产生的电磁转矩不均匀。如果有多个线圈构成转子，如图 4-2(a)所示，则它们的电磁转矩之和是均匀的，进一步地，会得到如图 4-2(b)所示的转子结构，这就是所谓的鼠笼式(squirrel cage)转子。

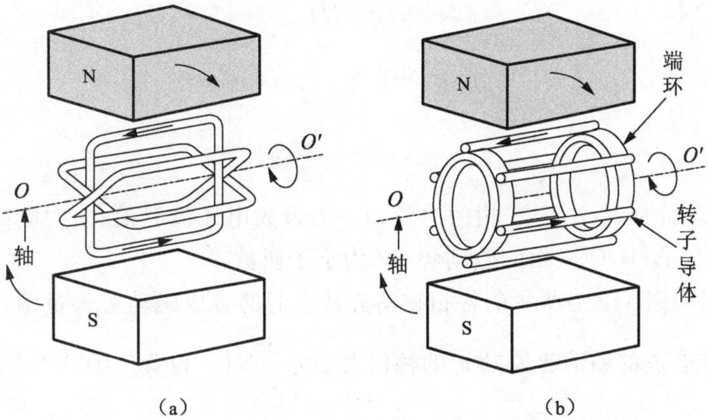

图 4-2 鼠笼式转子

(2) 磁路：为了减少励磁电流及励磁损耗，应采用高导磁材料构建磁路。将图 4-3(a)所示的鼠笼式转子嵌入铁芯中，构成图 4-3(b)所示的实际使用的鼠笼式转子。

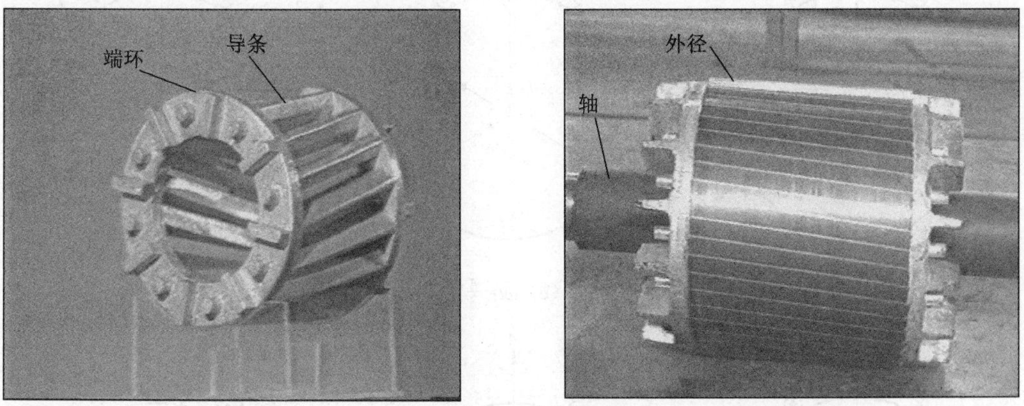

(a) 鼠笼式绕组 (b) 鼠笼式转子

图 4-3 实际的鼠笼式转子

(3) 旋转磁场的产生：肯定不是外力拖着永磁体或直流励磁的磁极旋转产生的，那么这个旋转的磁场是怎么产生的？这也是交流电机的最基本的原理。这里只用简化的模型进行介绍。

3）旋转磁场的产生

空间中静止的三相对称绕组（绕组匝数、节距、导线的粗细等完全一致，且在空间中互差 120°电角度），通三相对称电流，会产生旋转的磁场。

假设 A,B,C 三相电流分别为：

$$\left.\begin{aligned}i_A&=I_m\cos\omega t\\i_B&=I_m\cos\left(\omega t-\frac{2}{3}\pi\right)\\i_C&=I_m\cos\left(\omega t+\frac{2}{3}\pi\right)\end{aligned}\right\}\tag{4-2}$$

令 $\omega t=0$,则有:

$$\left.\begin{aligned}f_A&=Ni_A=NI_m\\f_B&=Ni_B=-\frac{1}{2}NI_m\\f_C&=Ni_C=-\frac{1}{2}NI_m\end{aligned}\right\}\tag{4-3}$$

式中,i_A,i_B,i_C 分别为 A,B,C 三相的电流;I_m 为最大电流瞬时值;ω 为电源角频率,rad/s;f_A,f_B,f_C 分别为 A,B,C 三相的磁动势;N 为定子匝数。

由式(4-3)可得图 4-4(a)所示的各相磁动势及它们的合成磁动势矢量图。由图可以看出,当 $\omega t=0$ 时,三相合成的磁动势矢量 $\boldsymbol{F}$ 的幅值大小为$\frac{3}{2}NI_m$,位置位于 A 相绕组的轴线上。同理,可以得到 ωt 为$\frac{\pi}{3}$,$\frac{2}{3}\pi$,π,$\frac{4}{3}\pi$ 和$\frac{5}{3}\pi$ 时的磁动势的矢量图,分别如图 4-4(b)~(f)所示。

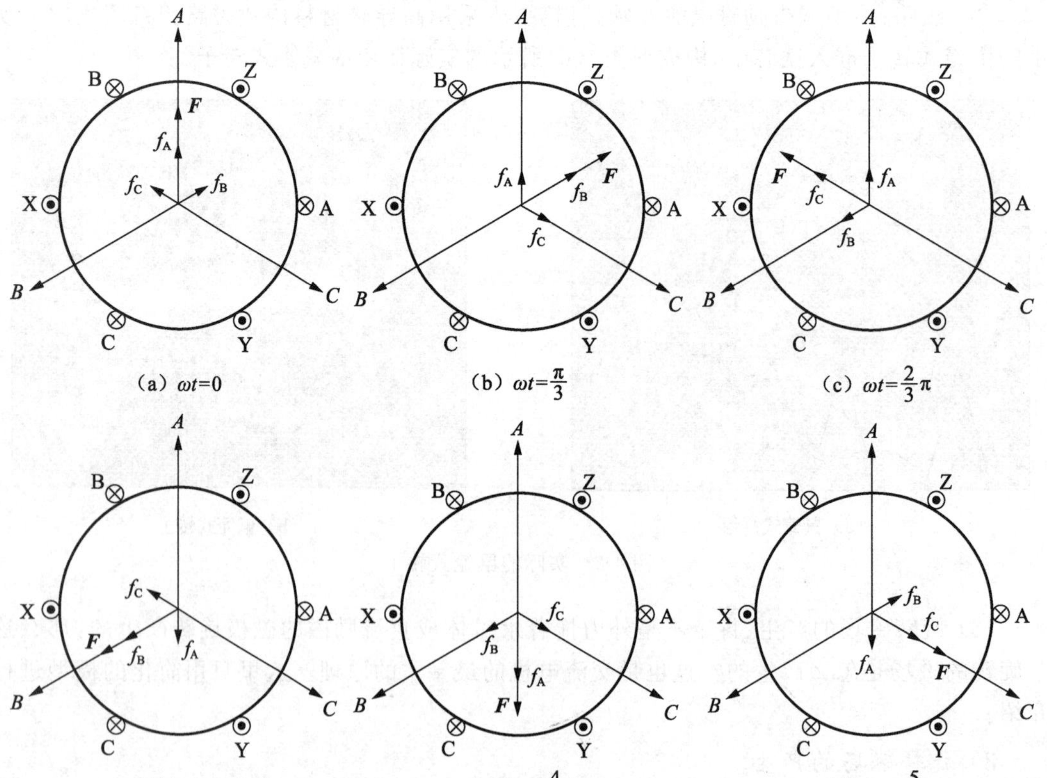

(a) $\omega t=0$　(b) $\omega t=\frac{\pi}{3}$　(c) $\omega t=\frac{2}{3}\pi$　(d) $\omega t=\pi$　(e) $\omega t=\frac{4}{3}\pi$　(f) $\omega t=\frac{5}{3}\pi$

图 4-4　三相绕组的磁动势矢量及三相合成的磁动势矢量

由图 4-4 可以看出,随着时间的变化,三相合成的磁动势 $\boldsymbol{F}$ 的幅值不变,但磁动势 $\boldsymbol{F}$ 随着时间的变化而旋转。旋转的方向取决于三相绕组所通电流的相序，转速取决于电流的频率，电角速度决定了旋转磁场的角速度。变频调速原理即通过改变电机三相绕组的电流频率来控制旋转磁场的转速，从而使转子转速也发生变化。

4.1.2　三相异步电动机的等效电路

等效电路是进行三相异步电动机运行分析的重要工具，如图4-5所示。图中，$\dot{U}_s$为定子端电压相量，$\dot{I}_s$为定子相电流相量，R_s为定子相绕组的电阻，L_{ls}为定子相绕组的漏感，$\dot{E}_g$为气隙电动势，L_m为激磁电感，R_r为转子相绕组等效电阻，L_{lr}为转子相绕组的等效漏感，$\dot{I}_r$为转子相电流。上述转子侧的参数都是经过折算后的。

等效电路可以用于分析异步电机的运行状况。举一个简单的例子：一台三相异步电动机在额定电压下运行，突然发现转速变慢了（假设电机没坏），那么这时定子电流将会如何变化？转速n下降，s增大，则由图4-5所示的等效电路可知，系统的输入阻抗会降低，而端电压保持不变，定子电流会变大。

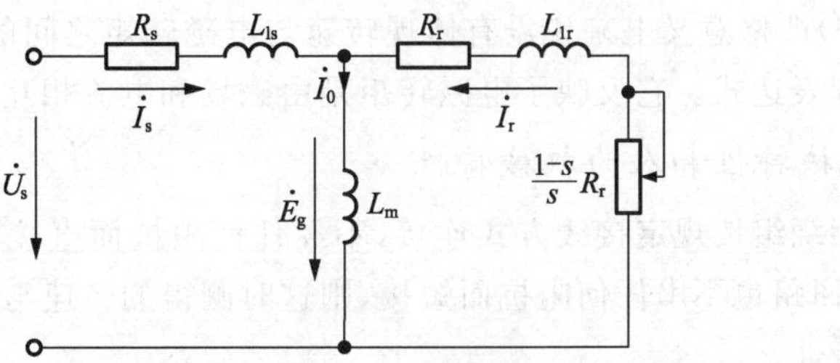

图4-5　异步电动机的等效电路

异步电动机的等效电路还能够表征其能量流动的情况，为电动机的节能运行分析提供依据。定子电阻消耗的有功功率表征定子铜耗，励磁支路电阻消耗的有功功率表征电动机的铁耗，转子电阻上消耗的有功功率表征转子铜耗，而附加电阻$\frac{1-s}{s}R_r$上消耗的有功功率表征轴上总的机械功率。异步电动机的节能分析主要考虑的是如何降低定子铜耗、转子铜耗及铁耗这3部分损耗。

4.1.3　三相异步电动机的机械特性

1）机械特性的3种表达式

异步电动机的机械特性是指其转速与电磁转矩之间的关系，因为转差率能够表征转速，所以通常用转差率与电磁转矩的关系式来代替，如式(4-4)所示的参数表达式和式(4-5)所示的实用表达式。

$$T_e=\frac{3\frac{R_r}{s}}{\frac{\omega_1}{n_p}}\frac{U_s^2}{\left(R_s+\frac{R_r}{s}\right)^2+\omega_1^2(L_{ls}+L_{lr})^2} \tag{4-4}$$

$$T_e=\frac{2T_{emax}}{\frac{s_m}{s}+\frac{s}{s_m}} \tag{4-5}$$

式中，T_e 为异步电动机的电磁转矩；ω_1 为角频率；n_p 为电动机的极对数；T_{emax}为异步电动机的最大电磁转矩；s_m 为最大电磁转矩所对应的转差率，即临界转差率。由实用表达式(4-5)可以看出，异步电动机的机械特性大概可以分为两段：当 $s<s_m$ 时，机械特性是一段直线；当 $s_m<s$ 时，机械特性是一段双曲线。根据参数表达式可以得到图 4-6 所示的机械特性。

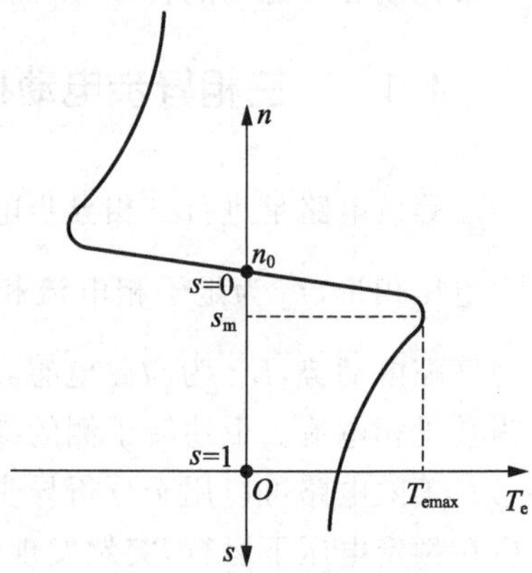

图 4-6　异步电动机的机械特性

在分析实际问题时，还常用到机械特性的物理表达式：

$$T_e=C_{M1}\Phi_m I_r\cos\varphi_r \tag{4-6}$$

式中，C_{M1}为折算到定子侧的异步电动机的转矩系数；Φ_m 为基波磁场的每极磁通；I_r 为转子电流的折算值；$\cos\varphi_r$ 为转子回路的功率因数。

表达式(4-6)严格意义上来说没有体现转速与电磁转矩之间的关系，但习惯上仍称它为机械特性的物理表达式。它反映了电磁转矩是由磁场和电流相互作用的本质。

2）固有机械特性和人为机械特性

将定子三相绕组按规定接线方式连接，不经任何阻抗而直接施加三相对称额定频率的额定电压，转子回路也不串任何阻抗而短接，则这时测得的转速与电磁转矩之间的关系曲线称为固有机械特性。

人为地改变接法、端电压，或者定、转子接入阻抗后得到的转速与电磁转矩之间的关系曲线，称为人为机械特性。

在分析异步电动机的运行时，通常将机械特性与等效电路结合起来进行分析。

4.2　变压变频调速的基本控制方式

电动机是以磁场为媒介，机械能和电能相互转换的电磁机械。这个磁场很关键，几乎所有的电动机内部的问题都与这个磁场有关，调速也不例外。在进行电动机调速时，常需考虑的一个重要因素就是希望保持电动机中每极磁通 Φ_m 为额定值不变。如果磁通太小，则没有充分利用电动机的铁芯，是一种浪费；如果过分增大磁通，则会使铁芯饱和，从而导致过大的励磁电流，严重时会因绕组过热而损坏电动机。对于直流电动机，励磁系统是独立的，只要对电枢反应有恰当的补偿，保持 Φ_m 不变是很容易做到的。而在交流异步电动机中，磁通是由定子和转子磁通合成产生的，要保持磁通恒定就相对困难了。

我们知道，三相异步电动机定子每相中感应电动势的有效值为：

$$E_g=4.44f_1N_sk_{Ns}\Phi_m \tag{4-7}$$

式中，E_g 为气隙磁通在定子每相中感应电动势的有效值，V；f_1 为定子频率，Hz；N_s 为定子每相绕组串联匝数；k_{Ns}为定子基波绕组系数；Φ_m 为每极气隙磁通，Wb。

由式(4-7)可知，只要控制好 E_g 和 f_1，便可达到控制磁通 Φ_m 的目的。对此，需要分基频(电机额定频率)以下和基频以上两种情况进行阐述。

4.2.1　基频以下调速

气隙磁通不变原理

由式(4-7)可知，要保持 Φ_m 不变，当频率 f_1 从额定值 f_{1N} 向下调节时，必须同时降低 E_g，使

$$\frac{E_g}{f_1}=常数 \tag{4-8}$$

即采用电动势频率比为恒值的控制方式。

然而，绕组中的感应电动势是难以直接控制的，当电动势较高时，可以忽略定子绕组的漏磁阻抗压降，而认为定子相电压 $U_s \approx E_g$，则有：

$$\frac{U_s}{f_1}=常数 \tag{4-9}$$

这就是恒压频比的控制方式。

低频时，U_s 和 E_g 都较小，定子漏磁阻抗压降所占的分量就比较显著，不能忽略。这时可以人为地把电压 U_s 抬高一些，以便近似地补偿定子压降。带定子压降补偿的恒压频比控制特性如图 4-7 中的直线 b 所示，无补偿的控制特性如图 4-7 中的直线 a 所示。

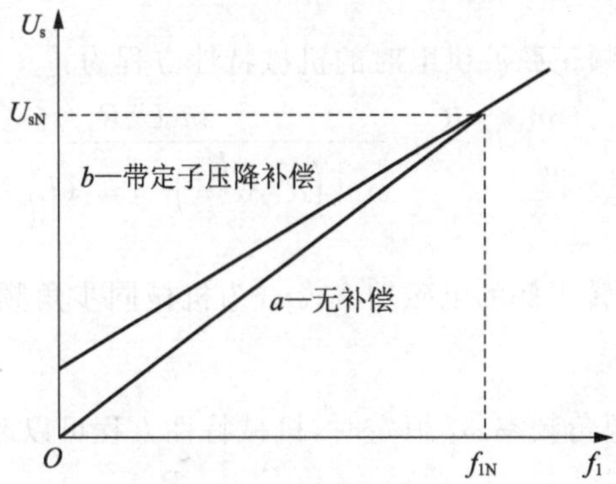

图 4-7　恒压频比控制特性

在实际应用中，由于负载大小不同，需要补偿的定子压降值也不一样。在控制软件中，须备有多种不同斜率的补偿特性，以便用户选择。

4.2.2　基频以上调速(弱磁调速)

在基频以上调速时，频率应该从 f_{1N} 向上升高，但定子电压 U_s 却不可能超过额定电压 U_{sN}，最多只能保持 $U_s=U_{sN}$，这将迫使磁通与频率成反比地降低，相当于直流电动机弱磁升速的情况。

将基频以下和基频以上两种情况的控制特性画在一起，如图 4-8 所示。如果电动机在不同转速时所带的负载都能使电流达到额定值，即都能在允许温升下长期运行，则转矩基本上随磁通变化。按照电力拖动原理，在基频以下，磁通恒定时转矩也恒定，属于“恒转矩调

速”特性；而在基频以上，转速升高时转矩降低，基本上属于“恒功率调速”特性。

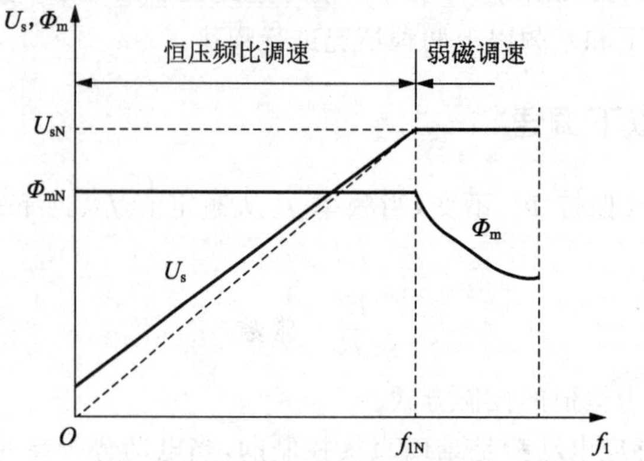

图 4-8　异步电动机变压变频调速的控制特性

4.3　异步电动机电压-频率协调控制时的机械特性

4.3.1　恒压恒频正弦波供电时异步电动机的机械特性

异步电动机在恒压恒频正弦波供电时的机械特性方程为：

$$T_e=\frac{P_m}{\omega_{m1}}=\frac{3n_p}{\omega_1}I_r^2\frac{R_r}{s}=\frac{3n_pU_s^2R_r/s}{\omega_1\left[\left(R_s+\frac{R_r}{s}\right)^2+\omega_1^2(L_{ls}+L_{lr})^2\right]} \tag{4-10}$$

式中，P_m 为定子侧传递到转子侧的电磁功率；ω_{m1} 为机械同步角频率，$\omega_{m1}=\frac{\omega_1}{n_p}$；$n_p$ 为异步电动机极对数。

当定子电压 U_s 和电源角频率 ω_1 恒定时，机械特性方程可以改写成如下形式：

$$T_e=3n_p\left(\frac{U_s}{\omega_1}\right)^2\frac{s\omega_1R_r}{(sR_s+R_r)^2+s^2\omega_1^2(L_{ls}+L_{lr})^2} \tag{4-11}$$

当 s 很小时，可忽略式(4-11)分母中含 s 的各项，则有：

$$T_e=3n_p\left(\frac{U_s}{\omega_1}\right)^2\frac{s\omega_1}{R_r}\propto s \tag{4-12}$$

也就是说，当 s 很小时，转矩近似与 s 成正比，机械特性 $T_e=f(s)$ 是一条直线，如图4-9所示。当 s 接近于 1 时，可忽略式(4-11)分母中的 R_r，则有：

$$T_e\approx3n_p\left(\frac{U_s}{\omega_1}\right)^2\frac{\omega_1R_r}{s[R_s^2+\omega_1^2(L_{ls}+L_{lr})^2]}\propto\frac{1}{s} \tag{4-13}$$

即 s 接近于 1 时，转矩近似与 s 成反比，这时 $T_e=f(s)$ 是对称于原点的一段双曲线。当 s 为以上两段的中间数值时，机械特性从直线段逐渐过渡到双曲线段，如图 4-9 所示。

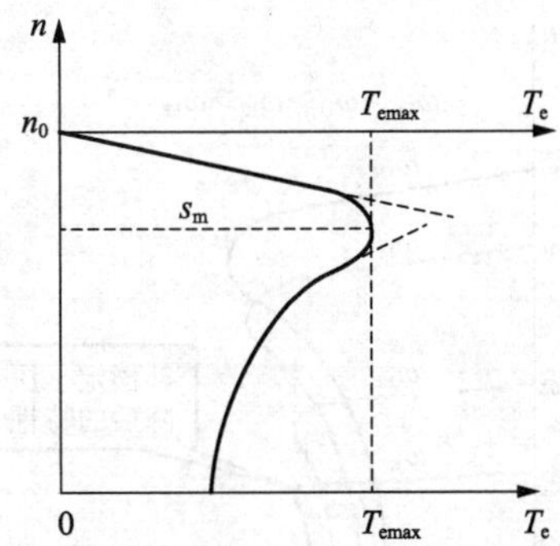

图 4-9　恒压恒频时异步电动机的机械特性

4.3.2　基频以下电压-频率协调控制时的机械特性

由式(4-11)的机械特性方程式可以看出，当负载要求某一组转矩 T_e 和转速 n(或转差率 s)的数值时，电压 U_s 和频率 ω_1 可以有多种配合。在 U_s 和 ω_1 的不同配合下，机械特性也不同，因此可以有不同方式的电压-频率协调控制。

1) 恒压频比控制(U_s/ω_1=恒值)

在 4.2 节中已经指出，为了近似地保持气隙磁通 Φ_m 不变，以便充分利用电动机铁芯，发挥电动机产生转矩的能力，在基频以下须采用恒压频比控制。这时，同步转速 n_0 自然要随频率变化。

$$n_0=\frac{60\omega_1}{2\pi n_p} \tag{4-14}$$

带负载时的转速降落Δn 为：

$$\Delta n=sn_0=\frac{60}{2\pi n_p}s\omega_1 \tag{4-15}$$

在式(4-12)所表示的机械特性近似直线段上可以导出：

$$s\omega_1\approx\frac{R_r T_e}{3n_p\left(\dfrac{U_s}{\omega_1}\right)^2} \tag{4-16}$$

由此可见，当 U_s/ω_1 为恒值时，对于同一转矩 T_e，$s\omega_1$ 是基本不变的，因而Δn 也是基本不变的。这就是说，在恒压频比的条件下改变频率 ω_1 时，机械特性基本上是平行下移的，如图 4-10 所示。它们和直流他励电动机变压调速时的情况基本相似，所不同的是当转矩增大到最大值以后，转速再降低，特性就折回来了，而且频率越低，最大转矩越小。最大转矩的计算公式为：

$$T_{emax}=\frac{3n_p}{2}\left(\frac{U_s}{\omega_1}\right)^2\frac{1}{\dfrac{R_s}{\omega_1}+\sqrt{\left(\dfrac{R_s}{\omega_1}\right)^2+(L_{ls}+L_{lr})^2}} \tag{4-17}$$

可见最大转矩 T_{emax} 是随着 ω_1 的降低而减小的。当频率很低时，T_{emax} 太小将限制电动机的带载能力，采用定子压降补偿，适当地提高电压 U_s，可以增强带载能力，如图 4-10 所示。

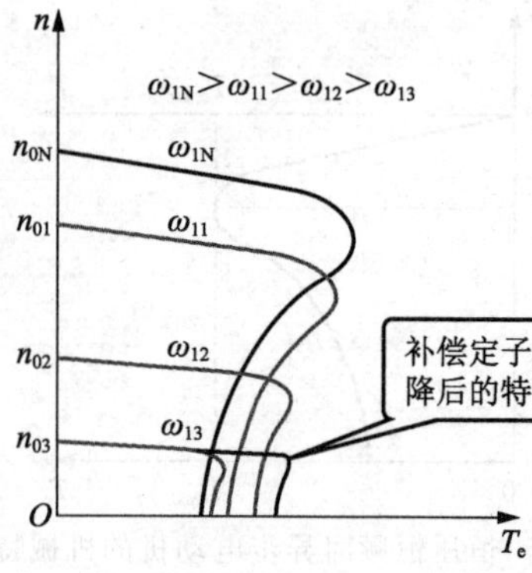

图 4-10 恒压频比控制时变频调速的机械特性

2) 恒 E_g/ω_1 控制

异步电动机的稳态等效电路和感应电动势如图 4-11 所示。

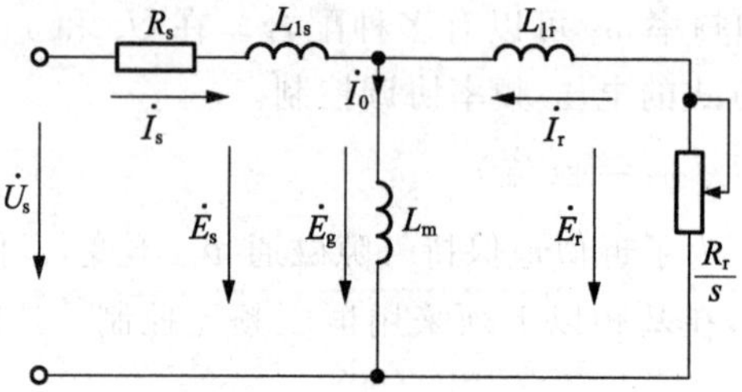

E_g—气隙(或互感)磁通在定子每相绕组中的感应电动势;
E_s—定子全磁通在定子每相绕组中的感应电动势;
E_r—转子全磁通在转子绕组中的感应电动势(折合到定子边)。

图 4-11 异步电动机稳态等效电路和感应电动势

如果在电压-频率协调控制中恰当地提高电压 U_s 的数值,使它在克服定子阻抗压降以后能维持 E_g/ω_1 为恒值(基频以下),则由式(4-7)可知,无论频率高低,每极磁通 Φ_m 均为常值,且由图 4-11 所示的等效电路可以看出:

$$I_r=\frac{E_g}{\sqrt{\left(\frac{R_r}{s}\right)^2+\omega_1^2L_{lr}^2}} \tag{4-18}$$

代入电磁转矩关系式,得:

$$T_e=\frac{3n_p}{\omega_1}\frac{E_g^2}{\left(\frac{R_r}{s}\right)^2+\omega_1^2L_{lr}^2}\frac{R_r}{s}=3n_p\left(\frac{E_g}{\omega_1}\right)^2\frac{s\omega_1R_r}{R_r^2+s^2\omega_1^2L_{lr}^2} \tag{4-19}$$

这就是恒 E_g/ω_1 时的机械特性方程。

利用与前面相似的分析方法,当 s 很小时,可忽略式(4-19)分母中含有的 s^2 项,则:

$$T_e=3n_p\left(\frac{E_g}{\omega_1}\right)^2\frac{s\omega_1}{R_r}\propto s \tag{4-20}$$

式(4-20)表明机械特性的这一段近似为一条直线。当 s 接近于 1 时,可忽略式(4-19)分母中的 R_r^2 项,有:

$$T_e \approx 3n_p\left(\frac{E_g}{\omega_1}\right)^2 \frac{R_r}{s\omega_1 L_{lr}^2} \propto \frac{1}{s} \tag{4-21}$$

式(4-21)表明机械特性为一段双曲线。

当 s 值为式(4-20)和式(4-21)的中间值时，机械特性在直线和双曲线之间逐渐过渡，整条特性与恒压频比特性相似。但是，对比式(4-11)和式(4-19)可以看出，恒 E_g/ω_1 特性方程的分母中含 s 项的参数要小于恒 U_s/ω_1 特性方程的同类项。也就是说，s 值要更大一些才能使该项占有显著的分量，从而不能被忽略，因此恒 E_g/ω_1 特性的线性度范围更宽。图 4-12 给出了不同控制方式时的机械特性。

将式(4-19)对 s 求导，并令 $dT_e/ds=0$，可得恒 E_g/ω_1 控制在最大转矩时的转差率为：

$$s_m = \frac{R_r}{\omega_1 L_{lr}} \tag{4-22}$$

对应的最大转矩为：

$$T_{emax} = \frac{3}{2}n_p\left(\frac{E_g}{\omega_1}\right)^2 \frac{1}{L_{lr}} \tag{4-23}$$

值得注意的是，在式(4-23)中，当 E_g/ω_1 为恒值时，T_{emax} 恒定不变。可见恒 E_g/ω_1 控制的稳态性能是优于恒 U_s/ω_1 控制的，它正是恒 U_s/ω_1 控制中补偿定子压降所追求的目标。采用恒 E_g/ω_1 控制时变频调速的机械特性形状不变，不同电源频率下的机械特性彼此平行，且最大转矩保持不变，如图 4-13 所示，因此恒磁通控制方式又称为转矩控制方式。

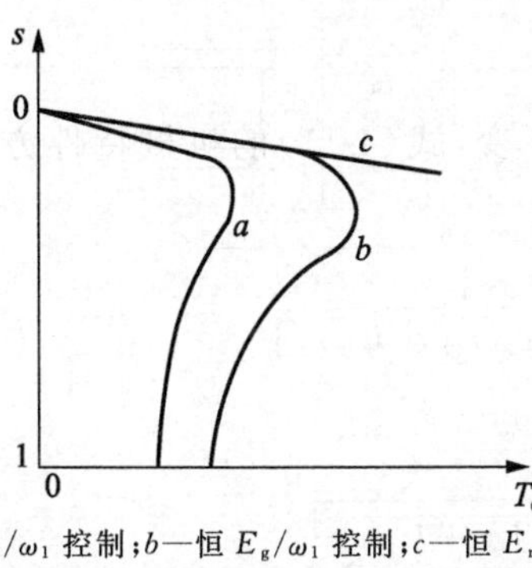

a—恒 U_s/ω_1 控制；b—恒 E_g/ω_1 控制；c—恒 E_r/ω_1 控制。

图 4-12 不同控制下变频调速的机械特性

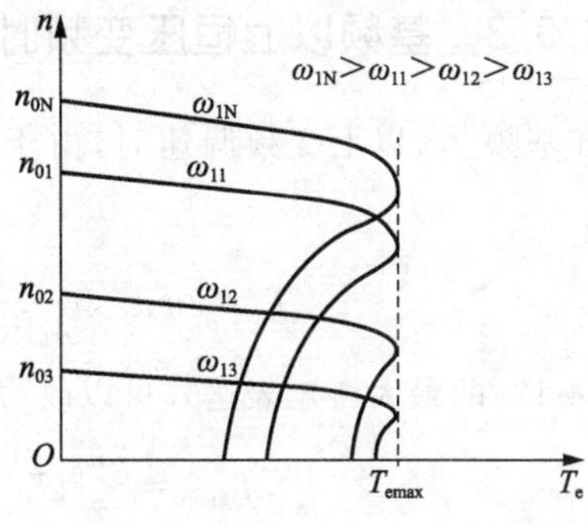

图 4-13 不同频率下恒 E_g/ω_1 控制的机械特性

3）恒 E_r/ω_1 控制

如果把电压-频率协调控制中的电压 U_s 进一步提高，把转子漏抗（图 4-12）上的压降也抵消掉，得到恒 E_r/ω_1 控制，那么机械特性会怎样？由图 4-12 可得：

$$I_r = \frac{E_r}{R_r/s} \tag{4-24}$$

代入电磁转矩基本关系式，得：

$$T_e = \frac{3n_p}{\omega_1}\left(\frac{E_r}{R_r/s}\right)^2 \frac{R_r}{s} = 3n_p\left(\frac{E_r}{\omega_1}\right)^2 \frac{s\omega_1}{R_r} \tag{4-25}$$

式(4-25)对应的机械特性 $T_e=f(s)$ 完全是一条直线，如图 4-12 中的直线 c 所示。显然，恒 E_r/ω_1 控制的稳态性能最好，可以获得和直流电动机一样的线性机械特性。这正是高性能交流变频调速所要求的性能。

怎样控制变频装置的电压和频率才能获得恒定的 E_r/ω_1 呢？由电动势和磁通的关系[式(4-7)]可以看出，当频率恒定时，电动势与磁通成正比。在式(4-7)中，气隙磁通的感应电动势 E_g 对应于气隙磁通幅值 Φ_m，那么转子全磁通的感应电动势 E_r 就应该对应转子全磁通幅值 Φ_{rm}，即

$$E_r = 4.44 f_1 N_s k_{Ns} \Phi_{rm} \tag{4-26}$$

由此可见，只要能够按照转子全磁通 Φ_{rm} = 恒值进行控制，就可以获得恒 E_r/ω_1。这正是矢量控制系统所遵循的原则，但是在实际系统中实现起来是比较复杂的。

4）小结

综上所述，在正弦波电压供电时，按照不同规律实现电压-频率协调控制可以得到不同类型的机械特性。

恒压频比(U_s/ω_1 = 恒值)控制最容易实现，它的变频机械特性基本上是平行下移的，硬度也较好，能够满足一般的调速要求，但低速带载能力有限，须对定子压降实行补偿。

恒 E_g/ω_1 控制是对恒压频比控制实行电压补偿的标准，可以在稳态时达到 Φ_m = 恒值，从而改善了低速性能。但它的机械特性是非线性的，产生转矩的能力仍受到限制。

恒 E_r/ω_1 控制可以得到和直流他励电动机一样的线性机械特性，按照转子全磁通 Φ_{rm} 恒定进行控制即得 E_r/ω_1 = 恒值。在动态过程中尽可能保持 Φ_{rm} 恒定是矢量控制系统所追求的目标，但实现起来比较复杂。

4.3.3 基频以上恒压变频时的机械特性

在基频 f_{1N} 以上变频调速时，由于电压 $U_s = U_{sN}$ 不变，式(4-11)的机械特性方程可以写成：

$$T_e = 3n_p U_{sN}^2 \frac{sR_r}{\omega_1[(sR_s + R_r)^2 + s^2\omega_1^2(L_{ls} + L_{lr})^2]} \tag{4-27}$$

而式(4-17)的最大转矩表达式可以改写为：

$$T_{emax} = \frac{3n_p}{2} U_{sN} \frac{1}{\omega_1[R_s + \sqrt{R_s^2 + (L_{ls} + L_{lr})^2}]} \tag{4-28}$$

同步转速的表达式仍和式(4-14)一样。由此可见，当角频率 ω_1 提高时，同步转速随之提高，最大转矩减小，机械特性上移，而基本形状不变，如图 4-14 所示。

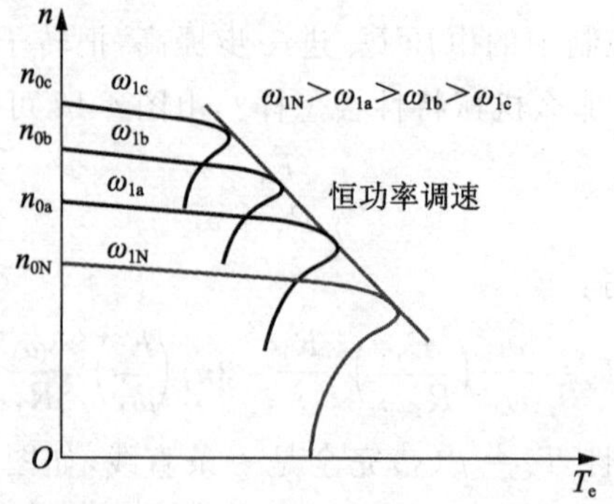

图 4-14　基频以上恒压变频调速的机械特性

由于频率提高而电压不变，气隙磁动势必减弱，导致转矩减小，但转速却升高，可以认为输出功率基本不变，所以基频以上变频调速属于弱磁恒功率调速。

4.4　电力电子变压变频器的主要类型

异步电动机的变压变频调速系统必须具备能够同时控制电压幅值和频率的交流电源，而电网提供的是恒压恒频的电源，因此应该配置变压变频器，又称 VVVF(variable voltage variable frequency)装置。最早的变压变频装置是旋转变频机组，通过直流电动机拖动交流同步发电机，调节直流电动机的转速就能控制发电机输出的电压和频率。但这种方式效率低，在电力电子器件没有实用化以前用于变频调速是迫不得已的。自从电力电子器件得到广泛应用后，静止式变压变频器已取代旋转变频机组。

变压变频器实际上就是将电网的恒压恒频电能转换成变压变频电能的一种电力电子装置，它的具体分类如图 4-15 所示。

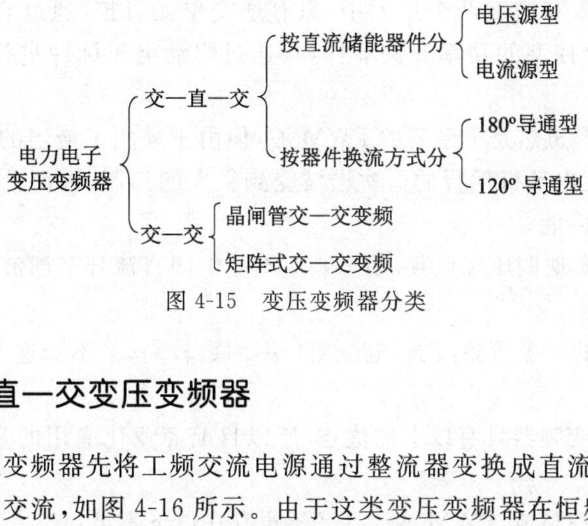

图 4-15　变压变频器分类

4.4.1　交—直—交变压变频器

交—直—交变压变频器先将工频交流电源通过整流器变换成直流，再通过逆变器变换成电压和频率可控的交流，如图 4-16 所示。由于这类变压变频器在恒频交流电源和变频交流输出之间有一个“中间直流环节”，所以又称间接式的变压变频器。

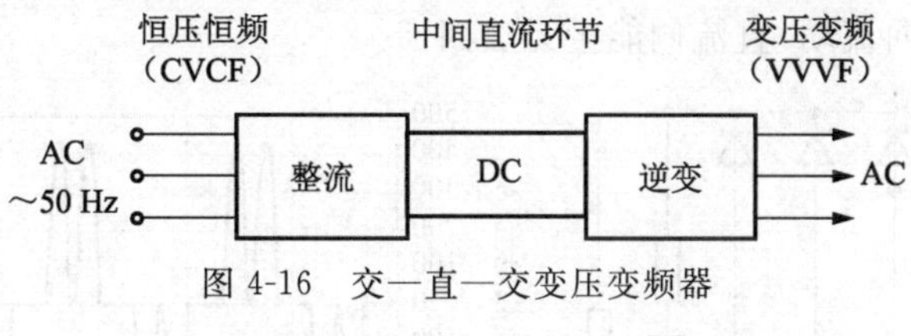

图 4-16　交—直—交变压变频器

具体的整流和逆变电路中应用的器件种类很多，当前应用最广的是由二极管组成的不可控整流器和由全控型功率开关器件(Power MOSFET，IGBT 等)组成的脉宽调制(PWM)逆变器，简称 PWM 变压变频器，如图 4-17(c)所示。

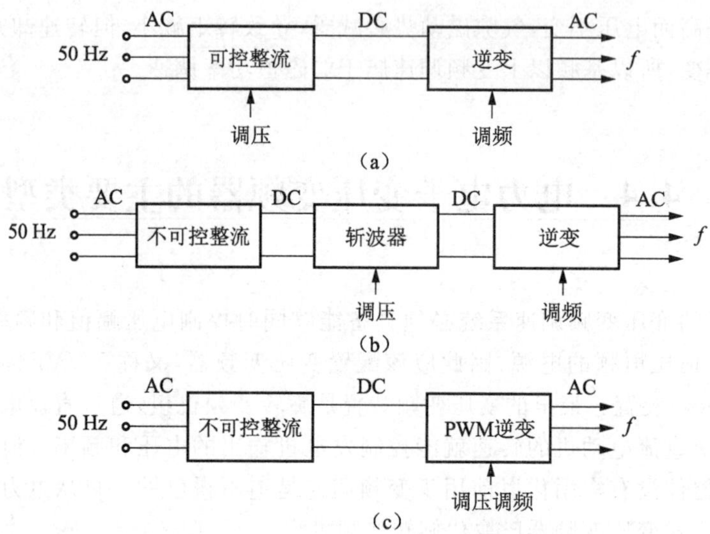

图 4-17　交—直—交变压变频器分类

PWM 变压变频器的应用之所以如此广泛，是由于它具有如下的一系列优点：

(1) 在主电路整流和逆变两个单元中，只有逆变单元可控，通过它同时调节电压和频率，结构简单。采用全控型的功率开关器件，只通过驱动电压脉冲进行控制，电路简单，效率高。

(2) 输出电压波形虽然是一系列的 PWM 波，但由于采用了恰当的 PWM 调制技术，正弦基波的比重较大，使电动机运行的低次谐波受到很大的抑制，因而转矩脉动小，提高了系统的调速范围和稳态性能。

(3) 逆变器同时实现调压和调频，动态响应不受中间直流环节滤波器参数的影响，系统的动态性能得以提高。

(4) 采用不可控的二极管整流器，电源侧功率因数较高，且不受逆变输出电压大小的影响(图 4-18)。

由于 PWM 变压变频器具有以上的优点，所以目前商业化应用的变频器绝大多数是这一类变频器。

但是由于是不可控整流，PWM 变压变频器也存在以下不足：

(1) 输入特性差，输入电流的谐波含量大，功率因数低。

(2) 功率不能双向流动，直流侧能量无法回馈。

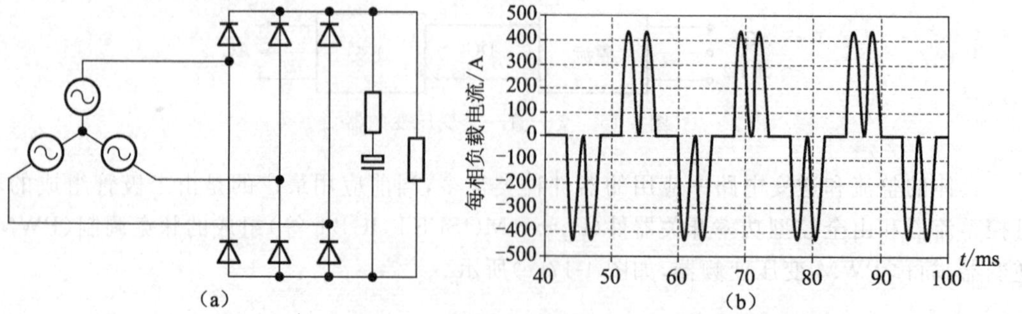

图 4-18　二极管不可控整流电路和输入电流谐波图

改进方式为采用 PWM 整流器加 PWM 逆变器构成 Back-to-Back PWM 变换器。

PWM 整流器装置性能优良，近年来应用非常广泛，主要应用在高性能调速、再生能源发电、电力有源滤波(APF)、无功补偿等领域。

PWM 变压变频器常用的全控型功率开关器件有 P-MOSFET(小容量)、IGBT(中、小容量)、GTO(大、中容量)和替代 GTO 的电压控制元件，如 IGCT 和 IEGT 等。受到开关器件额定电压和电流的限制，对于特大容量电动机的变压变频调速仍采用半控型的晶闸管(SCR)，即用可控整流器调压、六拍逆变器调频的交—直—交变压变频器，如图 4-19 所示。

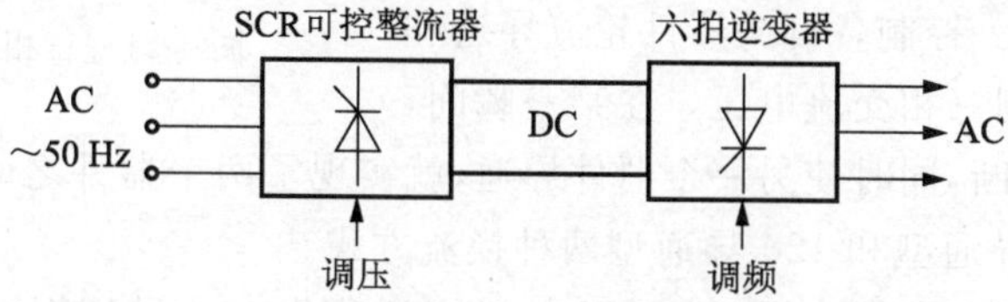

图 4-19　传统的交—直—交变压变频器的类型

1) 电压源型和电流源型逆变器

在交—直—交变压变频器中，按照中间直流环节直流电源性质的不同，逆变器可以分成电压源型和电流源型两类。两种类型逆变器的实际区别在于直流环节采用怎样的滤波器。图 4-20 所示为电压源型和电流源型逆变器示意图。

在图 4-20(b)中，直流环节采用大电容滤波，直流电压波形比较平直，在理想的情况下是一个内阻为零的恒压源，输出交流电压是矩形波或阶梯波，是电压源型逆变器 VSI(voltage source inverter)，简称电压型逆变器。

在图 4-20(d)中，直流环节采用大电感滤波，直流电流波形比较平直，相当于一个恒流源，输出交流电流是矩形波或阶梯波，称为电流源型逆变器 CSI(current source inverter)，简称电流型逆变器。

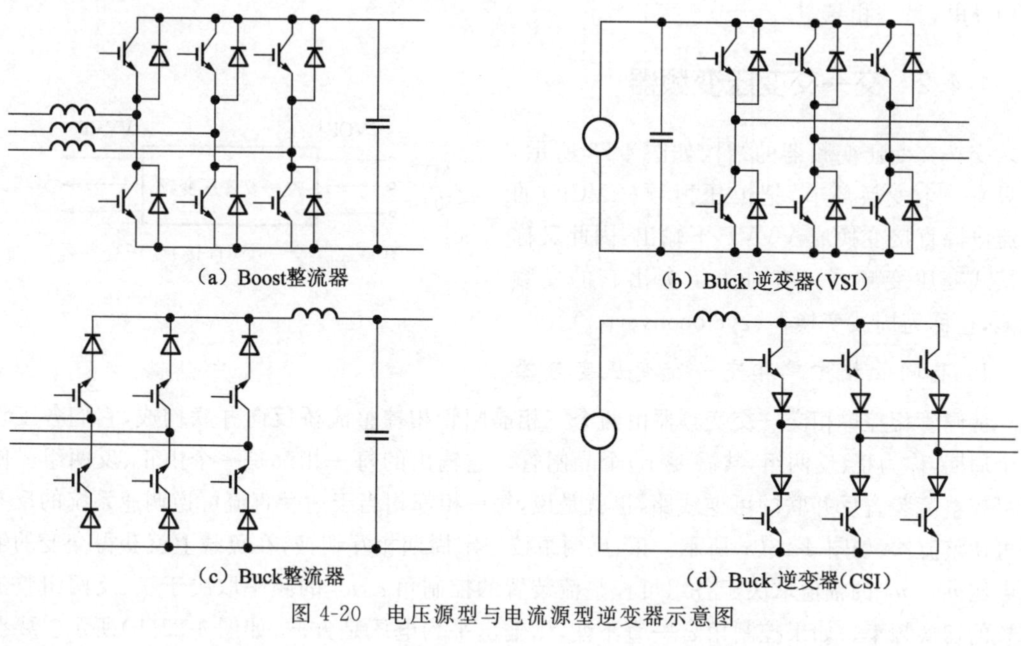

图 4-20　电压源型与电流源型逆变器示意图

电压源型 PWM 逆变器的应用很广泛，功率等级从几百 W 到几 MW。电流源型逆变器主要用于大功率场合。

2）180°导通型与 120°导通型逆变器

交—直—交变压变频器中的逆变器一般接成三相桥式电路，以便输出三相交流变频电压。图 4-21 所示为由 6 个电力电子开关器件 $VT_1 \sim VT_6$ 组成的三相逆变器主电路，图中用开关符号代表任意一种电力电子开关器件。控制各开关器件轮流导通和关断，可使输出端得到三相交流电压。在某一瞬间，控制一个开关器件关断，同时使另一个器件导通，就实现了两个器件之间的换流。在三相桥式逆变器中，有 180°导通型和 120°导通型两种换流方式。

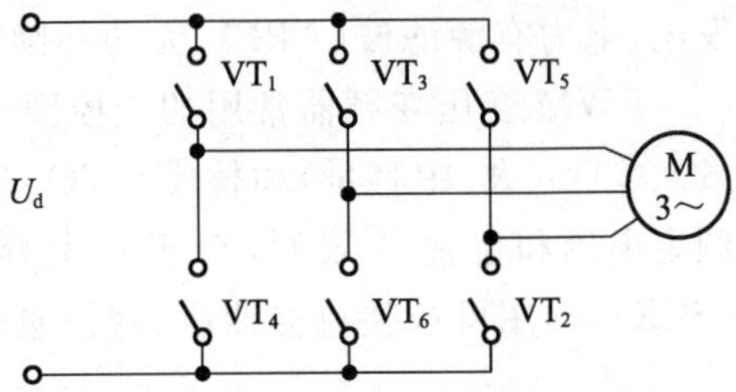

图 4-21　三相桥式逆变器主电路

同一桥臂上、下两开关管之间互相换流的逆变器称为 180°导通型逆变器，例如，当 VT_1 关断后，使 VT_4 导通；而当 VT_4 关断后，又使 VT_1 导通。这时，每个开关器件在一个周期内导通的区间是 180°，其他各相亦如此。不难看出，在 180°导通型逆变器中，除换流期间外，每一时刻总有 3 个开关器件同时导通。但应注意，必须防止同一桥臂的上、下两开关管同时导通，否则将造成直流电源短路，称为“直通”。为此，在换流时，必须采取“先断后通”的方法，即先给应关断的器件发出关断信号，待其关断后留有一定的时间裕量，称为死区时间，再给应导通的器件发出开通信号。死区时间的长短视器件的开关速度而定，器件的开关速度越快，所留的死区时间可以越短。为了安全起见，设置死区时间是非常必要的，但它会造成输出电压波形的畸变，详见 4.5.4 小节中的内容。

120°导通型逆变器的换流是在同一排不同桥臂的左、右两管之间进行的，例如，VT_1 关断后使 VT_3 导通，VT_3 关断后使 VT_5 导通，VT_4 关断后使 VT_6 导通等。这时，每个开关器件一次连续导通 120°，在同一时刻只有两个器件导通，如果负载电机绕组是 Y 联结，则只有两相导电，另一相悬空。

4.4.2　交—交变压变频器

交—交变压变频器的结构如图 4-22 所示，它只有一个变换环节，把恒压恒频（CVCF）的交流电源直接变换成 VVVF 下输出，因此又称直接式变压变频器。有时为了突出它的变频功能，也称为周波变换器（cycloconverter）。

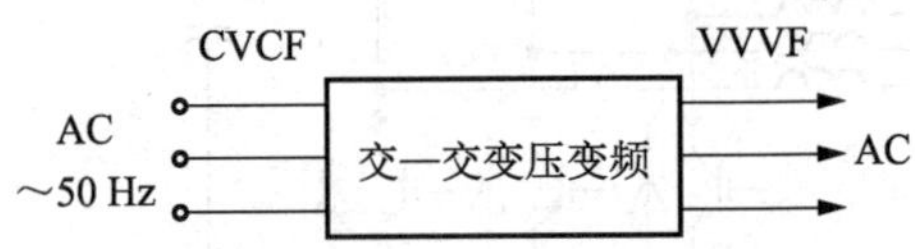

图 4-22　交—交（直接）变压变频器

1）晶闸管相控单相交—交变压变频器

晶闸管相控单相交—交变频器由两个三相晶闸管相控整流桥反向并联构成，它们各工作半个周期，称为正、反两组，共需要 12 个晶闸管。它输出的每一相都是一个由正、反两组晶闸管可控整流装置反并联的可逆线路，也就是说，每一相都相当于一套直流可逆调速系统的反并联可逆整流器，如图 4-23(a)所示。正、反两组按一定周期相互切换，在负载上就获得交变的输出电压 u_0。u_0 的幅值取决于各组可控整流装置的控制角 α，u_0 的频率取决于正、反两组整流装置的切换频率。如果控制角 α 一直不变，则输出平均电压是方波，如图 4-23(b)所示。要获得正弦波输出，就必须在每一组整流装置导通期间不断改变其控制角。例如，在正向组导通的半个周期内，先使控制角 α 由 $\pi/2$（对应于平均电压 $u_0=0$）逐渐减小到 0（对应于 u_0 最大），然后逐渐增加到 $\pi/2$（$u_0=0$ 再变为 0），如图 4-24 所示。当 α 按正弦规律变化时，半个周期中的平均输出电压即图 4-24 中虚线所示的正弦波。对反组负半周的控制也是如此。

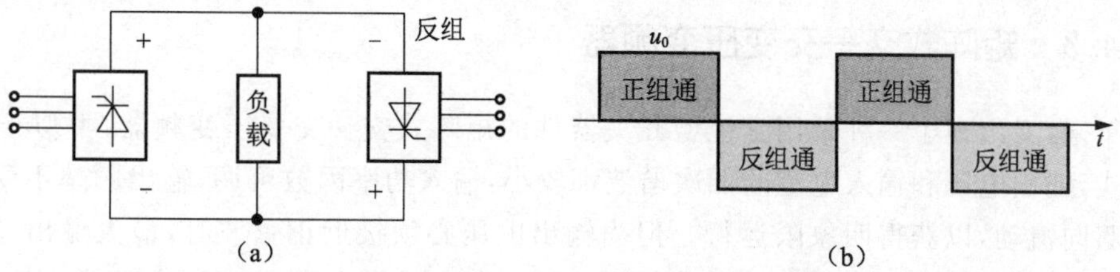

图 4-23　交—交变压变频器每一相的可逆线路及方波输出电压波形

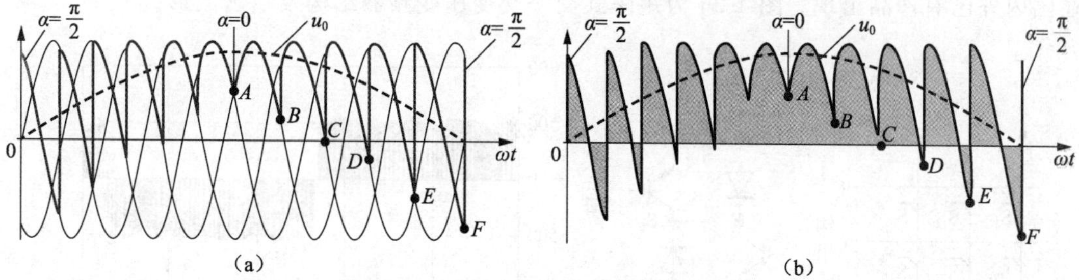

图 4-24　交—交变压变频器的单相正弦波输出电压波形

2）晶闸管相控三相交—交变压变频器

晶闸管相控三相交—交变压变频电路由 3 个单相交—交变压变频电路组成，共需要 36 个晶闸管，结构复杂。晶闸管相控三相交—交变压变频器结构图如图 4-25 所示。由图可知，这样的交—交变压变频器虽然在结构上只有一个变换环节，省去了中间直流环节，看似简单，但所用的器件数量却很多，总体设备相当庞大。不过这些设备都是直流调速系统中常用的可逆整流装置，在技术上和制造工艺上都很成熟，可以做到高压、大容量。目前国内有些企业已有可靠的产品。

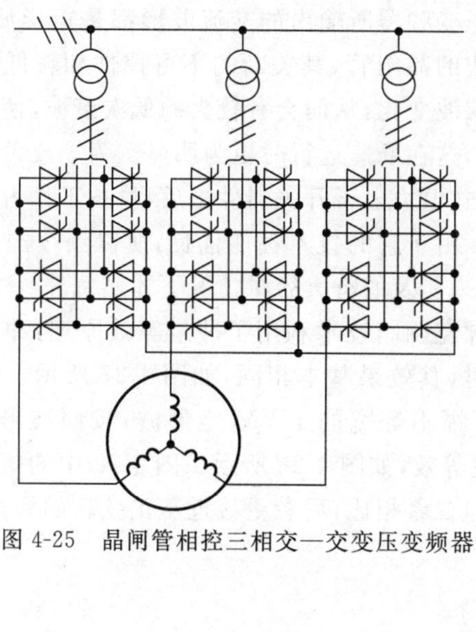

图 4-25　晶闸管相控三相交—交变压变频器

这类交—交变压变频器的其他缺点是输入功率因数较低、谐波电流含量大、频谱复杂，因此须配置滤波和无功补偿设备。它的最高输出频率不超过电网频率的1/2，一般用于轧机主传动、球磨机、水泥回转窑等大容量、低转速的调速系统，当供电给低速电动机直接传动时，可以省去庞大的齿轮减速箱。

4.4.3 矩阵式交—交变压变频器

近年来，又出现了一种采用全控型开关器件的矩阵式交—交变压变频器，类似于PWM控制方式，输出电压和输入电流的低次谐波都较小，输入功率因数可调，输出频率不受限制，能量可双向流动，以获得四象限运行。但当输出电压必须接近正弦波时，最大输出、输入电压变比一般只有0.866。现在已有更高电压变比的研究成果出现，而且目前这类变压变频器在国内外已有产品出现。图4-26为矩阵式交—交变压变频器结构及输出波形。

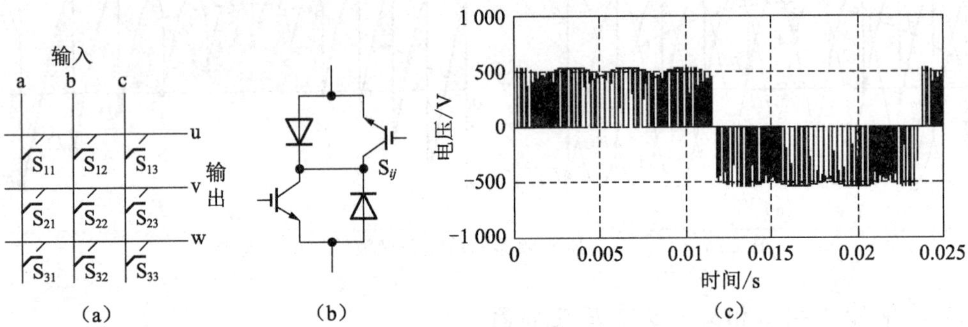

图4-26 矩阵式交—交变压变频器结构及输出电压波形

4.5 正弦脉宽调制技术

早期的交—直—交变压变频器所输出的交流波形都是矩形波或六拍阶梯波，这是因为当时逆变器只能采用半控式的晶闸管，其关断的不可控性和较低的开关频率导致逆变器的输出波形不可能近似按正弦波变化，从而会有较大的低次谐波，使电动机输出转矩存在脉动分量，影响其稳态工作性能，这在低速运行时更为明显。为了改善交流电动机变压变频调速系统的性能，在出现了全控式电力电子开关器件之后，科技工作者在20世纪80年代开发了应用PWM技术的逆变器。由于它的技术性能优良，所以当今国内外生产的变压变频器都已采用，只有在全控器件尚未能及的特大容量情况下才属例外。

传统的交流变压变频脉宽调制技术利用了冲量等效原理：冲量相等而形状不同的窄脉冲加在具有惯性的环节上时，其效果基本相同，如图4-27所示。它采用正弦波来调制等腰三角波，从而获得一系列等幅不等宽的PWM矩形波，按照波形面积相等的原则，这样的PWM波形与期望的正弦波等效，如图4-28所示。图4-28中的矩形波与PWM波进行傅里叶分解后，基波是相同的，但二者相比，后者更接近于正弦。如果开关频率更高，则谐波含量更少。

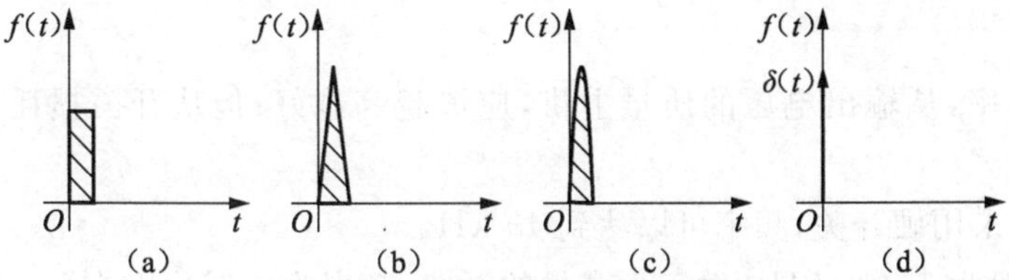

图 4-27 冲量等效原理

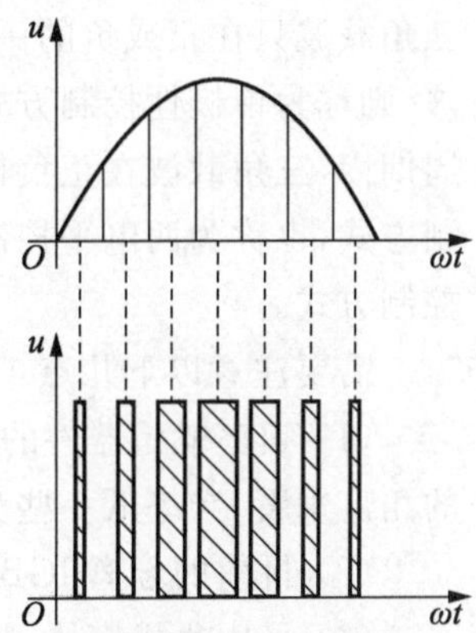

图 4-28 PWM 逆变器输出波形

经过一段时间的应用实践后，这种脉宽调制方法取得了很大的效能，但也发现了一些缺点。因此，研究新的 PWM 技术一直是科研人员的热门课题。下面将重点介绍正弦脉宽调制技术(SPWM)。

4.5.1 SPWM 基本原理

以正弦波作为逆变器输出的期望波形，以频率比期望波高得多的等腰三角波作为载波(carrier wave)，并用频率和期望波相同的正弦波作为调制波(modulation wave)，当调制波与载波相交时，由它们的交点确定逆变器开关器件的通断时刻，从而获得在正弦调制波的半个周期内呈两边窄、中间宽的一系列等幅不等宽的矩形波，如图 4-29 所示。按照波形面积相等的原则，每一个矩形波的面积与相应位置的正弦波面积相等，因而这个序列的矩形波与期望的正弦波等效。这种调制方法称为正弦波脉宽调制(sinusoidal pulse width modulation，SPWM)，这种序列的矩形波称为 SPWM 波。

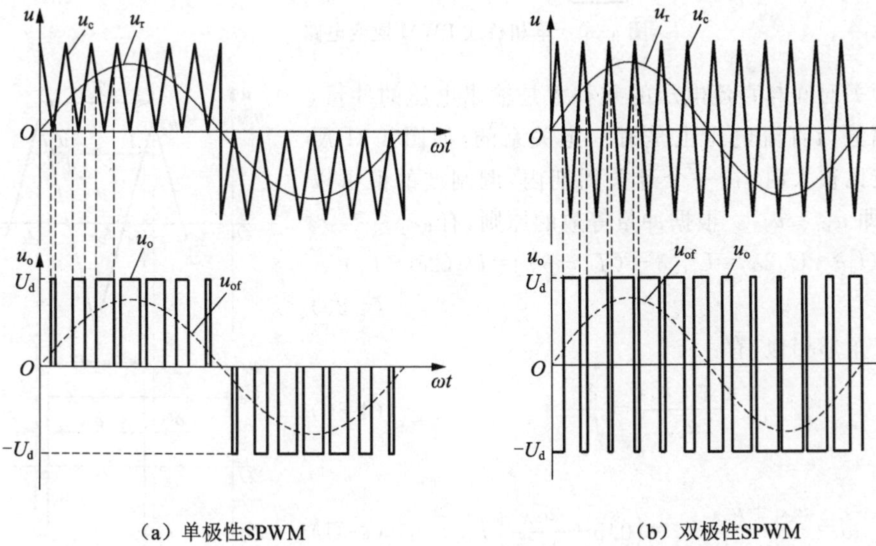

图 4-29 单极性与双极性 SPWM 技术原理示意图

SPWM 技术有单极性控制和双极性控制两种方式。如果在正弦调制波的半个周期内，三角载波只在正或负的一种极性范围内变化，所得到的 SPWM 波也只处于一个极性的范围内，则称为单极性控制方式，也称为三电平控制，如图 4-29(a)所示。如果在正弦调制波半个周期内，三角载波在正负极性之间连续变化，则 SPWM 波也在正负之间变化，称为双极性控制方式，也称为两电平控制，如图 4-29(b)所示。三相桥式 PWM 逆变器一般都采用双极性控制方式。

需要注意以下几点：

(1) 频率就是器件的开关频率，从输出电压的质量上讲，应该越高越好；但从开关损耗的角度来看，频率低一些为好。

(2) 目前的分离 IGBT 器件采用硬开关，频率可以达到 40 kHz。

(3) 采用集成模块，频率一般为 5～10 kHz；对于大容量的系统，频率为 4 kHz 左右。

(4) 在频率一定的情况下，幅值决定了三角载波的斜率，也决定了与调制波的交点，从而影响开关的时间，进而影响输出电压。

4.5.2 单相桥式 PWM 逆变电路

图 4-30 为单相桥式 PWM 逆变电路，其工作原理将在三相桥式 PWM 逆变中详细介绍，此处不再赘述。

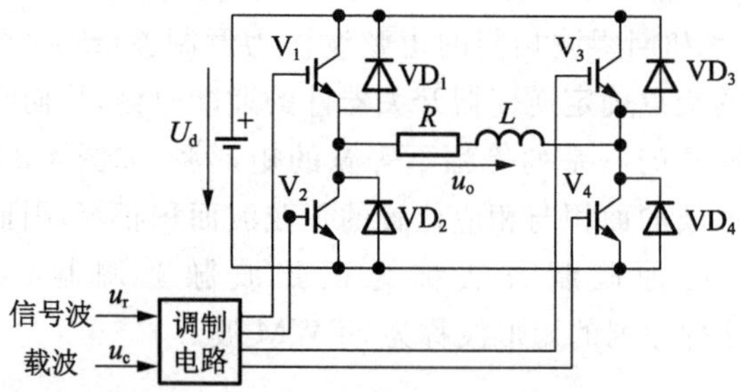

图 4-30 单相桥式 PWM 逆变电路

由于开关时间与直流电压的乘积才是输出电压的冲量，所以载波幅值与直流电压也是有一定关系的，如图 4-31 所示。当载波比很大时，在一个开关周期内，调制波的值可以认为不变，即 $u_{rA}=u_{rB}$。根据冲量等效的原则，有：

$$u_{rA}T_c=U_d\delta-U_d2\delta'=U_d[\delta-(T_c-\delta)]=U_d(2\delta-T_c) \tag{4-29}$$

根据三角形相似，有：

$$\frac{u_{cM}+u_{rA}}{2u_{cM}}=\frac{\delta}{T_c} \tag{4-30}$$

由此可得：

$$\delta=\frac{u_{cM}+u_{rA}}{2u_{cM}}T_c=\left(0.5+\frac{u_{rA}}{2u_{cM}}\right)T_c \tag{4-31}$$

将式(4-31)代入式(4-29)得：

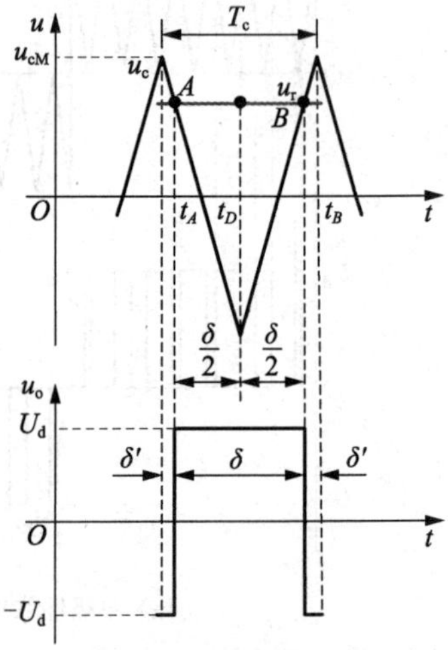

图 4-31 载波幅值与直流电压关系

$$u_{rA}T_c=U_d\left[2\left(0.5+\frac{u_{rA}}{2u_{cM}}\right)T_c-T_c\right]=\frac{u_{rA}}{u_{cM}}T_cU_d \tag{4-32}$$

因此，幅值 u_{rM} 与直流电压 U_d 的关系为：

$$u_{cM}=U_d \tag{4-33}$$

上述推导中：

(1) 式(4-33)适用于双极性调制，其三角载波是正负变化的，幅值为直流侧电压；

(2) 当正弦波大于三角波时，输出电压为正，反之为负；

(3) 图 4-31 仅给出了输出电压的 PWM 波，还应将其转化为开关管的开关信号。

当调制波的幅值小于载波时，在每一个开关周期，总可以得到与调制波等效的电压冲量，此时属于线性调制区；但当调制波的幅值高于载波时，冲量等效原则无法成立，如果调制波是正弦波，则此时输出会发生畸变，不再是正弦，属于过调制(over-modulation)，如图 4-32 所示。

通常将调制波与载波都除以载波的幅值进行归一化，则载波的幅值变为 1。对于双极性调制，三角载波 V_{car} 在 -1 到 1 之间变化，此时调制波的幅值 V_{ref} 就是调制比。如果调制比小于 1，则说明是在线性调制区，输出的 PWM 电压可以较好地逼近期望得到的电压；而如果调制比大于 1，则进入过调制，波形发生畸变。可见，对于单相系统，输出电压的能力唯一地取决于直流母线电压。对于三相系统，情况将有所不同，除直流母线电压之外，输出电压还与 PWM 方式有关。

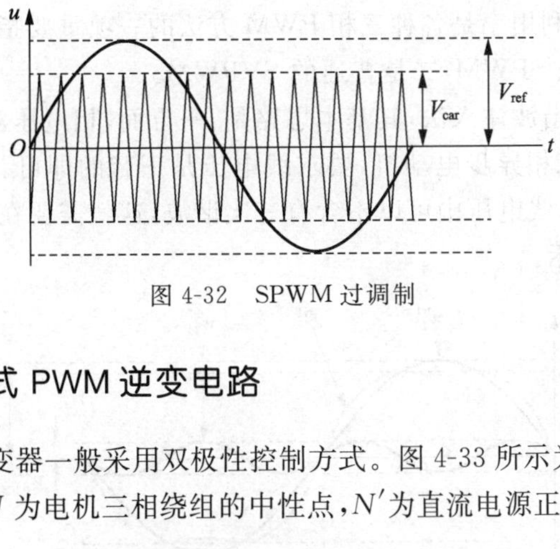

图 4-32 SPWM 过调制

4.5.3 三相桥式 PWM 逆变电路

三相桥式 PWM 逆变器一般采用双极性控制方式。图 4-33 所示为三相桥式 PWM 逆变器主电路的原理图，其中 N 为电机三相绕组的中性点，N' 为直流电源正、负极之间的中性点。

图 4-33 三相桥式 PWM 逆变器主电路原理图

在主电路器件的不同开关状态下，N 与 N' 间的电位经常是不同的。图 4-34 所示为三相桥式 PWM 逆变器的双极性 SPWM 波形，其中 u_{rU}，u_{rV}，u_{rW}为 U，V，W 三相的正弦调制波；u_c 为双极性三角载波；$u_{UN'}$，$u_{VN'}$，$u_{WN'}$ 为 U，V，W 三相输出与电源中性点 N'之间的相电压矩形波形；$u_{UV}=u_{UN'}-u_{VN'}$为输出线电压矩形波形，其脉冲幅值为 $+U_d$ 或 $-U_d$。须注意，三相输出与电动机中点 N 之间的相电压 u_{UN}，u_{VN}，u_{WN}是不一样的。

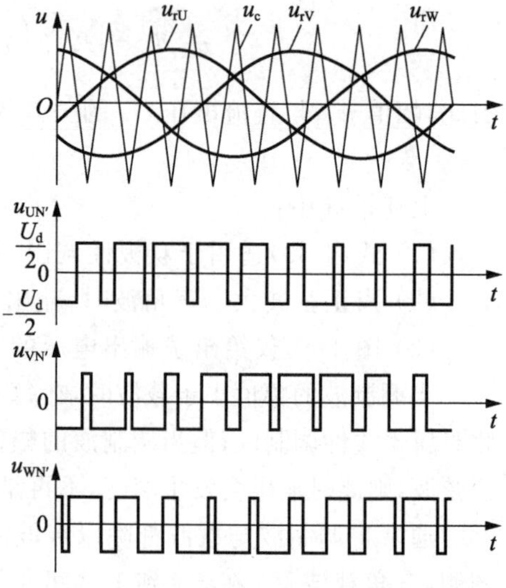

图 4-34　三相桥式 PWM 逆变器的双极性 SPWM 波形

此时，三角载波的幅值与单相不一致，为直流电压的一半。对于不可控整流 PWM 逆变系统，在波形不畸变的情况下，电网的输入电压为 380 V，得到的直流母线电压最多为 $380\ \text{V}\times\sqrt{2}=537\ \text{V}$，当采用 SPWM 时，逆变侧得到的线电压有效值最多为$(537\ \text{V}/2)\times\sqrt{3}/\sqrt{2}=329\ \text{V}$，这就意味着在电压不畸变的线性区，SPWM 的电压传输比只有 $329\ \text{V}/380\ \text{V}=0.866$。如果采用恒压频比控制，在 43.3 Hz 以上就要进入过调制区，波形发生畸变，这是普通 SPWM 的一个最大缺点。

提高直流母线电压利用率是各种三相 PWM 方法的一项重要指标。比较典型的方法有两种：一是三次谐波注入 SPWM，二是普通的 SVPWM。

这里首先介绍三次谐波注入法，其基本思路是：一方面，相电压波形不是正弦的，线电压可能是正弦的；而对于三相异步电动机，要求线电压是正弦的即可。另一方面，当相电压中含有相同的三次谐波时，线电压中可以不含有三次谐波，这就需要在所对应的调制波中注入三次谐波，如图 4-35 所示。

三次谐波注入SPWM

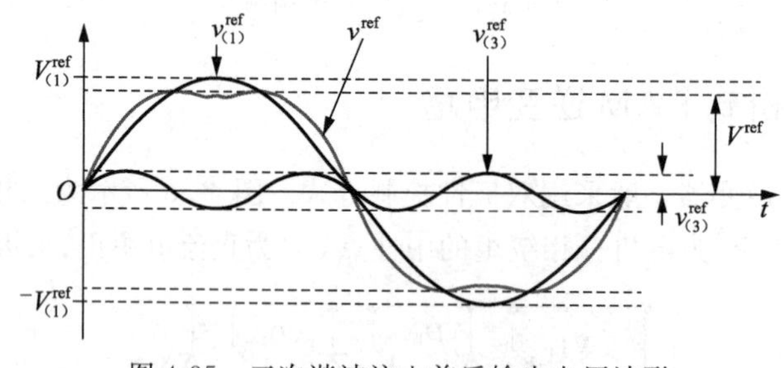

图 4-35　三次谐波注入前后输出电压波形

$$v^{ref}=V_{(1)}^{ref}\cdot\sin\omega t+V_{(3)}^{ref}\cdot\sin 3\omega t \tag{4-34}$$

$$v^{ref}=v_{(1)}^{ref}+v_{(3)}^{ref} \tag{4-35}$$

式中，v^{ref}默认代表瞬时值；V^{ref}为最大幅值。

注入三次谐波后，原来已进入过调制区的调制波现在又回到线性区，尽管得到的相电压滤掉高频分量后不是正弦基波，含有三次谐波，但线电压仍为正弦的。得到的正弦线电压的大小比传统 SPWM 得到的最大线电压要大，可提高直流母线电压的利用率。

但是，直流母线电压的利用率不可以无限地升高，因为变换器输出的最大的基波线电压是确定的(调制波为方波时的情况),最大的线性区也是确定的,因此三次谐波注入 SPWM 方法只是提高了 SPWM 的直流母线利用的潜力。

采用 SPWM 技术得到的电压中也含有谐波分量,为了消除特定次谐波,有了特定谐波消去法。另外,即使电动机端电压接近正弦的,电动机的电流也不一定是正弦的,从而引起转矩脉动,效率下降。为了得到正弦的电流,就产生了电流滞环比较 PWM 技术。进一步地,正弦电流的一个主要作用是产生圆形的旋转磁场,如果不以电压和电流正弦为目标,而是以产生圆形旋转磁场为目标,就产生了 SVPWM 技术。SVPWM 有着比磁链追踪更深刻的物理意义,在交流调速以外的领域也被广泛应用,有关内容将在后面章节中详细阐述。

需要注意的是:这里所谓的相电压的参考点是直流母线的中点,而不是电动机定子的中点,这两点的电位是不一致的,而且不一致的电位是变频器供电的一个重要的不足,将会引起漏电流,使电动机轴承损坏。

4.5.4 桥臂器件开关死区对 PWM 变频器的影响

1) 死区产生的原因

在前面讨论 PWM 调制变压变频器的工作原理时,一直认为逆变器中的功率开关器件都是理想的开关。也就是说,它们的导通与关断都随其驱动信号同步地、无时滞地完成。但实际上功率开关器件都不是理想的开关,它们都存在导通时延与关断时延。因此,为了保证逆变电路可靠工作,必须在同一相的上、下两个桥臂开关器件的通断信号之间设置一段死区时间 t_d(或称时滞),即在上(下)臂器件得到关断信号后,要留出 t_d 时间以后才允许给下(上)臂器件送入导通信号,以防止其中一个器件尚未完全关断时另一个器件已经导通,从而导致上、下两桥臂器件同时导通,产生逆变器直流侧被短路的事故。死区时间的长短因开关器件而异,一般对 BJT(bipolar junction transistor,双极结型二极管)可选用 10~20 μs,对 IGBT 可选用 2~5 μs。死区时间的存在显然使变压变频器不能完全精确地复现 PWM 控制信号的理想波形,当然也就不能精确地实现控制目标,或产生更多的谐波,或使电流、磁链跟踪性能变差。总之,死区时间的存在会影响电力拖动控制系统的期望运行性能。

以图 4-36 所示的典型电压源型逆变电路为例,为了分析方便,假设:① 逆变电路采用 SPWM 控制,得到 SPWM 波形输出;② 负载电动机的电流为正弦波形,并具有功率因数角 φ;③ 不考虑开关器件的反向存储时间。

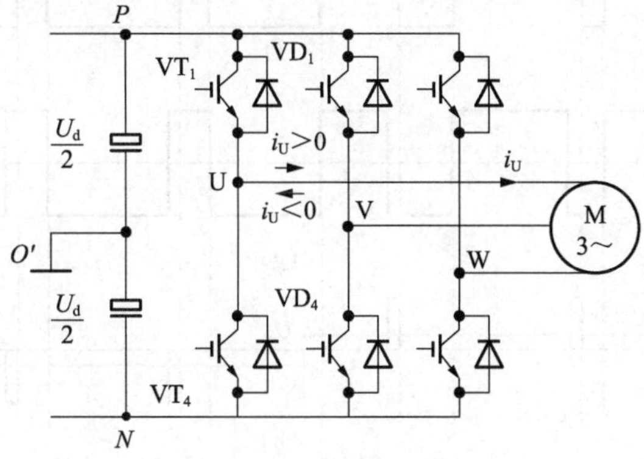

图 4-36 电压源型逆变电路

此时，变压变频器U相输出的理想SPWM相电压波形$u_{UO'}^*$如图4-37(f)所示，此波形也表示该相的理想SPWM控制信号，U相桥臂功率开关器件VT_1与VT_4的理想驱动信号分别如图4-37(b)和(d)所示。考虑到器件开关死区时间t_d的影响后，U相桥臂功率开关器件VT_1与VT_4的实际驱动信号分别如图4-37(c)和(e)所示。图4-37(g)为计及t_d影响后变压变频器实际输出的相电压波形$u_{UO'}$。可以看出，它与理想SPWM波形$u_{UO'}$相比产生了死区畸变，在死区中上、下桥臂两个开关器件都没有驱动信号，桥臂的工作状态取决于该相电流i_U的方向和续流二极管VD_1或VD_4的作用。

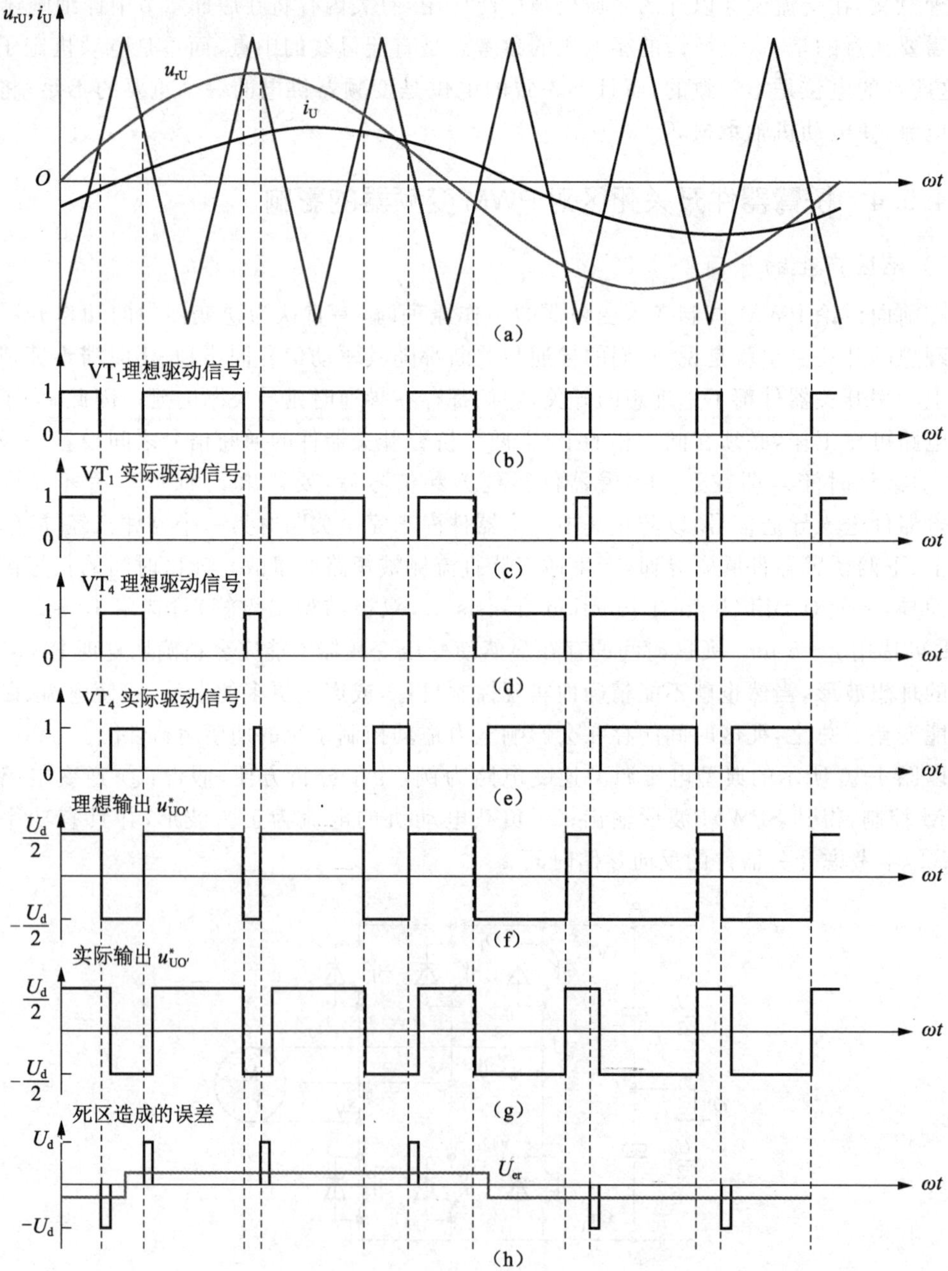

图4-37 死区对变压变频器输出波形的影响

下面具体分析一下死区畸变产生的过程。在图 4-36 中，当功率开关器件 VT_1 导通时，U 点电位为 $+U_d/2$，当 VT_1 被关断后，由于 t_d 的存在，VT_4 并不会立即导通。这时，由于电磁惯性使电动机绕组中的电流不会立即反向，而是通过 VD_1 或 VD_4 续流。图 4-37(a)绘出了 U 相电流的波形，它落后于相电压 $u_{UO'}$ 基波的相位角为 φ，并按调制频率 ω_1 以正弦规律变化，其正(负)半周的持续时间远大于 SPWM 波的单个脉冲宽度。这样，当 $i_U>0$ 时(图 4-36 中所表示的 i_U 方向)，VT_1 关断后即通过 VD_4 续流，此时 U 点被钳位于 $-U_d/2$；若 $i_U<0$，则通过 VD_1 续流，此时 U 点被钳位于 $+U_d/2$。在 VT_4 关断与 VT_1 导通期间，死区 t_d 内的续流情况也是如此。总之，当 $i_U>0$ 时，变压变频器实际输出电压波形的负脉冲增宽，而正脉冲变窄；当 $i_U<0$ 时，则反之。这样，由于死区的影响，变压变频器实际输出的电压产生了畸变，不同于理想的 SPWM 波形。波形 $u_{UO'}$ 与 $u_{AO'}$ 之差为一系列的脉冲电压，称为偏差脉冲 u_{er}(图 4-37h)，幅值为 $|U_d|$，极性与 i_U 方向相反，而且和 SPWM 脉冲本身的正负无关。一个周期内 u_{er} 的脉冲数取决于 SPWM 波的开关频率。

2) 死区对变压变频器输出电压的影响

为了讨论这一问题，可将图 4-37(h)所示的偏差电压脉冲 u_{er} 等效为一个矩形波的偏差电压 U_{ef}，即取其平均电压，由此可得：

$$U_{ef}\frac{T_1}{2}=t_dU_d\frac{N}{2} \tag{4-36}$$

因而有：

$$U_{ef}=\frac{t_dU_dN}{T_1} \tag{4-37}$$

式中，T_1 为变压变频器输出电压基波的周期；N 为 SPWM 波的载波比，$N=f_c/f_r$；f_c 为三角载波频率；f_r 为参考调制波频率；t_d 为死区时间。

根据傅里叶级数分析，可得偏差电压 U_{ef} 的基波分量幅值 $U_{ef.1}$ 为：

$$U_{ef.1}=\frac{2\sqrt{2}}{\pi}U_{ef}=\frac{2\sqrt{2}}{\pi}\frac{t_dU_dN}{T_1} \tag{4-38}$$

式(4-38)表明，在一定的直流侧电压与变压变频器输出频率下，偏差电压基波值与死区时间 t_d 和载波比 N 的乘积成正比，显然，这两个量与变压变频器所采用的开关器件种类和形式有关。以应用 BJT 与应用 IGBT 组成的两种 SPWM 型变压变频器为例，前者的 t_d 比后者的大(大 3～4 倍)，但前者的开关频率比后者的低，因而前者的载波比 N 取得比后者的小。对乘积 t_dN 来说，后者可能比前者还要大，因而偏差电压的基波值也要大一些。

根据对图 4-37 的分析可知，死区对变压变频器输出电压的影响有以下几点：

(1) 实际输出电压由触发信号和电流确定。当有触发信号时，输出电压与触发信号对应；当没有触发信号时，即死区对应的时间段，则根据电流的流向确定输出电压。

(2) 输出电压的实际波形发生畸变。

(3) 实际电压与理想电压的差异为一系列的脉冲电压，其宽度为死区宽度 t_d，幅度为 U_d，极性与 i_U 相反且与输出电压基波的极性无关。

(4) 在基波频率确定的情况下，一个基波周期内误差脉冲电压的个数取决于开关频率，即三角载波的周期。开关频率越高，误差脉冲越多，死区影响越大。开关频率越高，输出电压波形越好，这是有条件的，即不考虑死区的影响。考虑到死区的影响和开关损耗，开关频率会受到限制。

(5) 在载波频率一定的情况下,基波频率越低,一个基波周期内误差脉冲的个数越多,而此时电压基波幅值较小,因而受到的影响较严重。

(6) 变压变频器在低频时受死区的影响严重。对于恒压频比控制,还有定子漏阻抗电压补偿的问题。

(7) 死区对基波的影响随功率因数的不同而不同。

(8) 死区相当于在原来的正弦波上叠加了一个有相位差的矩形波,这个矩形波有不少谐波分量,因而死区会增加输出电压的谐波含量,尤其是低频分量。

(9) 开关器件的发展会减弱死区的影响,闭环系统也将减弱死区的基波影响,因此合适的死区补偿方法是削弱死区影响所必需的,是过去及现在的研究方向之一。

4.6 基于异步电动机稳态模型的变压变频调速系统

在直流电动机中,主磁通和电枢电流分布的空间位置是确定的,而且可以独立控制;交流异步电动机的磁通则由定子与转子电流合成产生,它的空间位置相对于定子和转子都是运动的。除此之外,在笼型异步电动机中,转子电流还是不可测和不可控的。因此,异步电动机的动态数学模型要比直流电动机的模型复杂得多,在相当长的时间里,人们对它的精确表述不得要领。好在不少机械负载,例如风机和水泵并不需要很高的动态性能,只要在一定的范围内能实现高效率的调速就行,因此可以只根据电动机的稳态模型来设计其控制系统。

异步电动机的稳态数学模型就是其稳态等效电路和机械特性。根据稳态数学模型,为了实现恒气隙磁通控制,可以采用转速开环恒压频比带低频电压补偿的控制方案,这就是常用的通用变频器控制系统。如果对调速范围和起制动性能要求高一些,则可以采用转速闭环转差频率控制的方案。

4.6.1 转速开环恒压频比控制的通用变频器-异步电动机调速系统

现代通用变频器大都采用二极管整流和由快速全控开关器 IGBT 或智能功率模块 IPM (intelligent power module)组成的 PWM 逆变器(图 4-38),构成交—直—交电压源型变压变频器,它们已经占领了全世界 0.5～500 kV·A 中、小容量变频调速装置的绝大部分市场。IPM 是将多个 IGBT 及其驱动、过流、过热保护等电路都封装起来,便于使用,但若坏掉一个 IGBT,整个模块都要换掉。

所谓“通用”包含着 3 个方面的含义:

(1) 可以和通用的笼型异步电动机配套使用,有时可带同步电动机;

(2) 具有多种可供选择的功能,适用于各种不同性质的负载;

(3) 这种硬件结构对矢量控制系统也是适用的。

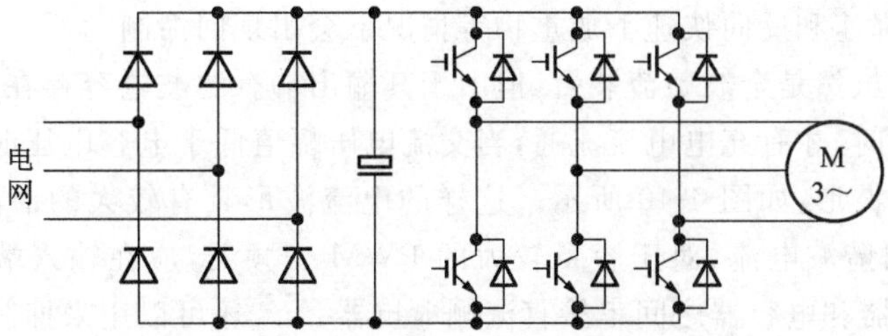

图 4-38　PWM 逆变器结构图

4.6.2　数字控制的通用变频器-异步电动机调速系统

图 4-39 所示为典型的数字控制通用变频器-异步电动机调速系统原理图。它包括核心主电路、控制电路及辅助电路等。对于不带转速反馈的开环系统，转速检测环节可以不同。

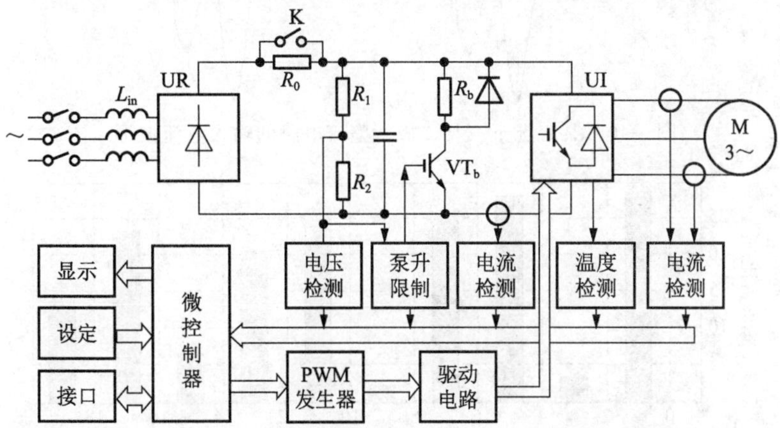

图 4-39　数字控制通用变频器-异步电动机调速系统原理图

通用变频器-异步电动机调速系统的核心主电路由二极管整流器、PWM 逆变器和中间直流电路三部分组成，一般都是电压源型，采用大电容滤波，同时兼有无功功率交换的作用。但仅有核心主电路，变频器尚无法正常工作或工作性能比较差，所以除核心主电路外，还有一些很重要的辅助主电路，如软起电路、泵升限制电路、进线电抗器、直流电抗器、输出滤波电感等。

软起电路由一个开关和限流电阻构成。为了避免大电容 C 在通电瞬间产生过大的充电电流，在整流器和滤波电容间的直流回路上串入限流电阻，当通上电源时，先限制充电电流，再延时用开关 K 将其短路，以免长期接入时影响变频器的正常工作并产生附加损耗。

二极管整流器的能量只能单向流动，不能为异步电动机的回馈制动提供能量的通路，因而通用变频器一般都用电阻吸收制动能量。回馈制动时，异步电动机进入发电状态，向电容 C 充电，中间直流回路的电压（通称泵升电压）升高到一定的限制值时，通过泵升限制电路使开关器件导通，将电动机释放的动能消耗在制动电阻上。为了便于散热，制动电阻常作为附件单独装在变频器机箱外面。

电阻是由导线做的，总有串联电感存在，在关断的瞬间，在开关器件两端会有过电压，即直流母线电压加上电阻电感引起的瞬态电压，易造成开关器的损坏。因而，在制动电阻的两端需反并联一个二极管。

回馈制动时，电机实际转速与理想空载转速方向相同，且前者大。在负载转矩方向变化

(电车下坡)、变频降速和反向快速下放重物等情况下会出现回馈制动。

二极管整流器虽然是全波整流装置,但由于其输出端有滤波电容存在,只有当交流电压幅值超过电容电压时,才有充电电流流通,当交流电压幅值低于电容电压时,电流便终止,因此输入电流呈脉冲波形,如图 4-40 所示。这样的电流波形具有较大的谐波分量,使电源受到污染。为了抑制谐波电流,对于容量较大的 PWM 变频器,应在输入端设有进线电抗器 L_{in},也可以在整流器和电容器之间串接直流侧电抗器。L_{in}还可以用来抑制电源电压不平衡对变频器的影响。进线电抗器和直流侧电抗器对谐波的抑制效果如图 4-41 所示。

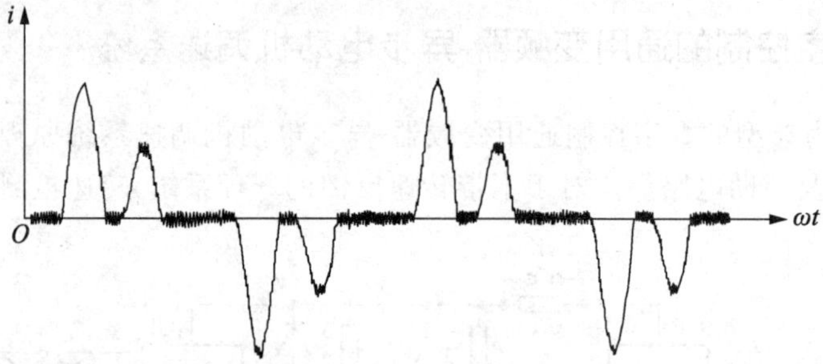

图 4-40　某工况下三相二极管整流电路的输入电流波形

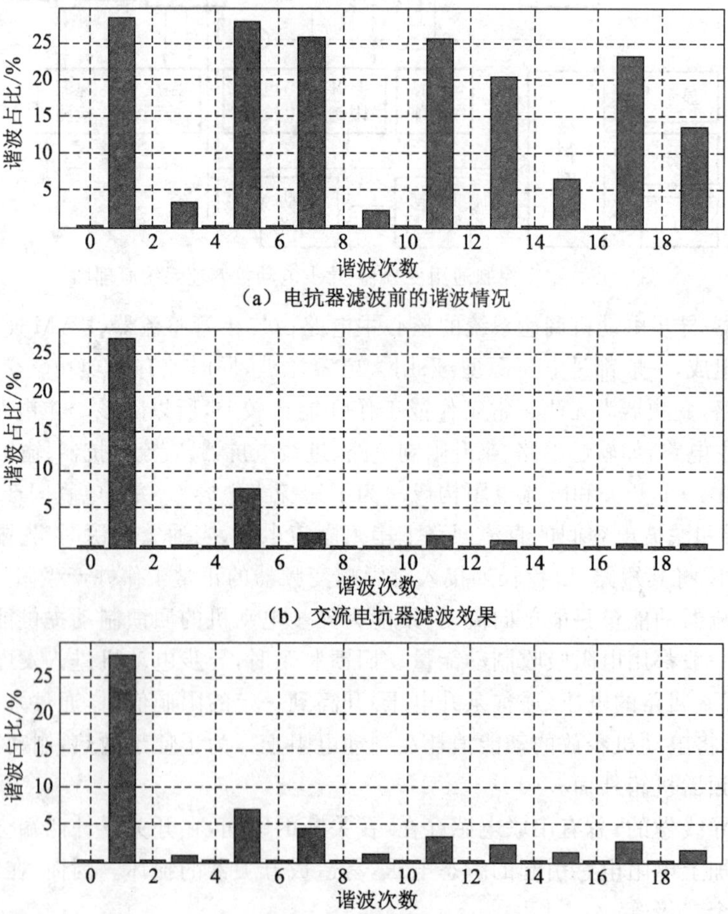

图 4-41　电抗器滤波效果

电压型PWM逆变器输出的是一系列的PWM电压波，电压变化率较大，易引起电动机绝缘老化、轴承电流及电磁干扰等一系列问题。因此，在一些应用中需加输出滤波器。通常在输出侧接入电感可以达到较好的滤波效果，也可采用LC滤波器，但不可在输出侧并接电容。

控制电路主要包括微控制器、检测及信号处理电路、驱动及各处接口。

现代PWM变频器的控制电路大都是以微控制器为核心的数字电路，其功能主要是接受各种设定信息和指令，再根据它们的要求形成驱动逆变器工作的PWM信号。微控制器芯片主要采用8位或16位的单片机、32位的DSP(digital signal processor，数字信号处理)。目前在高精度的交流调速控制中，出现了浮点数字信号处理器及现场可编程门阵列(field programmable gate array，FPGA)等功能强大的"大脑"，这是实现复杂算法的重要保证。大部分的专用DSP和单片机将一些重要的外围设备如A/D和PWM产生、测速用的QEP电路等集成于单一芯片，软件采用C和C++编程，还有部分厂家提供了一些标准的例程，大大加速了变频器的开发进程。

检测及信号处理电路主要用于对各物理量进行检测，将其变成数字单元能够接收的电压信号。在变频器中，通常需要检测的物理量有直流母线电压、直流母线电流、散热片的温度、输出电流、电动机转速等。

检测直流母线电压可为泵升限制提供电压值，实现软起动和故障保护，同时为PWM控制提供直流母线电压值。直流电流检测主要用于保护，避免开关管直通。由于半导体器件受温度的影响很大，因而需要对温度进行检测，起保护作用。转速检测可用于显示当前转速，也可为转速闭环提供反馈量。输出的电流通常需检测两相，对调速装置起保护作用。电流保护又可分为过流保护和过载保护两种，前者是限制瞬态的电流，后者是限制稳态的电流，用软件实现，相当于热继电器。在闭环控制中，可用来计算电压补偿量或作为电流环的反馈。在目前的研究中，还可以利用电流得到电动机的转速、位置，以及利用电流来判断电动机的运行状态、是否发生故障，等等。

4.6.3 变压变频功能的实现

根据PWM原理，从稳态的观点来看，要输出变压变频的电压，需要给出合适的调制波。在实际应用中，如果采用转速开环恒压频比控制，需要根据期望转速估计出理想空载转速(即同步速)，从而得到变频器输出频率的设定值。若频率已知，则根据电压-频率协调控制的关系，可以得到电压的有效值，进而产生三相正弦电压的参考波形，即调制波。

调制波与三角载波相比较，可以得到PWM开关信号，经过驱动电路驱动IGBT，进而实现变压变频的输出电压。

实际系统中，通常在工作频率设定之后加一个频率变化率限定环节，即加、减速时间限定环节，如图4-42所示。对于不同厂家生产的变频器，加减速时间的定义略有差异。但一般来说，加速时间是从起动频率到最高频率的过渡时间，减速时间是从最高频率降到0时的过渡时间，从而实现对频率变化率的限制。

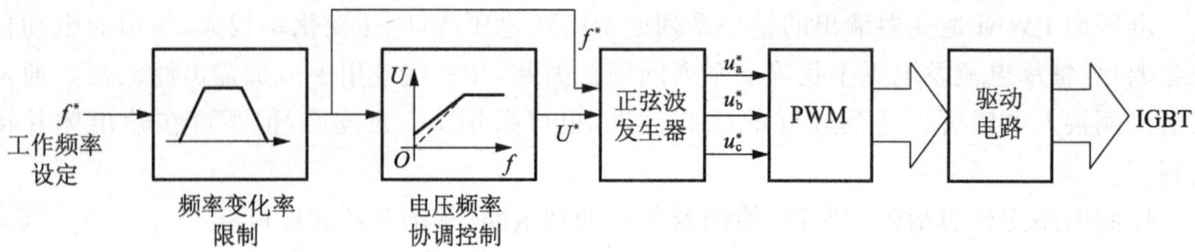

图 4-42　变压变频控制原理图

频率变化太慢，会导致加减速太慢。如图 4-43 所示，升高频率时，假定原来稳定运行于 A 点，频率指令由 f_2 升到 f_N，如果频率升得太快，而系统的转动惯量较大，则系统的转速几乎没有变化，输出电压的频率已变为 f_N。此时，变频器的输出电流很大，可能引起过流保护。若保护不可靠，则会烧坏变频器。若变频器容量较大，不发生保护，则系统起动不起来，最终停车。当负载较轻时，则容易引起电流和机械冲击，缩短系统寿命。

降低频率时也不应过快。如图 4-44 所示，假定系统原来稳定运行于 A 点，此时输出电源号为 f_1，变频器输出频率下降为 f_2，对应的机械特性如图 4-44 中 CD 段所示。由于系统的惯性，转速来不及变化，电动机的机械特性对应于 C 点。此时，电动机转速与电磁转矩方向相反，实际转速超过理想空载转速且二者处于同方向的回馈制动状态，电动机制动过程中发出的电能将流向变频器，而不可控整流器不能将这部分电能回馈到电网，所以这部分电能会给直流母线电容充电，使其电压升高，导致过压保护。

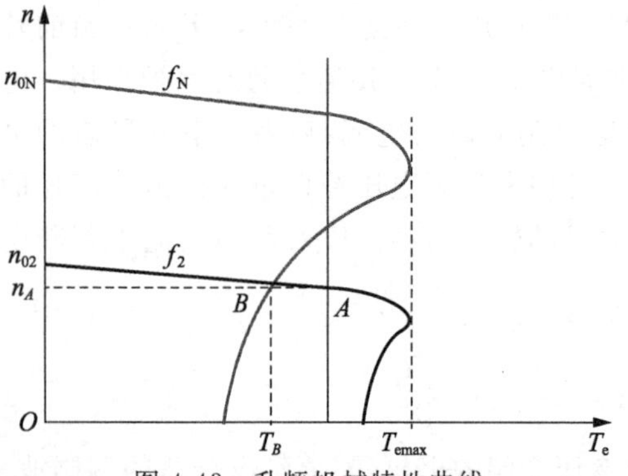

图 4-43　升频机械特性曲线

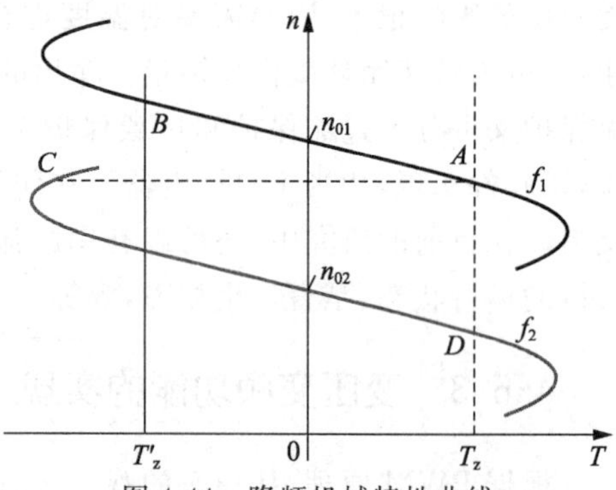

图 4-44　降频机械特性曲线

4.6.4　转速闭环转差频率控制的变压变频调速系统

转速开环恒压频比控制的调速系统解决了异步电动机平滑调速、效率较高的要求，但是动静态性能有限，静态性能主要表现在两个方面：一是转速控制不精确，只能确定同步速；二是转速随负载变化而变化，易受干扰。动态性能主要表现在加减速是否平稳快速上，但开环控制难以做到这一点。

在一些对动、静态性能要求不高的场合，转速开环控制就已足够，如通风机、泵类负载。它的主要优点在于：控制简单、可靠，不需要转速反馈。在一些对调速性能要求较高的场合，转速开环控制已达不到要求，必须采用转速闭环控制。在矢量控制没有出现以前，人们只能依据稳态等效电路进行转速闭环系统的设计，于是就有了转速闭环转差频率控制的变压变频调速系统。

对于调速系统，用户所关注的动态性能最终体现在转速的变化率上，而根据系统的运动方程式：

$$T_e - T_L = \frac{J}{n_p}\frac{d\omega}{dt} \tag{4-39}$$

转速的变化率取决于电磁转矩的有效控制。因而，调速系统的动态性能就是控制电磁转矩的能力。

在通用变频调速系统中，可控制的量是电动机端电压的幅值和频率，如何通过它们实现对电磁转矩的有效控制，这是提高调速系统动态性能的关键问题。电压和频率需要协调控制，频率确定了，电压也就随之确定，因而需要确定频率与电磁转矩之间的关系。

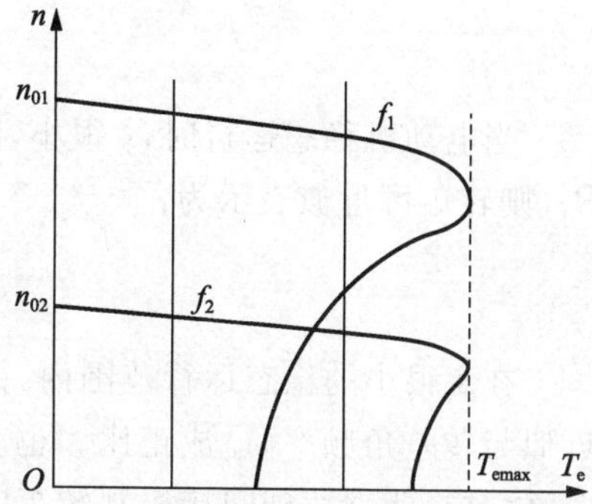

图 4-45 不同频率下的机械特性曲线

频率与电磁转矩没有一一对应关系，不同的频率可以有相同的电磁转矩，如图 4-45 所示，而相同的频率也可以输出不同的电磁转矩。但是在线性区，电磁转矩与转速降 Δn 存在着线性的关系，而转速降与转差频率 $s\omega_1$ 成正比。由前述分析可得到电磁转矩和频率之间的关系，即电磁转矩正比于转差频率，这就是转差频率控制的基本思路。转差频率 $s\omega_1$ 与频率 ω 的关系为：

$$s\omega_1 + \omega = \omega_1 \tag{4-40}$$

在直流转速、电流双闭环调速系统中，外环是转速环，转速调节器的输出是转矩指令。在转差频率控制的转速闭环系统中，转速外环的输出也是转矩指令。在基于异步电动机稳态模型的控制系统中，最终要确定的是输出的频率指令，因而如何从转矩指令得到频率指令是整个闭环控制的关键。转速闭环变压变频调速系统结构原理图如图 4-46 所示。

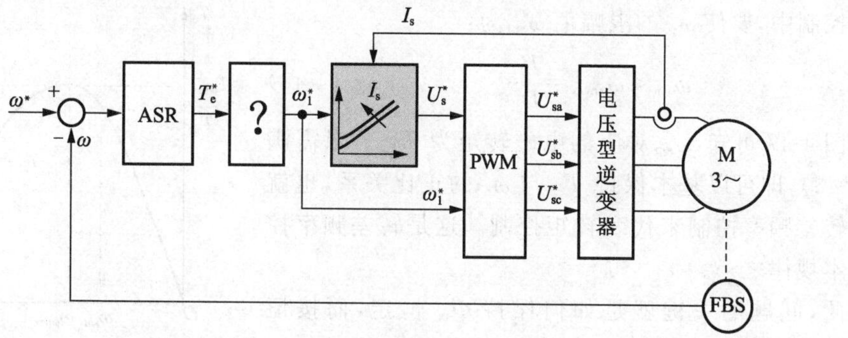

图 4-46 转速闭环变压变频调速系统结构原理图

恒 E_g/ω_1 控制（即恒 Φ_m 控制）时的电磁转矩公式为：

$$T_e = 3n_p\left(\frac{E_g}{\omega_1}\right)^2 \frac{s\omega_1 R_r}{R_r^2 + s^2\omega_1^2 L_{lr}^2} \tag{4-41}$$

又：

$$E_g = 4.44 f_1 N_s k_{Ns}\Phi_m = 4.44\frac{\omega_1}{2\pi}N_s k_{Ns}\Phi_m = \frac{1}{\sqrt{2}}\omega_1 N_s k_{Ns}\Phi_m \tag{4-42}$$

则有：

$$T_e=\frac{3}{2}n_pN_s^2k_{Ns}^2\Phi_m^2\frac{s\omega_1R_r}{R_r^2+s^2\omega_1^2L_{lr}^2} \tag{4-43}$$

令 $\omega_s=s\omega_1$，并定义为转差角频率，同时令电动机的结构常数 K_m 为：

$$K_m=\frac{3}{2}n_pN_s^2k_{Ns}^2 \tag{4-44}$$

因此可得：

$$T_e=K_m\Phi_m^2\frac{\omega_sR_r}{R_r^2+\omega_s^2L_{lr}^2} \tag{4-45}$$

当电动机稳态运行时，s 很小，因而 ω_s 也很小，只有 ω_1 的百分之几，因此可认为 $\omega_sL_{lr}\ll R_r$，则转矩可近似表示为：

$$T_e\approx K_m\Phi_m^2\frac{\omega_s}{R_r} \tag{4-46}$$

在 s 很小的稳态运行范围内，如果能够保持气隙磁通 Φ_m 不变，则异步电动机的转矩就近似与转差角频率 ω_s 成正比。也就是说，在异步电机中控制 ω_s 就和在直流电动机中控制电流一样，能够达到间接控制转矩的目的。控制转差频率就代表控制转矩，这就是转差频率控制的基本原理。

根据式(4-46)，在 Φ_m 不变的情况下，在 ω_s 较小的稳态运行段上，转矩 T_e 基本上与 ω_s 成正比，当 T_e 达到最大值 T_{emax} 时，ω_s 达到临界值 ω_{smax}。

取 $dT_e/d\omega_s=0$，可得：

$$\omega_{smax}=\frac{R_r}{L_{lr}}$$

$$T_{emax}=\frac{K_m\Phi_m^2}{L_{lr}} \tag{4-47}$$

在控制中，要使 ω_s 的限幅值 ω_{sm} 为：

$$\omega_{sm}<\omega_{smax}=\frac{R_r}{L_{lr}} \tag{4-48}$$

由图 4-47 可知，ω_{sm} 对应的电磁转矩为 T_{em}。只需满足式(4-48)，即可以基本保持 T_e 与 ω_s 的正比关系，也就可以用转差频率控制来代表转矩控制。这是转差频率控制的基本规律之一。

因此，问题的关键就是如何保持 Φ_m 恒定，而按恒 E_g/ω_1 控制时就可保持 Φ_m 恒定。

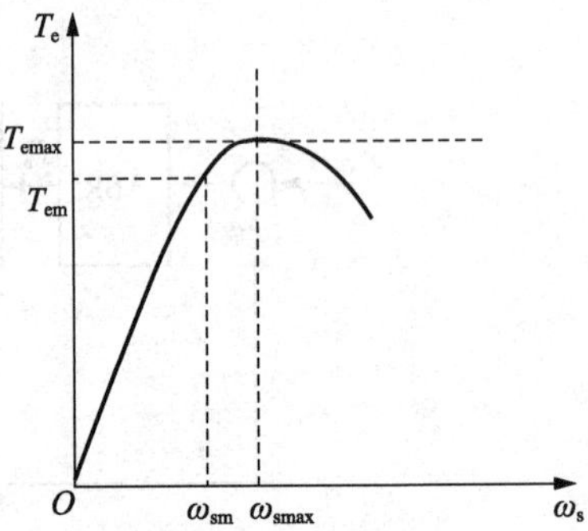

图 4-47 按恒 Φ_m 控制的特性曲线

根据图 4-48 所示的三相异步电动机等效电路可得：

$$\dot{U}_s=\dot{I}_s(R_s+j\omega_1L_{ls})+\dot{E}_g=\dot{I}_s(R_s+j\omega_1L_{ls})+\left(\frac{\dot{E}_g}{\omega_1}\right)\omega_1 \tag{4-49}$$

要实现恒 E_g/ω_1 控制，需在 U_s/ω_1 的基础上再提高电压 U_s 以补偿定子电流压降。如果忽略电流相量相位变化的影响，则在不同定子电流时，恒 E_g/ω_1 控制所需的电压-频率特性[$U_s=f(\omega_1,I_s)$]如图 4-49 所示。

只要 U_s 和 ω_1 及 I_s 的关系符合图 4-49 所示的特性，就能保持 E_g/ω_1 恒定，也就能保持 Φ_m 恒定。这是转差频率控制的基本规律之二。

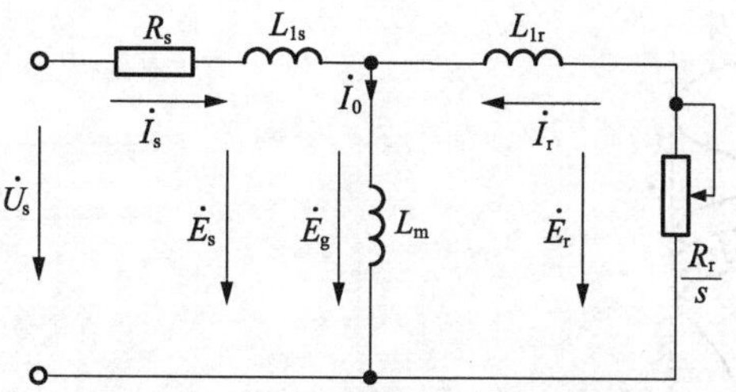

图 4-48 三相异步电动机等效电路

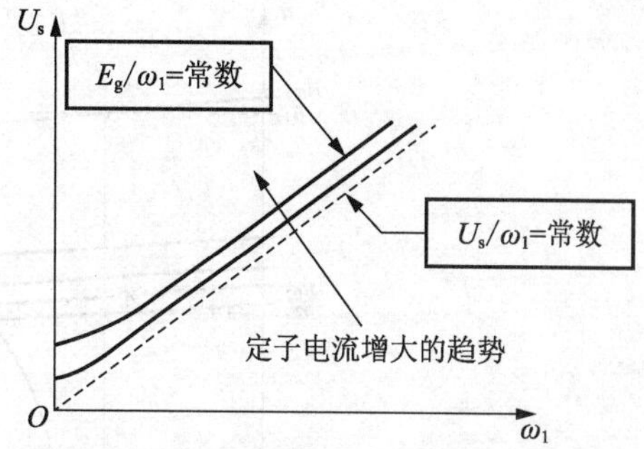

图 4-49 恒控制所需的电压-频率特性曲线

转差频率控制的规律是：

(1) 在 $\omega_s<\omega_{sm}$ 的范围内，转矩 T_e 基本上与 ω_s 成正比，条件是气隙磁通不变；

(2) 在不同的定子电流值时，按函数关系 $U_s=f(\omega_1, I_s)$ 控制定子电压和频率，就能保持气隙磁通 Φ_m 恒定。

在一定的条件下，转差频率与电磁转矩之间是线性关系。控制系统可通过转差频率指令限幅和电压补偿来满足控制规律一和控制规律二所需要的条件。

图 4-50 是转差频率控制的转速闭环变压变频调速系统结构原理图。电磁转矩与转差频率成比例关系；转速调节器的输出为转矩指令，再乘以比例系数可以得到转差频率给定值 ω_s^*；转差频率给定值与当前转速相加可以得到频率给定值。

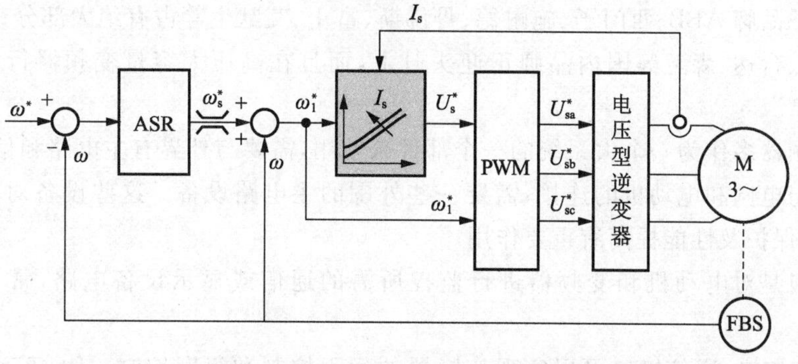

图 4-50 转差频率控制的转速闭环变压变频调速系统结构原理图

得到频率给定值以后，转差频率控制的转速闭环变压变频调速系统与开环恒压频比控制调速系统基本类似，不同之处有两点：

(1) 电压补偿引入了电流检测，这样更精确，更能保证恒气隙磁通；

(2) 转差频率指令 ω_s^* 与实测转速信号 ω 相加后得到定子频率给定信号，这是转差频率控制系统的突出特点和优点，可以使加减速平滑而稳定，同时保证了允许条件下的快速性。

由图 4-51 所示的异步电动机机械特性曲线可以看出，电动机稳定运行于 A 点，突然转速指令变为 n_1，则转速误差$\Delta n=n_1-n_A$ 较大，转速调节器输出饱和，从而限幅输出。此时电磁转矩大于负载转矩，转速上升，频率给定值变大但给定值不会突变。在转速误差较大时，转差频率指令不变，为转速调节器限幅输出。电动机始终以允许的最大电磁转矩加速，且运行于每一条机械特性的线性段，不会出现过流，具有良好的动态特性，抗负载干扰性能好，转速控制精度高。

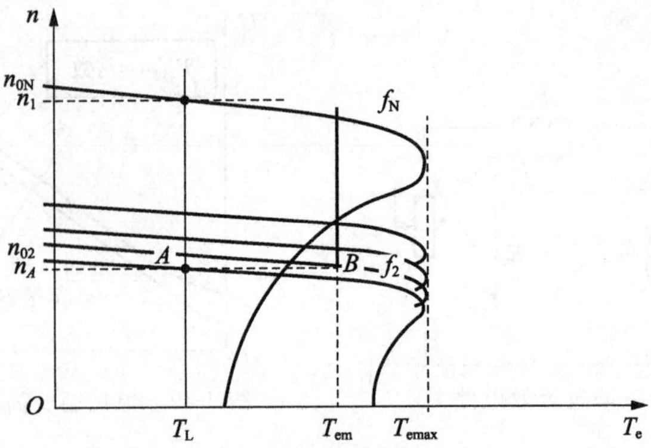

图 4-51 三相异步电动机机械特性曲线

4.7 通用变频器的应用技术

4.7.1 通用变频器应用概述

随着电力电子器件及微控制器的发展,变频器的成本逐年下降,而性能不断提升。但总的情况是国外品牌 ABB、西门子、施耐德、丹佛斯、富士、艾默生等占有绝大部分市场,技术较为成熟,荣信、台达、森兰等国内品牌正迎头赶上,而且在高压大容量变频器行业占有一席之地。

通用变频器多作为一个大系统的一个部件来使用,需要与外界有主电路和信号的接口。

变频器与电网和电动机的连接,需要一些外围的主电路设备。这些设备对变频器的正常运行、异常保护及性能提高有重要作用。

信号接口是对电动机和变频器进行监控所需的通信或显示设备电路,常见的有如下几类。

(1) 通信接口:通信接口可以实现变频器的远程控制和组网控制。RS485 串行通信接口在通用变频器中应用得较多。一般来说,不同的变频器有不同的通信协议。在最新的变频器中,开始使用工业以太网,这是工业 4.0 的基础。实时性好、数据交互量大的工业以太网接口的应用,将使变频器的远程高性能控制成为可能。

(2) 模拟量输入、输出接口:输入部分主要用于对变频器的给定和参数进行调节,输出部分主要用来驱动外接的仪表。

(3) 开关量输入、输出接口:用于接收和输出开关控制信号。

(4) 光电编码器输入接口:用于接收光电编码器的 A,B 两路正交信号和 Z 信号。

4.7.2 主电路外围设备及连接方式

1) 主电路外围设备概述

在变频器使用过程中,通用变频器的信号接口和电气接口如图 4-52 所示。一款实际变频器的主电路外围设备简图如图 4-53 所示。交流电源经过断路器、电磁接触器、交直流电抗器、无线电干扰抑制滤波器等设备接入变频器，而变频器的直流侧可以接入直流电抗器，一般须接入制动单元。输出滤波电感用于改善变频器输出电流波形，降低电机的谐波噪声，且可以减少长线造成的电动机端部过电压。

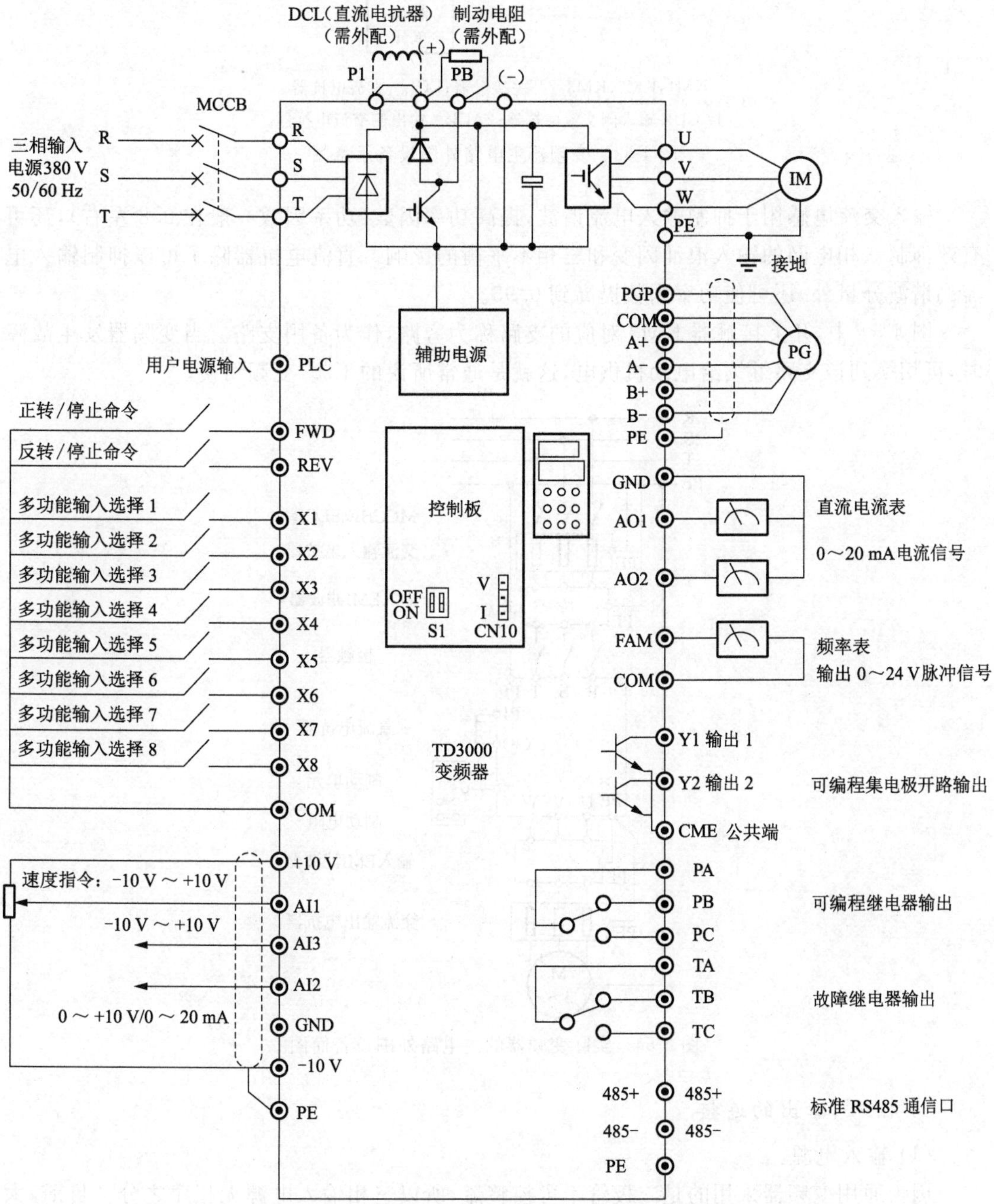

图 4-52 通用变频器的信号接口和电气接口

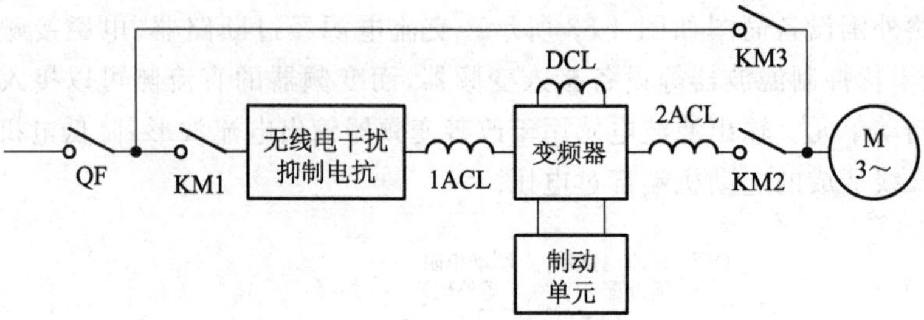

KM1,KM2,KM3—开关接触器;DCL—直流电抗器;
1ACL—输入侧交流电抗器;2ACL—输出侧交流电抗器。

图 4-53　变频器主电路外围设备示意图

输入交流电感用于抑制输入电流谐波,提高功率因数(功率因数一般在 0.8 左右),还可有效抑制三相电网的输入浪涌闪变和三相不平衡的影响。直流电抗器除了可以抑制输入电流的谐波分量外,还可使功率因数提高到 0.95。

图 4-54 中,开关接触器 KM3 对应的支路称为旁路,作为备用支路。当变频器发生故障时,可切换到该支路继续给电动机供电,这就是通常所说的工频/变频切换。

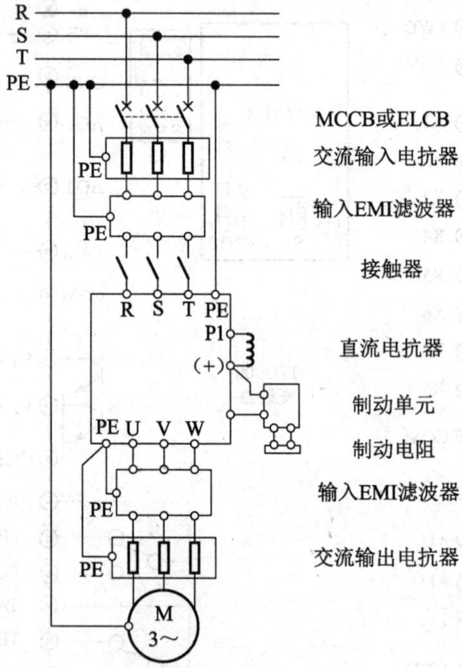

图 4-54　实际变频器的主电路外围设备简图

2) 输入、输出的连接

(1) 输入电源。

因为通用变频器采用的是二极管不可控整流,所以三相输入电源无相序之分。目前,大多数变频器的控制电源直接从直流母线取电。如果变频器需要单独接入控制电源,那么要注意控制电源输入应接在 KM 与 QF 之间,以保持故障信息,如图 4-55 所示。

（2）输出接法。

三相输出电源有相序之分，若电动机转向不符合负载要求，则应对调任两相。变频器内部可切换两相控制信号安全。

过载保护需注意：若变频器只接一台电动机，则无须接热过载继电器 KH，但要注意根据电动机的容量与工况设置变频器的过载阈值；若变频器接多台电动机，则需在每台电动机中接入过载继电器 KH，如图 4-56 所示。

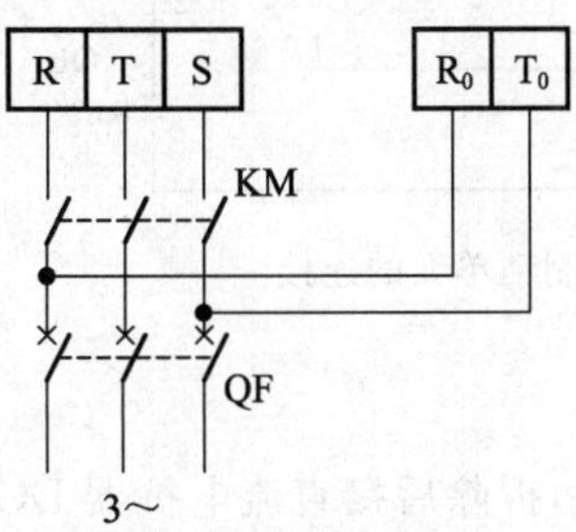

图 4-55 输入电源接法

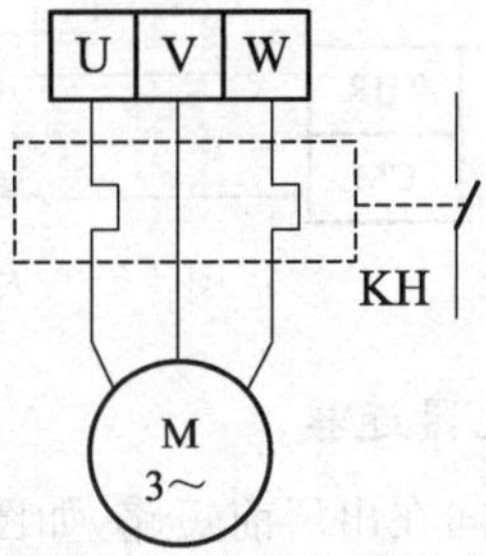

图 4-56 变频器输出的接法

不允许在电动机出线端接补偿电容。变频器输出的电压是一系列的 PWM 波，电动机端部的电压有非常大的变化率，而电容流过的电流与其两端的电压变化率成正比，但过高的电容电流会烧坏开关管。另外，若变频器输出线超过一定长度，则需注意电动机端易发生过电压。

3）接地线 E(G，PE)

接地是一台电气设备的重要环节，它的主要作用有两个：保护、抑制干扰。一般来说，机壳、散热器需要接地，起保护作用；信号的输入、输出如果有屏蔽线的，则需要将屏蔽线接地。这个地是指大地，不是控制电路中的数字地和模拟地，后者只是一个参考电平。

4）制动单元连接

所谓制动单元，就是前面所说的泵升限制环节，其主要功能是当直流母线电压过高时给直流母线放电。该单元主要包括开关管、续流二极管和制动电阻。

小功率（＜10 kW）的变频器一般为内置制动开关管，外接制动电阻，如图 4-57 所示。除了主电路上的连接外，对制动电阻还要进行过载保护的连接，可与电动机保护相配合。

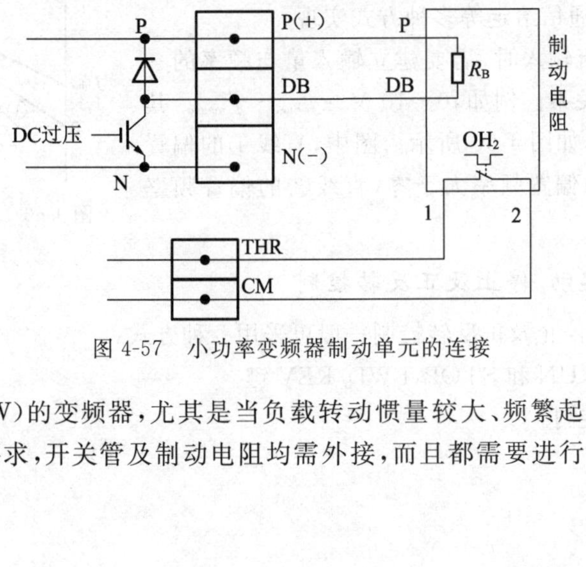

图 4-57 小功率变频器制动单元的连接

大功率（＞10 kW）的变频器，尤其是当负载转动惯量较大、频繁起动时，内置制动开关管的容量难以满足要求，开关管及制动电阻均需外接，而且都需要进行过载保护连接，如图

4-58 所示。若制动电阻和开关管不能满足容量要求，则可进行并联，但过载保护要串联。

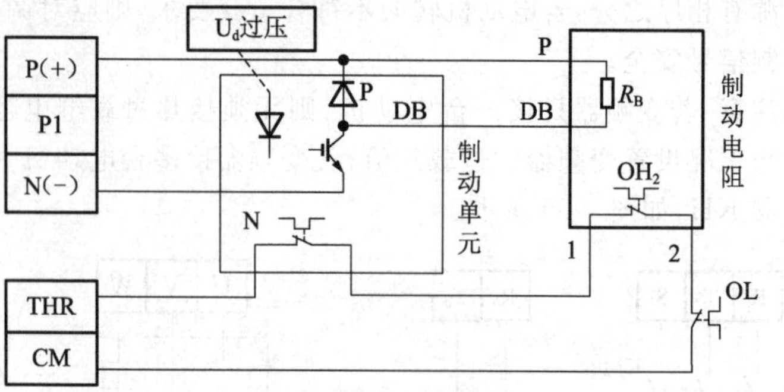

图 4-58　大功率变频器制动单元的连接

5）直流电抗器连接

P1 与(＋)之间在出厂前短路，如图 4-59 所示，拆除后接直流电抗器 DCL。DCL 须在铁芯中加气隙，以防饱和。

图 4-59　直流电抗器的连接

4.7.3　变频器的操作及运行控制

1）输出频率设定

输出频率可以通过面板键盘设定、－10～＋10 V 模拟电压给定、4～20 mA 模拟电流给定(因变频器而异)、上位机通过 RS485 接口通信给定等多种方式实现。

模拟电压或电流输入时，需要建立输入量与频率的一种一一对应的线性关系。例如，0～10 V→f_{bias}～f_{max}。其中，f_{bias}为偏置频率，如图 4-60 所示。图中，直线①的偏置频率为零，直线②的偏置频率大于零，直线③的偏置频率小于零。

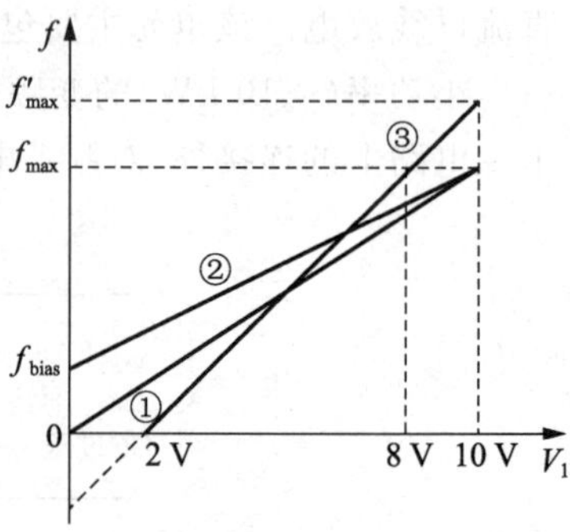

图 4-60　偏置频率和给定频率线

2）变频器的起动、停止及正反转控制

变频器的起动、停止及正反转控制一般可采用 3 种方式：

(1) 面板上的 RUN 和 STOP，FWD/REV 键。

(2) 外部端子控制。

(3) 通信控制。

3）若干特定工作频率的设定

（1）基本频率（基频）和最高频率。

基本频率（基频）通常为电动机额定频率，为恒磁通调速和弱磁调速的分界点，而最高频率对应于给定信号的最大值，如图 4-61 所示。

（2）上、下限频率。

上、下限频率如图 4-62 所示。

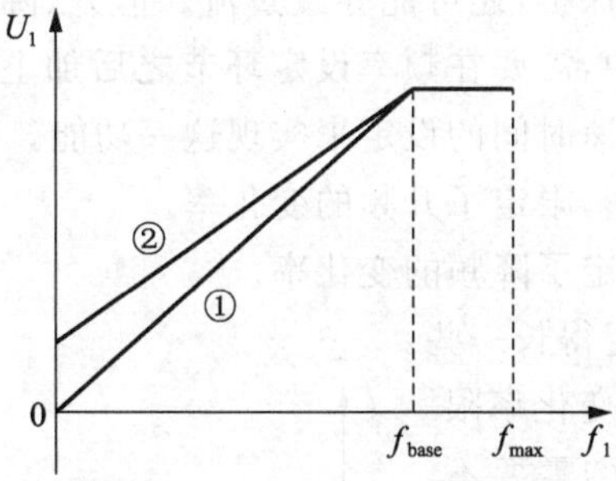

图 4-61　基本频率和最高频率

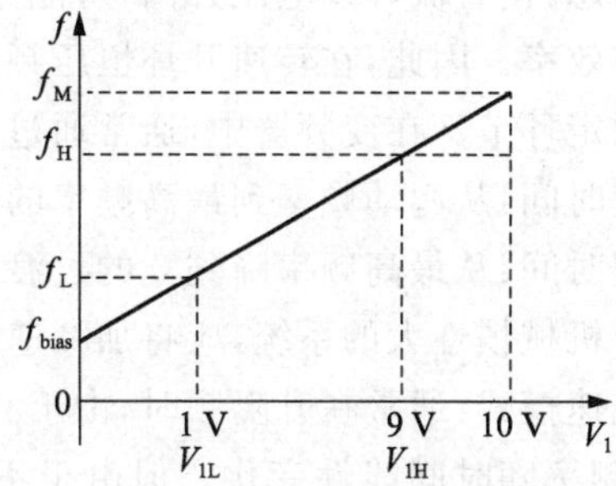

图 4-62　上、下限频率

（3）回避跳跃频率。

生产机械和电动机运转时会有振动，振动的频率与系统的转速有关，在变频器输出某个频率点上可能与机械系统的固有频率一致而发生共振，从而导致变频器过流、生产机械损坏。在轻载或空载时，转动惯量小，易发生共振。通过变频器的频率设定可使输出避开共振频率即跳跃频率，如图 4-63 中的 f_{J1} 和 f_{J2} 所示。加减速过程中回避跳跃不起作用。

（4）点动频率。

在生产机械调试中或新的加工过程开始之前需要点动一下，观察一下各部分的运动状况。点动频率一般比较低。

（5）起动频率。

对于静摩擦转矩较大的负载，在起动时必须有一定的冲击力才能易于起动，起动频率可以低于下限频率。通常，以键盘控制频率时，变频器起动后总是自动地从起动频率 f_s 开始运行。图 4-64 展示了变频器起动后在不同频率下的机械特性。

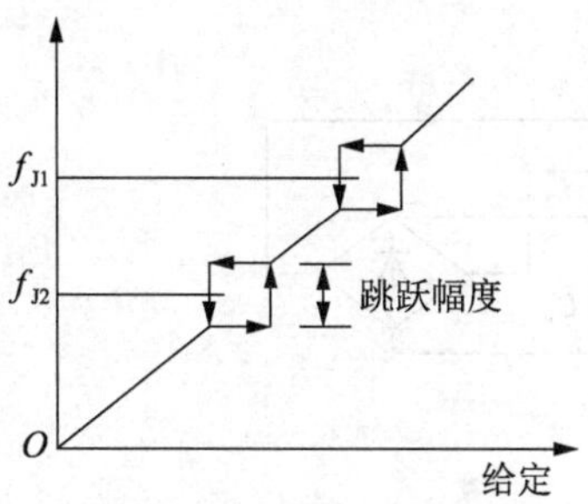

图 4-63　回避跳跃频率

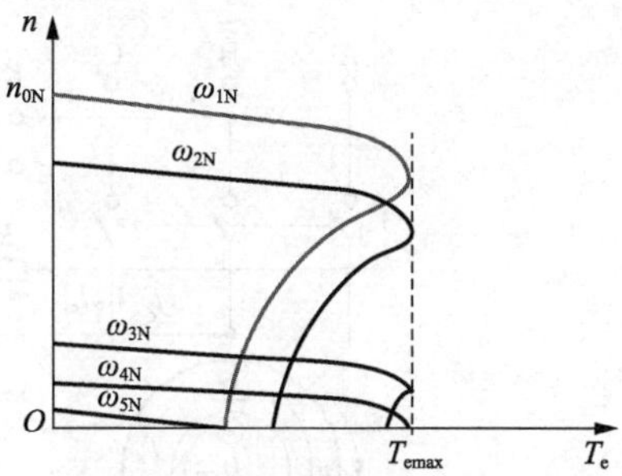

图 4-64　变频器在不同频率下的机械特性

（6）载波频率。

载波频率即逆变器的开关频率，若较低，则导致输出电压的谐波含量大，电流波形差，电动机转矩脉动，产生振动噪声，还可能与电动机铁芯固有频率相等而发生谐振；若较高，则虽然输出电压的波形可能会好一些，但开关损耗加大，发热加剧，产生的电磁干扰增强，死区的影响加大。如需变频器提高开关频率，则需降额使用。

4.7.4 变频器的加减速控制

转速开环恒压频率比控制时，升频不宜太快，因为太快会导致：电流过大；电动机带负载起动不了；对机械负载造成冲击，缩短寿命。降频也不宜太快，因为太快会使电动机处于回馈制动状态，使直流母线电压升高，可能导致过压保护，还可能导致过流。但升、降频太慢会影响工作效率。因此，在转速开环恒压频比控制中，需要在频率设定环节之后加上一个频率变化率限定环节。在变频器中，通常通过对加/减速时间的设定来实现这一功能。

加速时间：从起动频率到最高频率的过渡时间，限定了升频的变化率。

减速时间：从最高频率降到 0 的过渡时间，限定了降频的变化率。

对于机械惯性大的系统，应将加减速时间设定得长一些。

加减速模式：通常在升降频时，由于有了频率变化率限定，所以频率随时间线性变化。但由于不同负载的需要不同，所以又有 S 形曲线、指数形曲线等不同的加减速模式。S 形曲线模式可以减少转矩冲击，变速平稳，多用于变频电梯，以增加舒适感，如图 4-65 所示。而指数形曲线多用于风机、泵类负载的加减速。

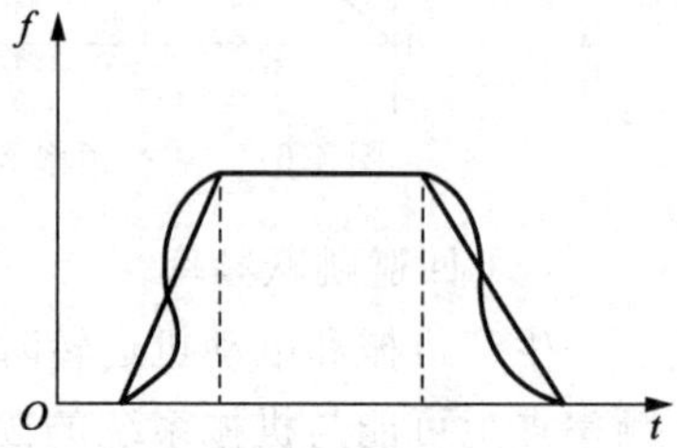

图 4-65　变频器加减速模式示意图

4.7.5 变频调速系统的能耗制动

变频器具有直流母线，可以不用增加任何附加设备实现输出直流电压，从而很容易实现能耗制动。

能耗制动主要有两点应用：一是可使电动机快速准确停车。在电动机降频停车的过程中，随频率下降，电动机的端电压下降，导致转动惯量大的负载长时间停不了车，而采用直流制动可使电动机快速、准确停车。二是为了保护电动机。应从零速起动，若起动前电动机有一定的转速，则直接给电动机施加电压会引起过流过压。图 4-66 给出了电动机能耗制动原理图。对于高速大惯性负载，不宜采用连续长时间大电流直流制动再起动的方式。

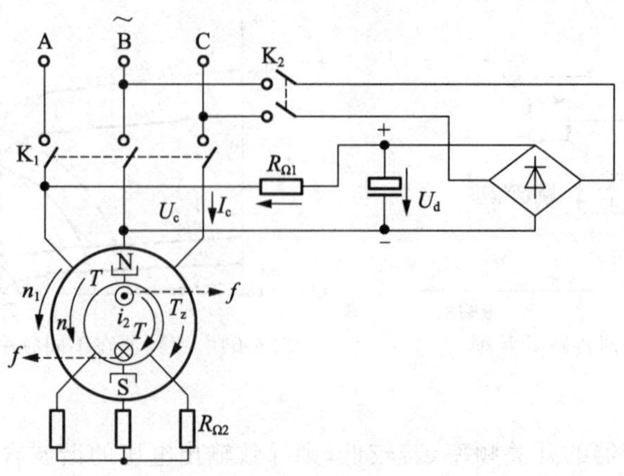

图 4-66　电动机能耗制动原理图

4.7.6　电压/频率控制的设定功能

图 4-67 给出了通用变频器常用的低频电压补偿方案，其中 ① 为基本 U/f 曲线，② 为负补偿，③ 为正补偿。基本 U/f 曲线和正补偿容易理解，但是正补偿要适当，避免过度补偿，否则易使气隙磁通增大，引起铁耗增加，励磁电流增大。那么为何需要负补偿呢？对于风机、泵类负载，负载转矩的大小与转速的平方成正比。低速下，负载转矩较小。通过合理设定电压与频率的关系，调整铁耗和铜耗的比例，从而达到节能的目的。

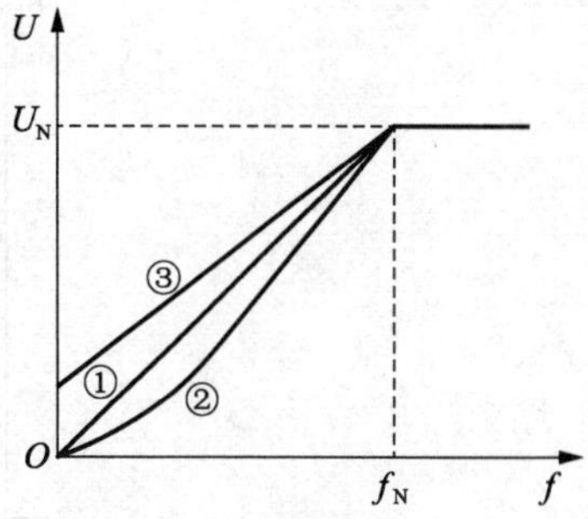

图 4-67　通用变频器常用的低频电压补偿方案

4.7.7　自动电压调节功能

变频器交流输入电压降低会导致输出电压也降低，因为输入电压直接决定了直流母线电压的大小，而输出电压取决于开关管的开关时间和直流母线电压的实际大小。开关时间是根据正常的直流母线电压计算得到的，若实际直流母线电压降低，则输出电压降低，从而影响电动机的带负载能力。解决办法：因为根源是气隙磁通变小了，所以应想办法让其不变。通过自动降低基频可以有效解决这个问题。图4-68 所示为调基频实现气隙磁通恒定示意图，可以看出，输入电压由 U_N 降至 U_N'后，若频率维持 f_N，则工作点将由 N 点变到 L 点，导致气隙磁通减小；此时，若频率 f_N 随之降至 f_N'，则工作点变为 M，能够维持气隙磁通不变。

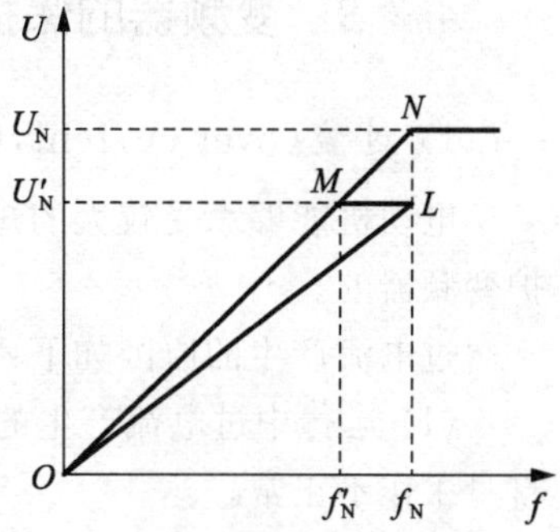

图 4-68　调基频实现气隙磁通恒定示意图

4.7.8　节能运行功能

异步电动机的损耗包括三大部分：一是定转子铜耗，二是铁耗，三是杂散和摩擦损耗。电动机的节能分析主要从铁耗和铜耗入手。轻载时三相异步电动机可以通过降压实现节能运行，最常用的降压方法是 Y/△变换。轻载时，降低电动机端电压，若带恒转矩负载，则转子电流增加，转子铜耗增加，但励磁电流减少，定子电流不定。若降压适当，则转差率 s 变化不大，转子电流增加不大，而定子电流不增加，有可能使电动机损耗减少，从而达到节能的效果。

然而，若降压降得多了，则 s 变化较大，转子电流的增大成为主流，会使电动机损耗增加，并不能实现节能。在工程应用中经常会出现类似的事情。

变频器带负载时，轻载节能运行的原理与上述类似，即轻载时不再保持气隙磁通不变，而是降压使之降低，从而减少励磁电流产生的定子铜耗和铁芯损耗。降压调速机械特性如图 4-69 所示。

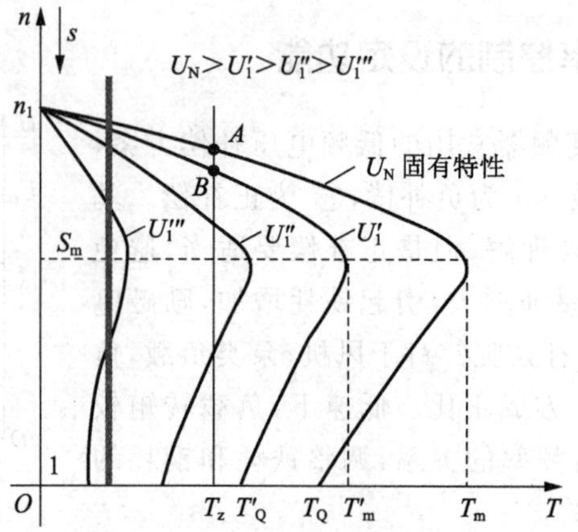

图 4-69　降压调速机械特性

4.7.9　变频器的保护与故障处理

1) 过流(over current,OC)保护功能

电动机能够承受较大的短时间的电流冲击,而变频器不能,所以过流保护功能主要是保护变频器的。

过电流产生的原因如下:

(1) 运行中过电流产生的原因:负载突增,变频器输出短路或电动机内部短路,变频器自身工作不正常。

(2) 升速中过电流产生的原因:频率变化率限定值不合理,而且系统转动惯量较大,导致升频太快但转速上升较慢。

(3) 降速中过电流产生的原因:频率变化率限定值不合理,而且系统转动惯量较大,导致降频太快但转速下降较慢。

变频器处理过电流的原则:尽量不跳闸,有防跳闸功能。只有当冲击电流太大,或防止跳闸的措施不能解决问题时,才迅速跳闸。

2) 过载(over load,OL)保护功能

过载保护功能主要是保护电动机。电动机运行时,温度呈指数上升,稳态温升与电动机的损耗有关,且电动机的过载电流越大,稳态温升越高,而且达到额定温升的时间越短。

过载保护采用具有反时限特性的热继电器。所谓反时限保护,即过载越多,保护动作时间越短。图 4-70 为电动机过载反时限保护示意图。

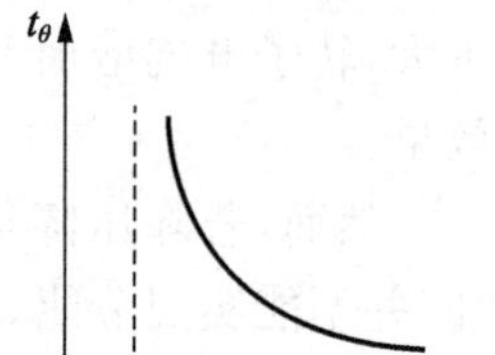

图 4-70　电动机过载反时限保护示意图

变频器内部通过微处理器精密计算实现反时限过载保护更准确可靠,称为电子热保护,或电子热继电器。

设定变频器的过载保护功能时需注意:

(1) 变频器容量大而电动机小的,应根据电动机的容量设定保护值;

(2) 低速运行时电动机散热条件差,允许的持续电流减少,保护

值应减小；

(3) 变频器带多台电动机，应根据多台电动机的容量合进行保护值设定，且在每台电动机上要装有过载保护装置。

3) 电压保护功能

电压保护分为过压保护和欠压保护两种。过压保护主要分为网侧电压过电压保护和再生过电压保护两种。

(1) 网侧电压过电压。一般规定变频器的输出电压不能超过额定电压的10%，若输出电压过高，则直流母线电压升高，通常引起两个问题：若采用开环控制，则在相同频率下输出电压升高，电动机的励磁电流增大，铁耗增大；直流母线电压过高，使电容耐压的裕量减少。

(2) 再生过电压。再生过电压是指降速时因回馈制动过程中电动机回馈的能量来不及释放而造成直流母线电压过压。

欠压产生的原因：网侧电压过低，电源缺相，整流二极管损坏，起动限流电阻未切除等。欠压的后果：电动机最大电磁转矩减小，电流增大。

4.8 电压空间矢量调制技术

经典的正弦脉宽调制技术(SPWM)主要着眼于使变压变频器的输出电压尽量接近正弦波，并未顾及输出电流的波形。而电流滞环跟踪控制则直接控制输出电流，使之在正弦波附近变化，这就比只要求正弦电压前进了一步。然而交流电动机需要输入三相正弦电流的最终目的是在电动机空间形成圆形旋转磁场，从而产生恒定的电磁转矩。如果对准这一目标，把逆变器和交流电动机视为一体，按照跟踪圆形旋转磁场控制逆变器的工作，则效果应该更好。这种控制方法称为磁链跟踪控制。下面的讨论将表明，磁链的轨迹是交替使用不同的电压空间矢量得到的，所以又称电压空间矢量 PWM(space vector PWM，SVPWM)控制。

4.8.1 空间矢量的定义

空间矢量并不是一个新的概念，在电机学课程中介绍过，在电力系统分析中也用到过。这个概念是矢量控制、转矩直接控制、SVPWM 控制及电力系统瞬态分析的基础。

1) 单相正弦量的相量表示方法

单相正弦量的相量可以表示为：

$$i=I_m\cos(\omega t+\varphi) \tag{4-50}$$

即一个随时间正弦变化的量可以看作是在复平面内一个以其交变角频率为角速度、以其幅值为长度的相量或时间矢量在参考轴上的投影(图 4-71)。

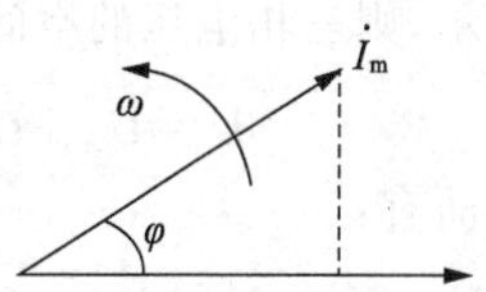

图 4-71 单相正弦量向量表示

2) 三相对称正弦量表示方法

三相对称正弦量表示方法有单轴多相量与多轴单相量两种。

单轴多相量是指每相正弦量的瞬时值均可以看作一个旋转的相量在某一参考轴上的投影。三相正弦量各自用旋转的相量在参考轴上的投影来表示，有三个参考轴和三个相量。

三相电流可以表示为：

$$\left.\begin{aligned}i_A&=I_m\cos(\omega_1 t+\varphi)\\ i_B&=I_m\cos(\omega_1 t+\varphi-120^\circ)\\ i_C&=I_m\cos(\omega_1 t+\varphi+120^\circ)\end{aligned}\right\}\tag{4-51}$$

如果把三相的参考轴合在一起，即三个相量向同一参考轴上投影，则是单轴多相量的表示方法，如图 4-72 所示。要注意三个相量的超前和滞后与它们在图中的位置的联系。

多轴单相量是把三相的相量合在一起，即同一个相量向三个参考轴上投影，这就是多轴单相量的表示方法，如图 4-73 所示。这个合成的单个的相量称为空间矢量、统一时间相量或综合矢量。

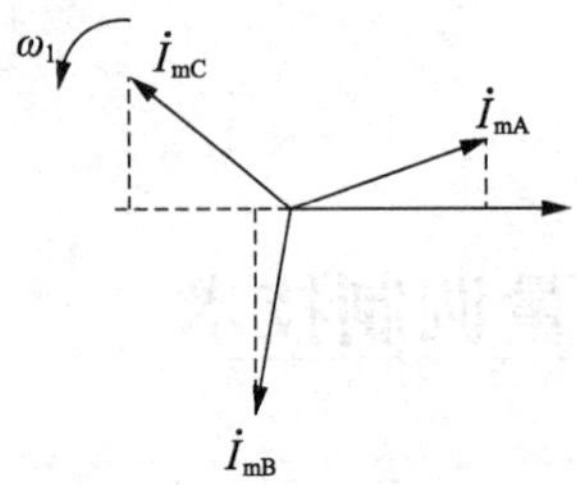

图 4-72　单轴多相量表示方法

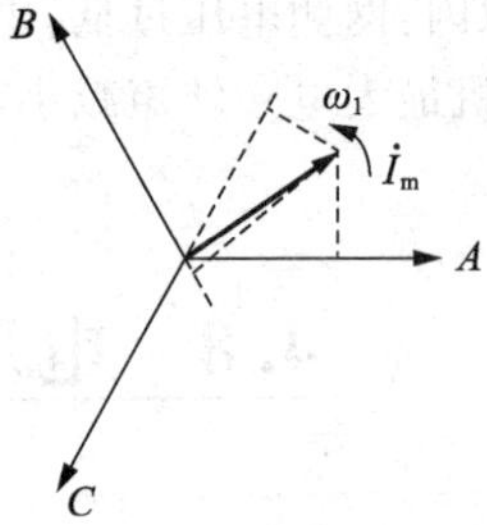

图 4-73　多轴单相量表示方法

A,B,C 三轴在复平面内互差 120°电角度，空间矢量在各轴上的投影为三相正弦量。这种表示方法将三个相量转换成一个空间矢量，但这只是数学意义上的空间，并不是物理意义上的真实的空间。以上是幅值相量的表示方法。在稳态分析中，通常采用有效值相量，其与幅值相量二者方向一致。

如果三相正弦量不对称，则不可以用多轴单相量来表示，而应由两个幅值不等、转向相反的矢量来投影，这就是对称分量法。每一个矢量对应于三个对称的正弦量。多轴单相量即矢量的方法在交流调速、可再生能源并网发电、谐波抑制和无功补偿等领域有着重要的应用。

3）电压空间矢量

三相对称正弦电压可以表示为：

$$\left.\begin{aligned}u_A&=U_m\cos(\omega_1 t+\varphi)\\ u_B&=U_m\cos(\omega_1 t+\varphi-120^\circ)\\ u_C&=U_m\cos(\omega_1 t+\varphi+120^\circ)\end{aligned}\right\}\tag{4-52}$$

若取 A 轴为复平面的实轴，B 轴和 C 轴的位置分别如图 4-74 所示，则三相电压的空间矢量为：

$$\boldsymbol{U}=\boldsymbol{U}_A+\boldsymbol{U}_B+\boldsymbol{U}_C=u_A+u_B e^{j\frac{2}{3}\pi}+u_C e^{j(-\frac{2}{3}\pi)}\tag{4-53}$$

进而有：

$$\begin{aligned}\boldsymbol{U}&=\boldsymbol{U}_A+\boldsymbol{U}_B+\boldsymbol{U}_C=u_A+u_B e^{j\frac{2}{3}\pi}+u_C e^{j(-\frac{2}{3}\pi)}\\&=U_m\cos\omega_1 t+U_m\cos\left(\omega_1 t-\frac{2}{3}\pi\right)e^{j\frac{2}{3}\pi}+U_m\cos\left(\omega_1 t+\frac{2}{3}\pi\right)e^{-j\frac{2}{3}\pi}\end{aligned}$$

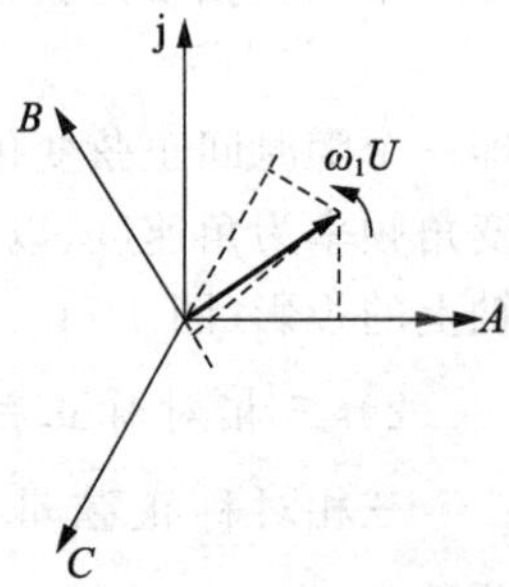

图 4-74　电压空间矢量

$$=U_m\cos\omega_1 t+U_m\cos\left(\omega_1 t-\frac{2}{3}\pi\right)\left(\cos\frac{2}{3}\pi+\mathrm{j}\sin\frac{2}{3}\pi\right)+$$

$$U_m\cos\left(\omega_1 t+\frac{2}{3}\pi\right)\left(\cos\frac{2}{3}\pi-\mathrm{j}\sin\frac{2}{3}\pi\right)$$

$$=\frac{3}{2}(U_m\cos\omega_1 t+\mathrm{j}U_m\sin\omega_1 t)=\frac{3}{2}U_m e^{\mathrm{j}\omega_1 t} \tag{4-54}$$

这意味着三相对称正弦电压所合成的空间矢量是一个在空间中等幅恒速旋转的矢量，而且这个矢量的幅度是正弦量幅值的 3/2 倍，这个矢量在 A，B，C 三轴上的投影得到的正弦量分别为原来的 3/2 倍。

通常希望空间矢量幅值与原来三相对称正弦量的幅值相同，于是空间矢量可以定义为：

$$\boldsymbol{U}=\frac{2}{3}(\boldsymbol{U}_A+\boldsymbol{U}_B+\boldsymbol{U}_C)=U_m e^{\mathrm{j}\omega_1 t} \tag{4-55}$$

4）用直角坐标系来描述电压空间矢量

由于 A，B，C 三个轴是不正交的，不相互垂直，所以描述空间矢量比较麻烦。通常用直角坐标系来描述。描述这样一个旋转的矢量最常用的直角坐标系有两种：一种是静止的 $\alpha\beta$ 坐标系，一种是同步旋转的 dq 坐标系。空间矢量在 $\alpha\beta$ 轴上的投影是正弦量，但在 dq 轴上的投影却是直流量，在这里是恒值。这是引入空间矢量的第一个优点。第二个优点就是稳态问题的实时化，即可以利用空间矢量的概念根据实时的采样值求取三相正弦量的稳态参数，如幅值、频率、相位等。三相的量只用二维的直角坐标系就可以表示出来是因为三相是对称的，只有两个独立的量。

5）推广到三相任意瞬时值

可以分为两种情况：一是 $u_A+u_B+u_C=0$，仍只有两个独立分量，空间矢量的轨迹仍在平面内，但大小不再不变；二是 $u_A+u_B+u_C\neq 0$，是真正的空间矢量，必须采用三维的直角坐标系 $\alpha\beta 0$ 和 $dq0$ 才可以准确描述。

4.8.2 三相异步电动机定子端电压与定子磁链空间矢量的关系

当异步电动机的三相对称定子绕组由三相平衡正弦电压供电时，根据其等效电路（图 4-75），对每一相都可写出一个电压平衡方程式。将三相的电压平衡方程式相加，即得到用合成空间矢量表示的定子电压方程式为：

$$u_s=R_s i_s+\frac{\mathrm{d}\Psi_s}{\mathrm{d}t} \tag{4-56}$$

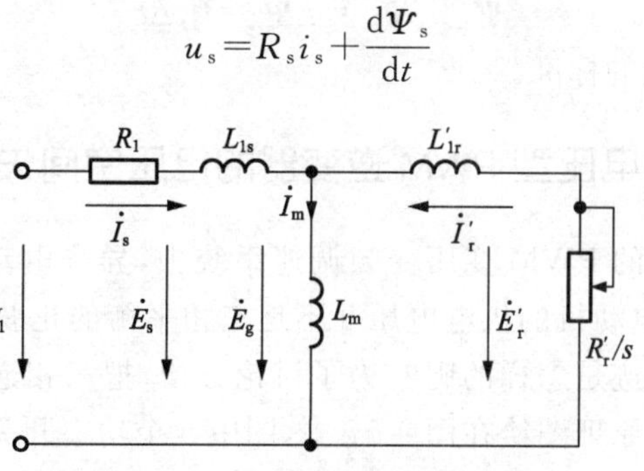

图 4-75 三相异步电动机等效电路图

式(4-56)是单相的定子电压表达式,而三相合成采用空间矢量的形式可表示为:

$$\boldsymbol{U}_s=R_s\boldsymbol{I}_s+\frac{d\boldsymbol{\Psi}_s}{dt} \tag{4-57}$$

式中,$\boldsymbol{U}_s$ 为定子三相电压合成空间矢量,$\boldsymbol{I}_s$ 为定子三相电流合成空间矢量,$\boldsymbol{\Psi}_s$ 为定子三相磁链合成空间矢量。

当电动机转速不是很低时,定子电阻压降在式(4-57)中所占的比例很小,可以忽略不计,则定子合成电压与合成磁链空间矢量的近似关系为:

$$\boldsymbol{U}_s=R_s\boldsymbol{I}_s+\frac{d\boldsymbol{\Psi}_s}{dt}\approx\frac{d\boldsymbol{\Psi}_s}{dt} \tag{4-58}$$

或

$$\boldsymbol{\Psi}_s=\int\boldsymbol{U}_s dt \tag{4-59}$$

在电机学中知道,当电动机由三相平衡正弦电压供电时,电动机定子磁链幅值恒定,其空间矢量以恒速等幅旋转,磁链矢量顶端的运动轨迹呈圆形,一般简称为磁链圆。定子磁链旋转矢量可表示为:

$$\boldsymbol{\Psi}_s=\Psi_m e^{j\omega_1 t} \tag{4-60}$$

其中,Ψ_m 是磁链 $\boldsymbol{\Psi}_s$ 的幅值,ω_1 为其旋转角速度。由式(4-58)和式(4-60)可得:

$$\boldsymbol{U}_s\approx\frac{d}{dt}(\boldsymbol{\Psi}_m e^{j\omega_1 t})=j\omega_1\boldsymbol{\Psi}_m e^{j\omega_1 t}=\omega_1\boldsymbol{\Psi}_m e^{j(\omega_1 t+\frac{\pi}{2})} \tag{4-61}$$

当磁链幅值一定时,电压空间矢量的大小与供电电压的频率成正比,其方向与磁链矢量正交,即沿磁链圆的切线方向,如图 4-76 所示。

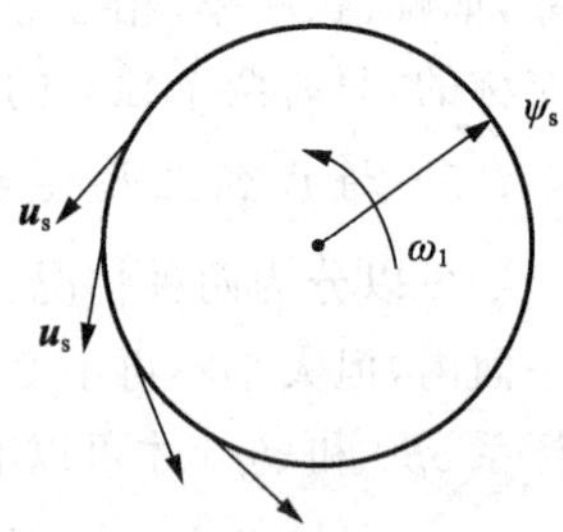

图 4-76　旋转磁场与电压空间矢量的运动轨迹

当磁链矢量在空间旋转一周时,电压矢量也连续地按磁链圆的切线方向运动 2π 弧度,其轨迹与磁链圆重合。这样,电动机旋转磁场的轨迹问题就可以转化为电压空间矢量的运动轨迹问题。要得到圆形的旋转磁场,就要使定子电压空间矢量的运动轨迹呈圆形。

要控制一个物理量随时间的变化曲线,只要能合理控制这个物理量的微分量就可以了。电压空间矢量的冲量即电压空间矢量对时间的积分,等于磁链的变化量:

$$\boldsymbol{\Psi}_{s1}-\boldsymbol{\Psi}_{s2}=\Delta\boldsymbol{\Psi}_s=\boldsymbol{U}_s\Delta t \tag{4-62}$$

这就是衡量电压冲量等效的标准。

4.8.3　三相全桥电压型 PWM 逆变器的电压空间矢量

三相全桥电压型PWM逆变器的电压空间矢量

在常规的 PWM 变压变频调速系统中,异步电动机由六拍阶梯波逆变器供电,这时电动机的供电电压并不是三相平衡的正弦电压。那么,电压空间矢量的运动轨迹是怎样的呢?为了讨论方便,把三相逆变器-异步电动机调速系统主电路的原理图绘在图 4-77 中,图中 6 个功率开关器件都用开关符号代替,可以代表任意一种开关器件。

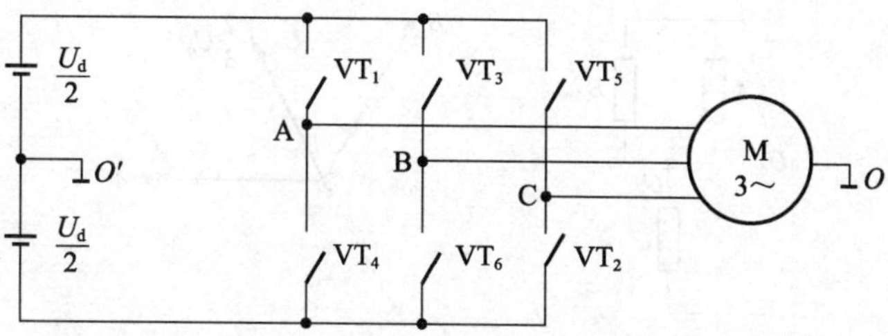

图 4-77 三相逆变器-异步电动机调速系统主电路原理图

图 4-77 中的逆变器采用 180°导通型，定义开关函数 S_A，S_B，S_C。$S_{A,B,C}=1$ 时，相应桥臂的上管导通，下管关闭；$S_{A,B,C}=0$ 时，相应桥臂的下管导通，上管关闭。因此，功率开关器件共有 8 种工作状态，即 VT_6，VT_1，VT_2 导通；VT_1，VT_2，VT_3 导通；VT_2，VT_3，VT_4 导通；VT_3，VT_4，VT_5 导通；VT_4，VT_5，VT_6 导通；VT_5，VT_6，VT_1 导通；VT_1，VT_3，VT_5 导通；VT_2，VT_4，VT_6 导通。如果把上桥臂器件的导通用数字“1”表示，下桥臂器件的导通用数字“0”表示，则上述 8 种工作状态按照 ABC 相序依次排列时可分别表示为 100，110，010，011，001，101，111 和 000。

下面对这 8 个电压空间矢量分别进行分析。

1）电压空间矢量 $\boldsymbol{U}_1$(100)

假设三相异步电动机是三相对称负载，电压空间矢量 $\boldsymbol{U}_1$ 对应 VT_6，VT_1，VT_2 导通，等效电路图如图 4-78(a)所示，合成空间矢量如图 4-78(b)所示。

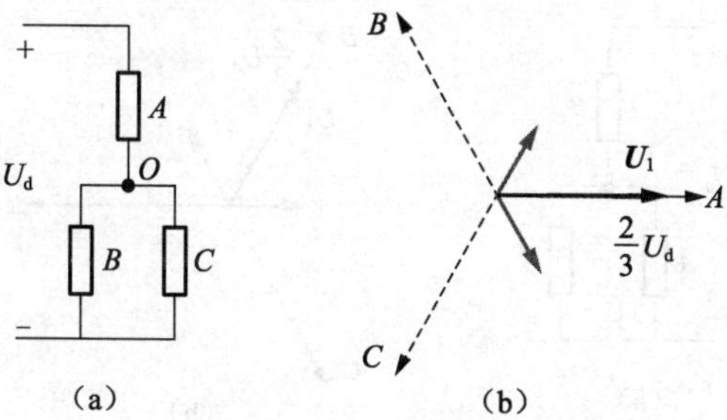

图 4-78 电压空间矢量(100)等效电路图及其合成矢量

$$\left.\begin{aligned} u_{AO}&=\frac{2}{3}U_d\\ u_{BO}&=-\frac{1}{3}U_d\\ u_{CO}&=-\frac{1}{3}U_d \end{aligned}\right\} \tag{4-63}$$

$$\boldsymbol{U}_1=\frac{2}{3}(\boldsymbol{U}_{AO}+\boldsymbol{U}_{BO}+\boldsymbol{U}_{CO}) \tag{4-64}$$

2）电压空间矢量 $\boldsymbol{U}_2$(110)

电压空间矢量 $\boldsymbol{U}_2$ 对应 VT_1，VT_2，VT_3 导通，等效电路图如图 4-79(a)所示，合成空间矢量如图 4-79(b)所示。

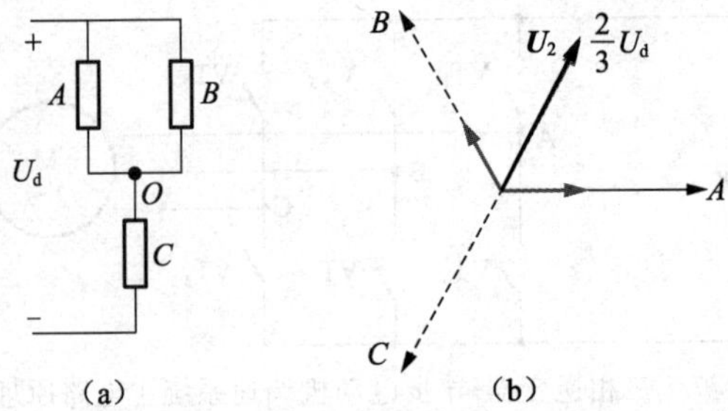

图 4-79 电压空间矢量(110)等效电路图及其合成矢量

$$\left.\begin{aligned} u_{AO} &= \frac{1}{3}U_d \\ u_{BO} &= \frac{1}{3}U_d \\ u_{CO} &= -\frac{2}{3}U_d \end{aligned}\right\} \tag{4-65}$$

$$\boldsymbol{U}_2 = \frac{2}{3}(\boldsymbol{U}_{AO} + \boldsymbol{U}_{BO} + \boldsymbol{U}_{CO}) \tag{4-66}$$

3）电压空间矢量 $\boldsymbol{U}_3$(010)

电压空间矢量 $\boldsymbol{U}_3$ 对应 VT_2，VT_3，VT_4 导通，等效电路图如图 4-80(a)所示，合成空间矢量如图 4-80(b)所示。

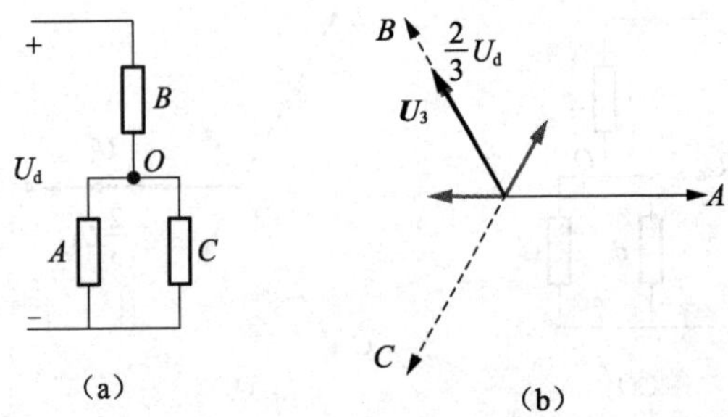

图 4-80 电压空间矢量(010)等效电路图及其合成矢量

$$\left.\begin{aligned} u_{AO} &= -\frac{1}{3}U_d \\ u_{BO} &= \frac{2}{3}U_d \\ u_{CO} &= -\frac{1}{3}U_d \end{aligned}\right\} \tag{4-67}$$

$$\boldsymbol{U}_3 = \frac{2}{3}(\boldsymbol{U}_{AO} + \boldsymbol{U}_{BO} + \boldsymbol{U}_{CO}) \tag{4-68}$$

4）电压空间矢量 $\boldsymbol{U}_4$(011)

电压空间矢量 $\boldsymbol{U}_4$ 对应 VT_3，VT_4，VT_5 导通，等效电路图如图 4-81(a)所示，合成空间矢量如图 4-81(b)所示。

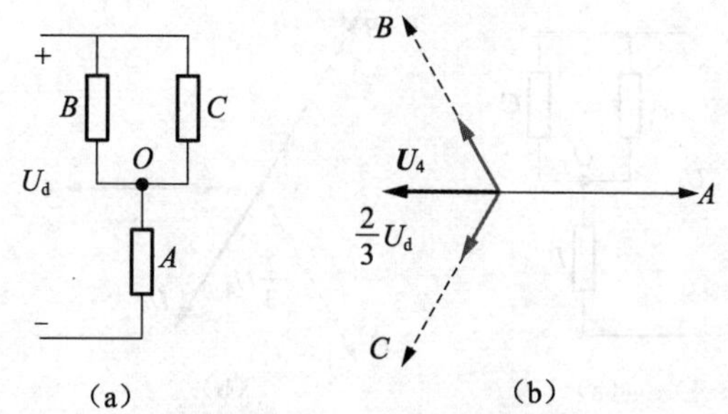

图 4-81 电压空间矢量(011)等效电路图及其合成矢量

$$\left.\begin{aligned}u_{AO}&=-\frac{2}{3}U_d\\u_{BO}&=\frac{1}{3}U_d\\u_{CO}&=\frac{1}{3}U_d\end{aligned}\right\}\tag{4-69}$$

$$\boldsymbol{U}_4=\frac{2}{3}(\boldsymbol{U}_{AO}+\boldsymbol{U}_{BO}+\boldsymbol{U}_{CO})\tag{4-70}$$

5）电压空间矢量 $\boldsymbol{U}_5$(001)

电压空间矢量 $\boldsymbol{U}_5$ 对应 VT_4，VT_5，VT_6 导通，等效电路图如图 4-82(a)所示，合成空间矢量如图 4-82(b)所示。

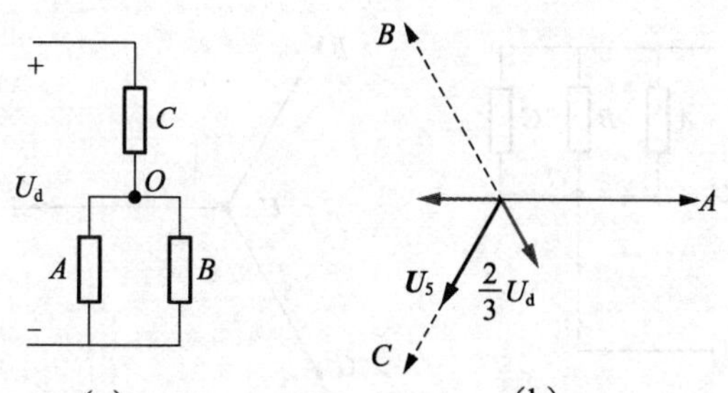

图 4-82 电压空间矢量(001)等效电路图及其合成矢量

$$\left.\begin{aligned}u_{AO}&=-\frac{1}{3}U_d\\u_{BO}&=-\frac{1}{3}U_d\\u_{CO}&=\frac{2}{3}U_d\end{aligned}\right\}\tag{4-71}$$

$$\boldsymbol{U}_5=\frac{2}{3}(\boldsymbol{U}_{AO}+\boldsymbol{U}_{BO}+\boldsymbol{U}_{CO})\tag{4-72}$$

6）电压空间矢量 $\boldsymbol{U}_6$(101)

电压空间矢量 $\boldsymbol{U}_6$ 对应 VT_5，VT_6，VT_1 导通，等效电路图如图 4-83(a)所示，合成空间矢量如图 4-83(b)所示。

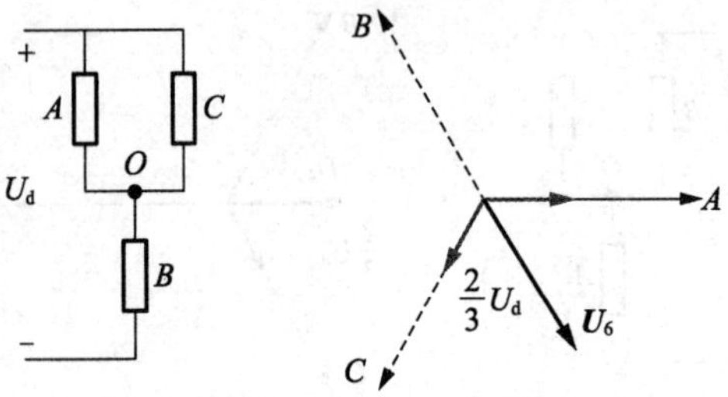

图 4-83　电压空间矢量(101)等效电路图及其合成矢量

$$\left.\begin{aligned} u_{AO} &= \frac{1}{3}U_d \\ u_{BO} &= -\frac{2}{3}U_d \\ u_{CO} &= \frac{1}{3}U_d \end{aligned}\right\} \tag{4-73}$$

$$\boldsymbol{U}_6 = \frac{2}{3}(\boldsymbol{U}_{AO} + \boldsymbol{U}_{BO} + \boldsymbol{U}_{CO}) \tag{4-74}$$

7) 电压空间矢量 $\boldsymbol{U}_7$(111)

电压空间矢量 $\boldsymbol{U}_7$ 对应 VT_1,VT_3,VT_5 导通,等效电路图如图 4-84(a)所示,合成空间矢量如图 4-84(b)所示。

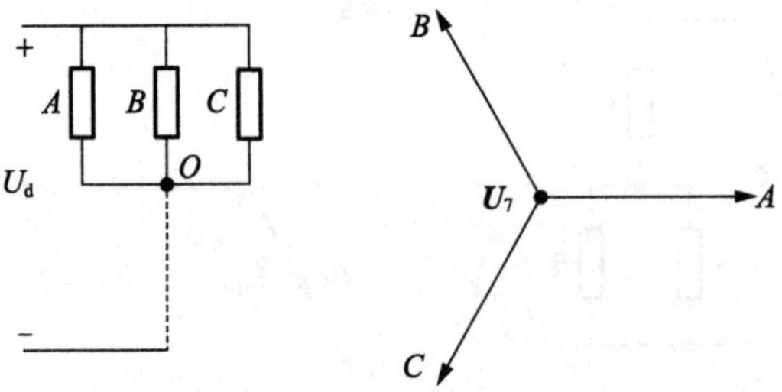

图 4-84　电压空间矢量(111)等效电路图及其合成矢量

$$\left.\begin{aligned} u_{AO} &= 0 \\ u_{BO} &= 0 \\ u_{CO} &= 0 \end{aligned}\right\} \tag{4-75}$$

$$\boldsymbol{U}_7 = \frac{2}{3}(\boldsymbol{U}_{AO} + \boldsymbol{U}_{BO} + \boldsymbol{U}_{CO}) \tag{4-76}$$

此时逆变器输出电压为零,称此矢量为零矢量。

8) 电压空间矢量 $\boldsymbol{U}_8$(000)

电压空间矢量 $\boldsymbol{U}_8$ 对应 VT_2,VT_4,VT_6 导通,等效电路图如图 4-85(a)所示,合成空间矢量如图 4-85(b)所示。

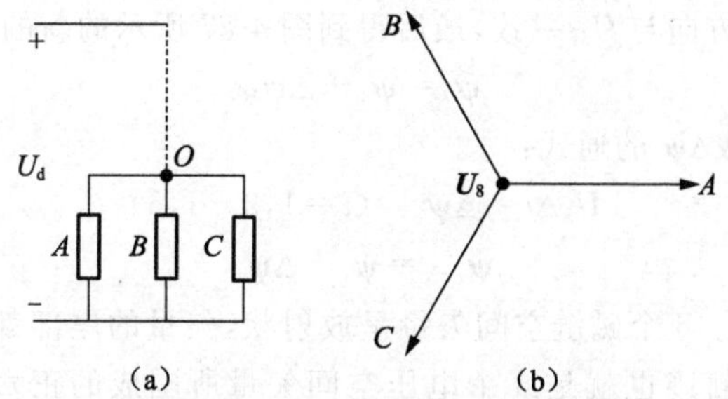

图 4-85　电压空间矢量(000)等效电路图及其合成矢量

$$\left.\begin{aligned}u_{AO}&=0\\u_{BO}&=0\\u_{CO}&=0\end{aligned}\right\}\qquad(4\text{-}77)$$

$$\boldsymbol{U}_8=\frac{2}{3}(\boldsymbol{U}_{AO}+\boldsymbol{U}_{BO}+\boldsymbol{U}_{CO})\qquad(4\text{-}78)$$

此时逆变器输出电压为零，称此矢量也为零矢量。

在三相全桥电压型 PWM 逆变器可输出的 8 个电压空间矢量(图 4-86)中，有 6 个有效矢量、2 个零矢量。有效电压空间矢量的长度为$\frac{2}{3}U_d$。

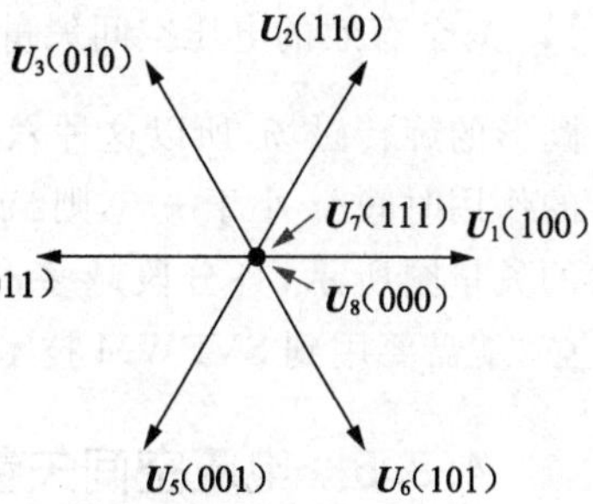

图 4-86　每个周期六边形合成电压空间矢量

4.8.4　六拍阶梯波逆变器与正六边形的旋转磁场

所谓六拍阶梯波逆变器，是指三相全桥电压型逆变器的 6 个有效电压空间矢量在一个输出基波电压周期内，各自依次连续作用 1/6 周期，当逆变器运行于这种状态时，会得到一个正六边形的旋转磁场，如图 4-87 所示。

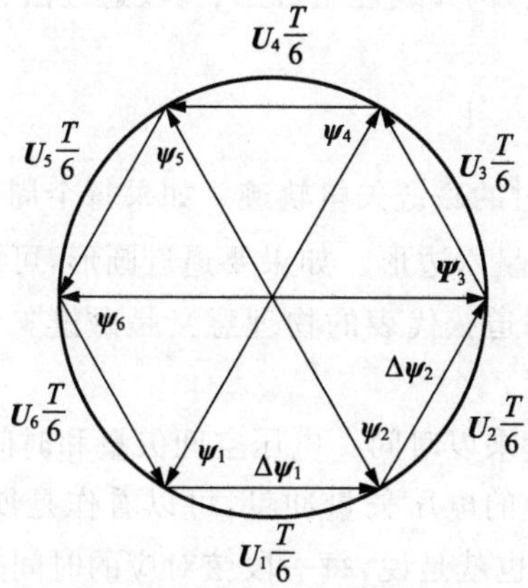

图 4-87　六拍逆变器供电时电动机电压空间矢量与磁链矢量的关系

设在逆变器工作开始时定子磁链空间矢量为 $\boldsymbol{\psi}_1$，在第一个 $\pi/3$ 期间，电动机上施加的电压空间矢量为 $\boldsymbol{U}_1$，则得：

$$\boldsymbol{U}_1\Delta t=\Delta\boldsymbol{\psi}_1\qquad(4\text{-}79)$$

也就是说，在 $\pi/3$ 所对应的时间Δt 内，施加 $\boldsymbol{U}_1$ 的结果是使定子磁链产生一个增量$\Delta\boldsymbol{\psi}_1$，

其幅值与$|\boldsymbol{U}_1|$成正比，方向与$\boldsymbol{U}_1$一致，最后得到图 4-87 所示的新的磁链$\boldsymbol{\psi}_1$，从而有：

$$\boldsymbol{\psi}_2=\boldsymbol{\psi}_1+\Delta\boldsymbol{\psi}_1 \tag{4-80}$$

依此类推，可以写成$\Delta\boldsymbol{\psi}$的通式：

$$\begin{aligned} \boldsymbol{U}_i\Delta t&=\Delta\boldsymbol{\psi}_i \quad (i=1,2,\cdots,6) \\ \boldsymbol{\psi}_{i+1}&=\boldsymbol{\psi}_i+\Delta\boldsymbol{\psi}_i \end{aligned} \tag{4-81}$$

总之，在一个周期内，6 个磁链空间矢量呈放射状，矢量的尾部都在 O 点，其顶端的运动轨迹也就是 6 个电压空间矢量所围成的正六边形。

6 个有效的电压空间矢量各自连续作用$\dfrac{1}{6}T$，显然不能得到一个圆形的旋转磁场，所以这种六拍阶梯波逆变器的性能较差。如果$\boldsymbol{U}_1$的作用时间Δt小于$\pi/3$，则$\Delta\boldsymbol{\psi}_1$的幅值也按比例地减小，如图 4-88 中的矢量图所示，且分段越多，越接近圆弧。如何得到这一段一段的弦，就需要用到 SVPWM 技术。

图 4-88　逼近圆形的磁链增量轨迹

4.8.5　电压空间矢量调制

SVPWM
实现过程

如果交流电动机仅由常规的六拍阶梯波逆变器供电，则磁链轨迹就是六边形的旋转磁场，这显然不像在正弦波供电时所产生的圆形旋转磁场那样能使电动机获得匀速运行。之所以如此，是因为在一个周期内逆变器的工作状态只切换 6 次，切换后只形成 6 个电压空间矢量。如果要获得更多边形或逼近圆形的旋转磁场，就必须在每一个$\pi/3$期间内出现多个工作状态，以便形成更多的相位不同的电压空间矢量。为此，必须对逆变器的控制模式进行改造。PWM 调制显然可以适应上述要求，问题是怎样控制 PWM 的开关时间才能逼近圆形旋转磁场。科技工作者已经提出过多种实现方法，例如线性组合法、三段逼近法、比较判断法等，这里只介绍三段逼近法。

1) SVPWM 原理

图 4-88 给出了逼近圆形时的磁链矢量轨迹。如果每个周期只切换 6 次，则当电压为$\boldsymbol{U}_1$时，磁链增量为$\Delta\boldsymbol{\psi}_1$，磁链轨迹呈六边形。如果要逼近圆形，可以增加切换次数。

首先，用弦逼近圆弧，要知道弦代表的物理意义是磁链矢量的变化量，或者说期望的电压矢量冲量。这是第一步逼近。

电压矢量冲量是电压矢量乘以时间。电压空间矢量和时间是电压空间矢量调制的两个重要的要素。每一段弦是期望的电压矢量冲量，可以看作是期望的电压矢量持续作用一个开关周期T_0的时间得到的。也就是说，每一段弦对应的时间是一个开关周期。开关周期越小，即开关频率越高，在一个基波周期内圆周上的分段越多，得到的磁链轨迹越接近于一个圆。

其次，逆变器的输出只有 6 个有效的电压空间矢量和 2 个零矢量。若没有期望的电压空间矢量。只能设法用这 8 个矢量中的几个各自作用一段时间的冲量去逼近期望矢量作用T_0时间的冲量。这是第二个逼近。

2）SVPWM 实现过程

（1）确定有效矢量的个数。

下面根据一种具体的情况来说明。期望的电压空间矢量如图 4-89 所示，可以看出期望的电压空间矢量正好落在 $\boldsymbol{U}_1$ 和 $\boldsymbol{U}_6$ 两个有效矢量之间，所以应由 $\boldsymbol{U}_1$(100)和 $\boldsymbol{U}_6$(101)两个矢量来逼近。也就是说，期望的电压空间矢量落到哪两个有效矢量之间，就应由哪两个矢量去逼近。

（2）计算有效矢量的作用时间。

根据电压矢量冲量等效的原则，$\boldsymbol{U}_1$(100)和 $\boldsymbol{U}_6$(101)的冲量应与期望的电压矢量冲量等效，即

$$\boldsymbol{U}_s T_0 = \boldsymbol{U}_1 t_1 + \boldsymbol{U}_6 t_2 \tag{4-82}$$

式中，t_1 和 t_2 分别为两个矢量的作用时间。

将两个有效空间矢量按图 4-90 分解，可得式(4-83)。

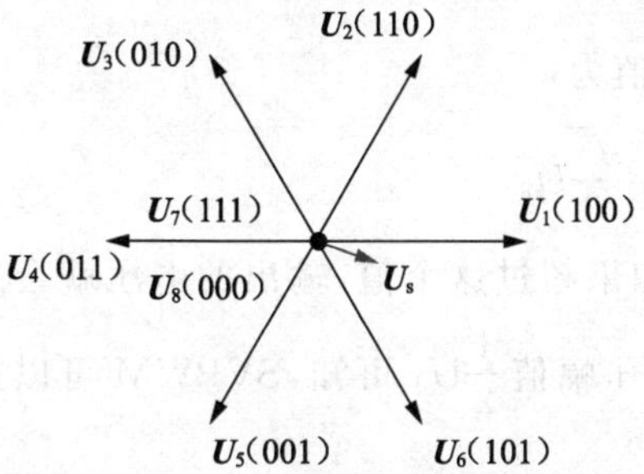

图 4-89 电压空间矢量及其所在位置

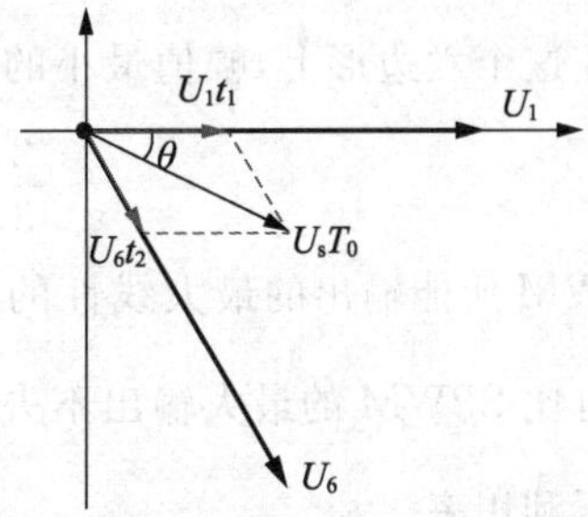

图 4-90 电压空间矢量的线性组合

$$\left.\begin{aligned} &\frac{2}{3}U_d t_1 + \frac{2}{3}U_d t_2 \cos\frac{\pi}{3} = U_s T_0 \cos\theta \\ &\frac{2}{3}U_d t_2 \sin\frac{\pi}{3} = U_s T_0 \sin\theta \end{aligned}\right\} \tag{4-83}$$

由于 $\boldsymbol{U}_s$ 已知，其大小和方向已知，开关周期 T_0 已知，直流母线电压 U_d 已知，所以可以求出 t_1 和 t_2。

求出两个有效矢量的作用时间后，就可以使逆变器按时输出相应的电压空间矢量去逼近期望的电压矢量冲量。SVPWM 的实质是用逆变器可输出的电压空间矢量与作用时间的线性组合去逼近期望的电压空间矢量冲量。

（3）零矢量的使用。

如果计算得到的两个矢量的作用时间之和小于 T_0，即 $t_1+t_2<T_0$，也就是说两个有效矢量可以很轻松地在规定的时间内完成任务，那么剩下的时间要用零矢量补充。用哪一个零矢量，关系到输出波形、开关损耗及输出电压的共模分量。通常用的是均分零矢量，即用两个零矢量把剩余的时间均分。

如果计算得到的两个矢量的作用时间之和等于 T_0，即 $t_1+t_2=T_0$，也就是说两个有效矢量在规定的时间内恰好完成任务，没有给零矢量留下时间，那么当期望的电压矢量冲量的矢端在两个有效矢量单独作用 T_0 时间得到的冲量矢端的连线上，即在三角形的另一边上时(图 4-91)，可以证明此时 $t_1+t_2=T_0$。

如果计算得到的两个矢量的作用时间之和大于 T_0，即 $t_1+t_2>T_0$，也就是说两个有效矢量无论如何都不能在规定的时间内恰好完成任务，那么就进入了过调制。在这种情况下，对应的期望电压矢量冲量的矢端在图4-91 中的三角形之外。

(4) 三相全桥电压型 PWM 逆变器输出电压的极限。

连接 6 个有效电压空间矢量冲量矢端可得到一个六边形，这就是三相全桥电压型 PWM 逆变器输出电压的极限，如图 4-92 所示。

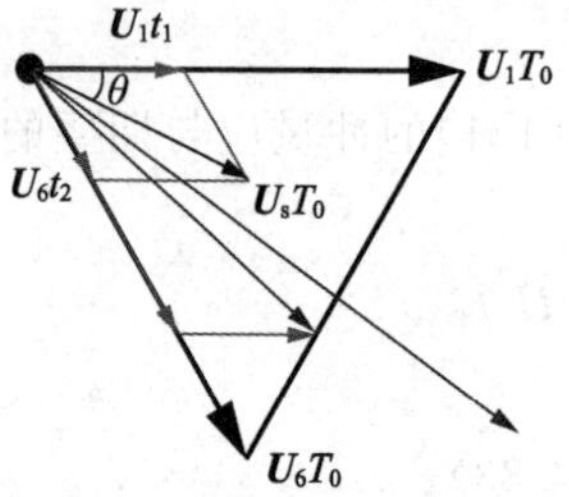

图 4-91　矢量冲量组合关系

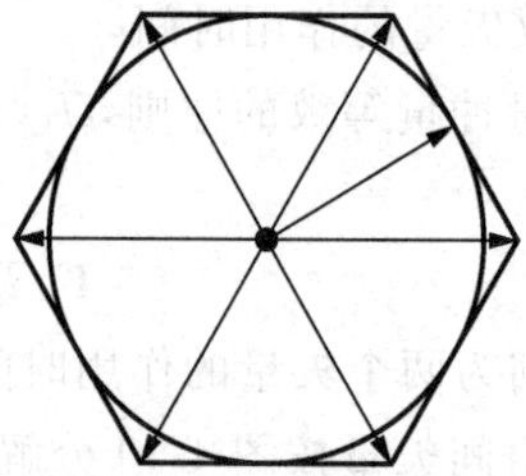
图 4-92　正六边形和磁链圆

矢端在这个六边形上，幅值最小的矢量的幅值为：

$$\frac{2}{3}U_d\cos\frac{\pi}{6}=\frac{\sqrt{3}}{3}U_d \tag{4-84}$$

这是 SVPWM 所能输出的最大线性的相电压，如果超过这个值，输出的电压就会发生波形会失真。对比 SPWM 的最大输出不失真的相电压幅值 $\frac{1}{2}U_d$ 可知，SVPWM 可以提高直流母线的电压利用率。

4.8.6　三段逼近 SVPWM 的原理

三段逼近 SVPWM

每一个 T_0 相当于 PWM 电压波形中的一个脉冲波，T_0 区间包含的电压空间矢量为 $\boldsymbol{U}_1$，$\boldsymbol{U}_2$，$\boldsymbol{U}_7$，$\boldsymbol{U}_8$，即 100，110，111 和 000 共 4 种开关状态。为了使电压波形对称，把每种状态的作用时间都一分为二，因而形成电压空间矢量的作用序列为 12788721，其中 1 表示 $\boldsymbol{U}_1$ 作用，2 表示 $\boldsymbol{U}_2$ 作用，…，这样在这一个 T_0 时间内逆变器三相的开关状态序列为 100，110，111，000，000，111，110，100。

在实际系统中，应该尽量减少开关状态变化时引起的开关损耗，因此不同开关状态的顺序必须遵守下述原则：每次切换开关状态时，只切换一个功率开关器件，以满足最小开关损耗。按照这个原则检查一下即可发现上述 1278 的顺序是不合适的。虽然由 1 切换到 2 即由 100 切换到 110 时只有 B 相开关切换，由 2 切换到 7 即由 110 切换到 111 时也只有 C 相开关切换，但由 7 切换到 8 就不行了，出现了 A，B，C 三相开关同时切换的情况，显然违背了最小开关损耗的原则。为此，应该把切换顺序改为 81277218，即开关状态序列为 000，100，110，111，110，100，000，如图 4-93 所示。这样就能满足每次只切换一个开关的要求了。

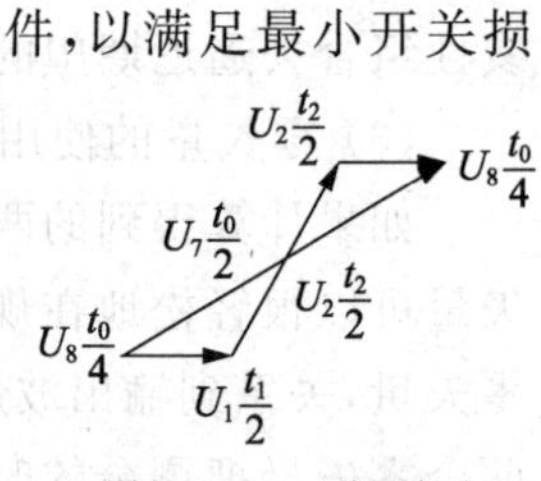

图 4-93　三段逼近 SVPWM 原理

图 4-94 绘出了在这个小区间 T_0 中按修改后开关序列工作的逆变器输出的三相相电压波形，其中虚线间的每一小段表示一种工作状态，它的时间长短可以是不同的。

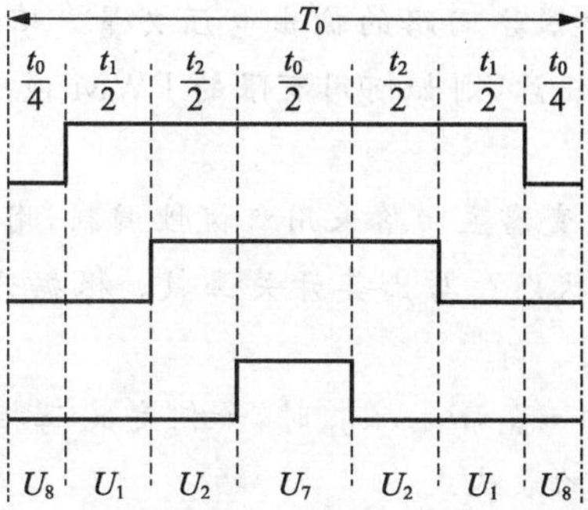

图 4-94　T_0 区间内逆变器三相电压波形

归纳起来,SVPWM 调制模式有以下特点：

(1) 逆变器的一个工作周期分成 6 个扇区,每个扇区相当于常规六拍逆变器的一拍。为了使电动机旋转磁场逼近圆形,每个扇区再分成若干个小区间 T_0。T_0 越短,旋转磁场越接近圆形,但 T_0 的缩短受到功率开关器件允许开关频率的制约。

(2) 在每个小区间内虽然有多次开关状态的切换,但每次切换都只涉及一个功率开关器件,因而开关损耗较小。

(3) 每个小区间均以零电压矢量开始,又以零电压矢量结束。零电压矢量安排的原则是使器件开关最少,从而使开关损耗最小。

(4) 利用电压空间矢量直接生成三相 PWM 波,计算简便。

(5) 采用 SVPWM 调制时,逆变器输出线电压基波最大值为直流侧电压,这比一般的 SPWM 逆变器的输出电压提高了 15%。

习　题

4-1　异步电动机变频调速为何要电压协调控制？在整个调速范围内,保持电压恒定是否可行？为何在基频以下采用恒压频比控制,而在基频以上保持电压恒定？

4-2　基频以下调速可以是恒压频比控制、恒定子磁通、恒气隙磁通和恒转子磁通的控制方式,请从机械特性和系统实现两个方面分析和比较 4 种控制方法的优劣。

4-3　电力电子变压变频器主要有哪几种类型？各有什么特点？

4-4　分析死区时间对 PWM 变换器的影响。

4-5　分析通用变频器的转速开环恒压频比控制原理。

4-6　阐述转速闭环转差频率控制的基本思想、基本规律、控制框图,对比转速开环系统,分析其动态性能和抗扰性能。

4-7　分析通用变频器的主电路及辅助电路的作用。

4-8　分析通用变频器自动电压调节功能和节能运行的原理。

4-9　为何输入电压降低会影响变频器系统带负载的能力？

4-10　变频器过流保护与过载保护有何不同？

4-11　电压空间矢量调制 SVPWM 的基本原理是什么？分析其实现的过程,并论述三段逼近式 SVPWM 的原理。

4-12　两电平 PWM 逆变器主回路的输出电压矢量是有限的，若期望输出电压矢量的幅值小于直流电压，空间角度任意，则如何用有限的 PWM 逆变器输出电压矢量来逼近期望的输出电压矢量。

4-13　若两电平 PWM 逆变器主回路采用双极性调制，用“1”表示上桥臂开通，“0”表示上桥臂关断，则共有几种开关状态？写出其开关函数。根据开关状态写出其电压空间矢量表达式并画出空间电压矢量图。

4-14　当三相电压分别为 u_{AO}，u_{BO}，u_{CO} 时，如何定义三相定子电压空间矢量 $\boldsymbol{U}_{AO}$，$\boldsymbol{U}_{BO}$，$\boldsymbol{U}_{CO}$ 和合成矢量 $\boldsymbol{U}_s$？写出它们的表达式。

4-15　忽略定子电阻的影响，讨论定子电压空间矢量 $\boldsymbol{u}_s$ 与定子磁链 $\boldsymbol{\psi}_s$ 的关系。当三相电压 u_{AO}，u_{BO}，u_{CO} 为正弦对称时，写出电压空间矢量 $\boldsymbol{u}_s$ 与定子磁链 $\boldsymbol{\psi}_s$ 的表达式并画出各自的运动轨迹。

4-16　采用电压空间矢量 PWM 方法，若直流电压 U_d 恒定，则如何协调输出电压与输出频率的关系？

第5章

基于动态模型的异步电动机调速系统

5.1 概 述

根据异步电动机的稳态等效电路，有两种变压、变频调速方式在一定的范围内可以实现平滑调速，满足许多工业应用的需求。尤其是转速开环恒压频比控制，因为不需要任何反馈，控制简单，在调速性能要求不高的场合应用很广。转速闭环转差频率控制可以提高转速开环恒压频比控制的动静态性能，适用于调速要求较高的场合，但由于基于稳态模型，不可能使气隙磁通在动态过程中不变，所以在一些高性能的调速场合下性能仍不能满足要求。

根据控制框图，频率给定的调整时间至少为一个基波周期，至少几十个毫秒才能改变一次指令，再经过几倍的时间才能达到稳态，对于一些高性能的控制领域速度太慢。在前面的分析中忽略了电气量的动态过程，认为气隙磁通不变。对于一些动态响应要求较高的系统，不能再忽略电气量的动态过程，而在这一过程要保证气隙磁通不变，这是稳态模型力所不能及的。

在矢量控制技术和全控电力电子器件没有出现以前，在高性能的调速场合，如数控机床、轧钢机等场合，用的都是直流电动机。在矢量控制、全控电力电子器件出现后，异步电动机、永磁同步电动机在高性能的调速领域得到广泛应用，而且现在的商品化的通用变频器大多数已拥有矢量控制的功能。

矢量控制（vector control）技术产生于20世纪70年代初，德国西门子公司F. Blaschke等提出的“感应电机磁场定向的控制原理”和美国的P. C. Custman与A. A. Clark申请的专利《感应电机定子电压的坐标变换控制》奠定了矢量控制的基础。矢量控制的出现使交流电动机的潜能得到了发挥，从而在高性能的调速领域取代了易损坏的直流电动机。

矢量控制的重要内容在于对矢量概念的理解、异步电动机的数学模型及坐标变换。

5.2 异步电动机的多变量非线性数学模型

5.2.1 假设与正方向规定

在研究异步电动机的多变量非线性数学模型时，常做如下假设：

(1) 忽略空间谐波。设三相绕组对称且它们在空间中互差 120°电角度，气隙磁动势沿气隙周围按正弦规律分布。

(2) 忽略磁路饱和。认为各绕组的自感是恒定的，定、转子绕组间的互感是恒定的。

(3) 忽略铁芯损耗。

(4) 不考虑频率变化和温度变化对绕组电阻的影响。

无论电动机转子是绕线型的还是笼型的，都将它等效成三相绕线转子，并折算到定子侧，折算后的定子和转子绕组匝数相等。这样，实际电动机绕组就等效成图 5-1 所示的三相异步电动机的物理模型。

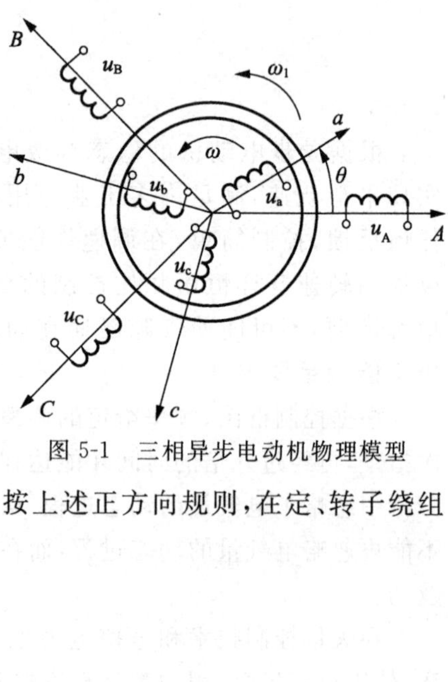

图 5-1 三相异步电动机物理模型

定子三相绕组轴线 A,B,C 在空间上是固定的，以 A 轴为参考坐标轴，轴线的方向为磁动势的正方向；转子绕组轴线 a,b,c 随转子旋转，转子 a 轴和定子 A 轴间的电角度为空间角位移变量。

电压与电流正方向符合电动机惯例，即电压与电流是关联参考方向；电流与磁链符合右手螺旋法则；磁链与由它产生的感应电动势符合右手螺旋法则。按上述正方向规则，在定、转子绕组中，电流的正方向与感应电动势的正方向相同。

5.2.2 电压方程

三相定子绕组的电压平衡方程为：

$$\left.\begin{aligned} u_A &= i_A R_s + \frac{d\Psi_A}{dt} \\ u_B &= i_B R_s + \frac{d\Psi_B}{dt} \\ u_C &= i_C R_s + \frac{d\Psi_C}{dt} \end{aligned}\right\} \tag{5-1}$$

方程中各物理量都是瞬时值，其中 Ψ_A,Ψ_B,Ψ_C 为定子相绕组的全磁链。

三相转子绕组折算到定子绕组后的电压平衡方程为：

$$\left.\begin{aligned} u_a &= i_a R_r + \frac{d\Psi_a}{dt} \\ u_b &= i_b R_r + \frac{d\Psi_b}{dt} \\ u_c &= i_c R_r + \frac{d\Psi_c}{dt} \end{aligned}\right\} \tag{5-2}$$

式(5-2)中的各物理量都已经过绕组折算到定子侧，为了表示简单，折算后的右上角标“′”均省略。式(5-2)中各物理量都是瞬时值，其中 Ψ_a, Ψ_b, Ψ_c 为定子相绕组的全磁链。

三相异步电动机矩阵形式的电压平衡方程为：

$$\begin{bmatrix} u_A \\ u_B \\ u_C \\ u_a \\ u_b \\ u_c \end{bmatrix} = \begin{bmatrix} R_s & 0 & 0 & 0 & 0 & 0 \\ 0 & R_s & 0 & 0 & 0 & 0 \\ 0 & 0 & R_s & 0 & 0 & 0 \\ 0 & 0 & 0 & R_r & 0 & 0 \\ 0 & 0 & 0 & 0 & R_r & 0 \\ 0 & 0 & 0 & 0 & 0 & R_r \end{bmatrix} \begin{bmatrix} i_A \\ i_B \\ i_C \\ i_a \\ i_b \\ i_c \end{bmatrix} + p \begin{bmatrix} \Psi_A \\ \Psi_B \\ \Psi_C \\ \Psi_a \\ \Psi_b \\ \Psi_c \end{bmatrix} \tag{5-3}$$

若以微分算子 p 代替微分符号 d/dt，则有：

$$\boldsymbol{u} = \boldsymbol{Ri} + p\boldsymbol{\Psi} \tag{5-4}$$

这就是电压、电流和磁链的关系。我们希望得到电流与电压的关系，因此需要将磁链用电流表示出来，得到的电流与电压的关系就是磁链方程。

5.2.3　磁链方程

1）*磁链方程*

每个绕组的全磁链包含两部分：一是自感磁链，就是自身电流在绕组内产生的磁链；二是互感磁链，就是其他绕组中的电流通过互感在其绕组内产生的磁链。

以 A 相绕组为例，可得：

$$\Psi_A = L_{AA} i_A + L_{AB} i_B + L_{AC} i_C + L_{Aa} i_a + L_{Ab} i_b + L_{Ac} i_c \tag{5-5}$$

所以有：

$$\begin{bmatrix} \Psi_A \\ \Psi_B \\ \Psi_C \\ \Psi_a \\ \Psi_b \\ \Psi_c \end{bmatrix} = \begin{bmatrix} L_{AA} & L_{AB} & L_{AC} & L_{Aa} & L_{Ab} & L_{Ac} \\ L_{BA} & L_{BB} & L_{BC} & L_{Ba} & L_{Bb} & L_{Bc} \\ L_{CA} & L_{CB} & L_{CC} & L_{Ca} & L_{Cb} & L_{Cc} \\ L_{aA} & L_{aB} & L_{aC} & L_{aa} & L_{ab} & L_{ac} \\ L_{bA} & L_{bB} & L_{bC} & L_{ba} & L_{bb} & L_{bc} \\ L_{cA} & L_{cB} & L_{cC} & L_{ca} & L_{cb} & L_{cc} \end{bmatrix} \begin{bmatrix} i_A \\ i_B \\ i_C \\ i_a \\ i_b \\ i_c \end{bmatrix} \tag{5-6}$$

可简写为：

$$\boldsymbol{\Psi} = \boldsymbol{Li} \tag{5-7}$$

式中，$\boldsymbol{L}$ 是 6×6 电感矩阵，其中对角线元素 $L_{AA}, L_{BB}, L_{CC}, L_{aa}, L_{bb}, L_{cc}$ 是各有关绕组的自感，其余各项则是绕组间的互感。

2）相绕组的自感

由图 5-2 可得自感方程为：

$$L_{AA}=\frac{N(\Phi_{mA}+\Phi_{lA})}{i_A}=\frac{N\Phi_{mA}}{i_A}+\frac{N\Phi_{lA}}{i_A}=L_{mA}+L_{lA} \quad (5\text{-}8)$$

同理可得：

$$L_{BB}=L_{mB}+L_{lB} \quad (5\text{-}9)$$

$$L_{CC}=L_{mC}+L_{lC} \quad (5\text{-}10)$$

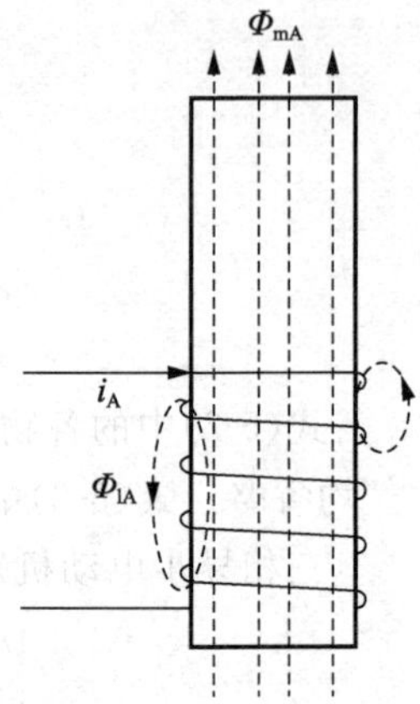

图 5-2　绕组自感示意图

其中，L_{mA}，L_{lA} 分别为主自感和漏自感；N 为线圈匝数。对于 A，B，C 三相定子绕组，若匝数相等、绕组的参数相等，且绕在同一定子铁芯上，只是在空间互差 120°电角度，则在每相绕组中单独通入相同的电流，得到的主磁通和漏磁通是相等的，所以定子三相绕组的主自感及漏自感相等，即

$$L_{mA}=L_{mB}=L_{mC} \quad (5\text{-}11)$$

$$L_{lA}=L_{lB}=L_{lC} \quad (5\text{-}12)$$

令 $L_{mS}=L_{mA}=L_{mB}=L_{mC}$ 为主自感，$L_{lS}=L_{lA}=L_{lB}=L_{lC}$ 为漏自感，则绕组自感可写为 $L_{AA}=L_{BB}=L_{CC}=L_{mS}+L_{lS}$，转子绕组各相自感为 $L_{aa}=L_{bb}=L_{cc}=L_{mr}+L_{lr}$。转子绕组折算到定子侧，则定、转子绕组的匝数相同，所对应的主磁路相同，主自感相同，但漏自感不同，定、转子绕组的漏磁路不同。

回顾电机学中的电感公式：

$$Ni=\Phi R_m \Rightarrow N^2 i=\Psi R_m \Rightarrow L=\frac{\Psi}{i}=N^2\Lambda_m=N^2\frac{\mu S}{l} \quad (5\text{-}13)$$

式中，Λ_m 为磁导，μ 为磁导率，S 为截面积，l 为磁路长度。

由式(5-13)可以看出，电感的值与磁路的参数有很大关系；定、转子漏磁路的长度 l 和截面积 S 不同，则漏感也不同。

3）相绕组间的互感

相绕组之间的互感有 3 种：定子绕组之间的互感、转子绕组之间的互感、定转子绕组之间的互感。

(1) 定子绕组之间的互感。

定子绕组之间的互感共有 6 个，其中两两相等，即

$$L_{AB}=L_{BA},\quad L_{BC}=L_{CB},\quad L_{CA}=L_{AC} \quad (5\text{-}14)$$

这 3 组互感之间有什么关系呢？它们与主自感又有什么关系呢？由图 5-1 可知，三相绕组之间是对称的，A 与 B 相之间的互感应当等于 A 与 C 相之间的互感。

根据图 5-3 所示的绕组之间的互感示意图，由互感的定义可得：

$$L_{BA}=\frac{N\Phi_{mA}\cos 120^\circ}{i_A}=-\frac{1}{2}L_{ms} \quad (5\text{-}15)$$

同理可得：

$$L_{AB}=L_{BA}=L_{BC}=L_{CB}=L_{CA}=L_{AC}=-\frac{1}{2}L_{ms} \quad (5\text{-}16)$$

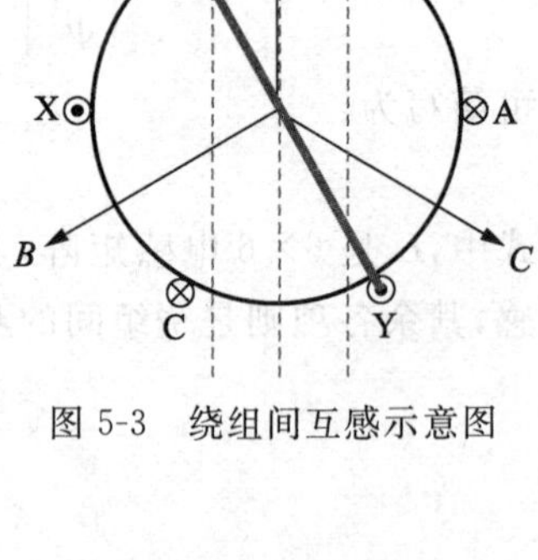

图 5-3　绕组间互感示意图

(2) 转子绕组之间的互感。

$$L_{ab}=L_{ba}=L_{bc}=L_{cb}=L_{ca}=L_{ac}=-\frac{1}{2}L_{mr}=-\frac{1}{2}L_{ms} \tag{5-17}$$

(3) 定转子绕组之间的互感。

$$L_{aA}=\frac{N\Phi_{mA}\cos\theta}{i_A}=L_{ms}\cos\theta \tag{5-18}$$

$$L_{Aa}=L_{aA}=L_{Bb}=L_{bB}=L_{Cc}=L_{cC}=L_{ms}\cos\theta \tag{5-19}$$

$$L_{Ab}=L_{bA}=L_{Bc}=L_{cB}=L_{Ca}=L_{aC}=L_{ms}\cos(\theta+120°) \tag{5-20}$$

$$L_{Ac}=L_{cA}=L_{Ba}=L_{aB}=L_{Cb}=L_{bC}=L_{ms}\cos(\theta-120°) \tag{5-21}$$

当定、转子两相绕组轴线一致时,两者之间的互感值最大,即最大互感 L_{ms}。

(4) 磁链方程的分块矩阵形式。

式(5-6)可简化为:

$$\begin{pmatrix}\boldsymbol{\Psi}_s\\ \boldsymbol{\Psi}_r\end{pmatrix}=\begin{pmatrix}\boldsymbol{L}_{ss} & \boldsymbol{L}_{sr}\\ \boldsymbol{L}_{rs} & \boldsymbol{L}_{rr}\end{pmatrix}\begin{pmatrix}\boldsymbol{i}_s\\ \boldsymbol{i}_r\end{pmatrix} \tag{5-22}$$

其中:

$$\boldsymbol{\Psi}_s=[\Psi_A\quad \Psi_B\quad \Psi_C]^T,\quad \boldsymbol{\Psi}_r=[\Psi_a\quad \Psi_b\quad \Psi_c]^T$$

$$\boldsymbol{i}_s=[i_A\quad i_B\quad i_C]^T,\quad \boldsymbol{i}_r=[i_a\quad i_b\quad i_c]^T$$

$$\boldsymbol{L}_{ss}=\begin{bmatrix}L_{ms}+L_{ls} & -\frac{1}{2}L_{ms} & -\frac{1}{2}L_{ms}\\ -\frac{1}{2}L_{ms} & L_{ms}+L_{ls} & -\frac{1}{2}L_{ms}\\ -\frac{1}{2}L_{ms} & -\frac{1}{2}L_{ms} & L_{ms}+L_{ls}\end{bmatrix},\quad \boldsymbol{L}_{rr}=\begin{bmatrix}L_{ms}+L_{lr} & -\frac{1}{2}L_{ms} & -\frac{1}{2}L_{ms}\\ -\frac{1}{2}L_{ms} & L_{ms}+L_{lr} & -\frac{1}{2}L_{ms}\\ -\frac{1}{2}L_{ms} & -\frac{1}{2}L_{ms} & L_{ms}+L_{lr}\end{bmatrix}$$

$$\boldsymbol{L}_{rs}=\boldsymbol{L}_{sr}^T=\boldsymbol{L}_{ms}\begin{bmatrix}\cos\theta & \cos(\theta-120°) & \cos(\theta+120°)\\ \cos(\theta+120°) & \cos\theta & \cos(\theta-120°)\\ \cos(\theta-120°) & \cos(\theta+120°) & \cos\theta\end{bmatrix}$$

$\boldsymbol{L}_{sr}$ 和 $\boldsymbol{L}_{rs}$ 两个分块矩阵互为转置,且均与转子位置 θ 有关,它们的元素都是变参数,这是系统非线性的一个根源。为了把变参数转换成常参数,必须利用坐标变换。

将磁链方程代入电压方程中,即得展开后的电压方程的矩阵形式:

$$\boldsymbol{u}=\boldsymbol{Ri}+p(\boldsymbol{Li})=\boldsymbol{Ri}+\boldsymbol{L}\frac{d\boldsymbol{i}}{dt}+\frac{dL}{dt}\boldsymbol{i}=\boldsymbol{Ri}+\boldsymbol{L}\frac{d\boldsymbol{i}}{dt}+\frac{dL}{d\theta}\omega\boldsymbol{i} \tag{5-23}$$

其中,$\boldsymbol{L}d\boldsymbol{i}/dt$ 项属于电磁感应电动势中的脉变电动势(或称变压器电动势),$(d\boldsymbol{L}/d\theta)\omega\boldsymbol{i}$ 项属于电磁感应电动势中与转速成正比的旋转电动势。

5.2.4 转矩方程

转矩方程就是电磁转矩与定子电流之间的关系式。在线性磁路(即磁路不饱和)、磁动势在空间中按正弦分布的假定条件下,异步电动机电磁转矩的瞬时值与三相定、转子电流的瞬时值之间的关系为:

$$\begin{aligned}T_e=-n_pL_{ms}[&(i_Ai_a+i_Bi_b+i_Ci_c)\sin\theta+(i_Ai_b+i_Bi_c+i_Ci_a)\sin(\theta+120°)+\\&(i_Ai_c+i_Bi_a+i_Ci_b)\sin(\theta-120°)]\end{aligned} \tag{5-24}$$

电流和电磁转矩都是瞬时值，而且电流不一定是正弦波，因而表达式(5-24)适用于变频器供电的三相异步电动机调速系统，但是因关系太复杂，所以没办法找到电磁转矩与某一个电流或物理量直接关系。

5.2.5 运动方程

电力拖动系统的运动方程为：

$$T_e = T_L + \frac{J}{n_p}\frac{d\omega}{dt} + \frac{D}{n_p}\omega + \frac{K}{n_p}\theta \tag{5-25}$$

式中，T_L 为负载阻转矩，J 为机组的转动惯量，D 为与转速成正比的阻转矩阻尼系数，K 为扭转弹性转矩系数。

通常，后面两项不考虑，尤其是 K 项，因此有：

$$T_e = T_L + \frac{J}{n_p}\frac{d\omega}{dt} \tag{5-26}$$

$$\omega = \frac{d\theta}{dt} \tag{5-27}$$

5.2.6 异步电动机的多变量非线性动态结构图

将电压方程、磁链方程、转矩方程和运动方程综合起来可以得到异步电动机的数学模型，也可以得到异步电动机多变量非线性动态结构图如图 5-4 所示。

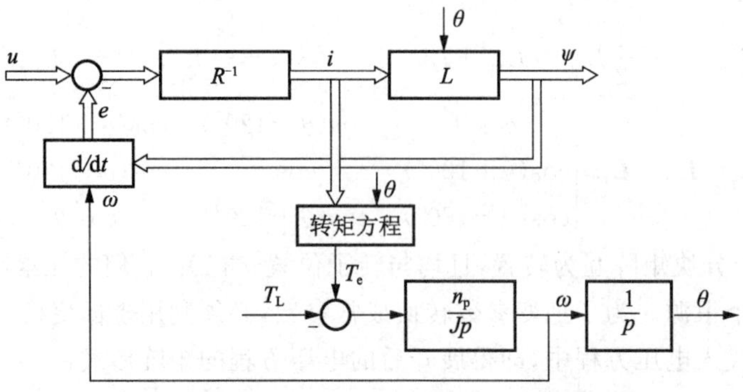

图 5-4 异步电动机多变量非线性动态结构图

此系统的输入为 6 个电压的瞬时值，对于鼠笼式异步电动机，转子电压为零，实际上只有三相定子端电压这 3 个输入量，以此来控制电动机。从图 5-4 中可以看出，电流、磁链、转矩、转速和角位移都是系统的输出，但对于通常的调速系统来说，我们更关注转速和磁链。

此系统共有 3 个定子电流、3 个转子电流、转速、角位移共 8 个状态变量，是一个 8 阶的系统，而直流电动机加上励磁回路共 4 阶，因此三相异步电动机的数学模型是一个多输入、多输出、多变量的高阶系统。

在直流电动机中，主磁通与励磁电流之间、电磁转矩与电枢电流之间、电枢电压与电枢电流之间在一定的条件下均存在线性关系。而在异步电动机中，磁链与电流之间、电磁转矩与电流之间、端电压与电流之间均为非线性关系。除了上述特点外，三相异步电动机的数学模型中还体现了多变量之间的强耦合特点。所谓耦合，即相互影响、相互作用。电磁转矩由定、转子电流和转子角位移决定，而定、转子电流又由端电压、转子角位移和转速决定，转速又取决于电磁转矩。由于互感的存在，相与相之间、定转子之间存在相互影响。定子三相绕组接在一起，转子绕组也如此，这种电路上的连接使得它们产生相互影响，所以三相异步电动机是一个强耦合系统。这与直流电动机不同，在直流电动机中，励磁回路、电枢回路可以是独立的，不相互影响。

总之，三相异步电动机的动态数学模型是一个多输入、多输出的高阶、非线性、强耦合的多变量系统，各物理量之间没有很明晰、单纯的关系，彼此相互影响，不易控制。我们控制的手段是 PWM 逆变器的输出电压，控制的目标是电磁转矩，而要控制电磁转矩，需首先按一定的规律控制磁链(如基频以下，磁链基本不变；基频以上，磁链减少)。如何能厘清这么多变量之间的主要关系，找出影响电磁转矩和磁链的主要因素，从而更直接有效地通过控制 3 个端电压来控制电磁转矩和磁链，是异步电动机高性能调速所必须面临的问题。这个问题很难，直到矢量控制出现，人们才发现了这么多变量之间的简洁的关系。

5.3 坐标变换与坐标变换矩阵

对于坐标变换的由来，一般教材上都是从统一电动机模型的角度进行阐述的，尽管经典，但比较难理解。实际上，从空间矢量的角度理解坐标变换更好一些。

根据空间矢量的定义式，三相系统中的任一物理量(电压、电流、磁链)都可得到相应的空间矢量。如果三相物理量的瞬时值之和总为零，则这个空间矢量在空间中的运行轨迹及原点在同一平面内；如果这三相物理量是对称的、正弦的，则得到的空间矢量在平面内的轨迹是一个等幅恒速旋转的圆。

$$\boldsymbol{U}=\frac{2}{3}(\boldsymbol{U}_{\mathrm{A}}+\boldsymbol{U}_{\mathrm{B}}+\boldsymbol{U}_{\mathrm{C}}) \tag{5-28}$$

通常我们分析的三相系统，其三相物理量之和的瞬时值为零，即空间矢量是在平面内的。分析三相合成的空间矢量的作用及影响时，用三相轴线构成的坐标系不方便，此时用直角坐标系更符合我们的习惯，也更方便。

将三相瞬时值根据定义合成空间矢量，而描述空间矢量采用的是直角坐标系，这样就在三相瞬时值与两相直角坐标系的瞬时值之间建立起一种一一对应的关系，不同的直角坐标系的瞬时值之间也存在着一一对应关系，这种关系就是坐标变换。

5.3.1 三相/两相静止坐标变换(3s/2s 变换、$ABC/\alpha\beta$ 变换)

1) 综合矢量法

坐标变换

三相系统中，某个物理量的瞬时值(电压、电流、磁链等)用 f_{A}，f_{B}，f_{C} 表示，以 A 轴为参考实轴，如图 5-5 所示，则三相合成的空间矢量为：

$$\boldsymbol{F}=\frac{2}{3}(\boldsymbol{f}_{\mathrm{A}}+\boldsymbol{f}_{\mathrm{B}}+\boldsymbol{f}_{\mathrm{C}})$$

$$\begin{aligned}
&=\frac{2}{3}\left[f_{A}+f_{B}e^{j\frac{2}{3}\pi}+f_{C}e^{j\left(-\frac{2}{3}\pi\right)}\right] \\
&=\frac{2}{3}\left[f_{A}+f_{B}\left(\cos\frac{2}{3}\pi+j\sin\frac{2}{3}\pi\right)+f_{C}\left(\cos\frac{2}{3}\pi-j\sin\frac{2}{3}\pi\right)\right] \\
&=\frac{2}{3}\left(f_{A}-\frac{1}{2}f_{B}-\frac{1}{2}f_{C}\right)+\frac{2}{3}j\left(\frac{\sqrt{3}}{2}f_{B}-\frac{\sqrt{3}}{2}f_{C}\right)
\end{aligned} \tag{5-29}$$

因为 $f_A+f_B+f_C=0$，所以 $-\frac{1}{2}f_B-\frac{1}{2}f_C=\frac{1}{2}f_A$，故式(5-29)可以写成：

$$\begin{aligned}
\boldsymbol{F}&=\frac{2}{3}\cdot\frac{3}{2}f_{A}+\frac{2}{3}j\left(\frac{\sqrt{3}}{2}f_{B}-\frac{\sqrt{3}}{2}f_{C}\right) \\
&=f_{A}+j\frac{1}{\sqrt{3}}(f_{B}-f_{C})
\end{aligned} \tag{5-30}$$

定义直角坐标系 $\alpha\beta$，它相对于 ABC 三相坐标静止，α 轴与 A 轴重合，α 轴滞后于 β 轴 90°，因此 α 轴即实轴，β 轴即虚轴，如图5-6所示。

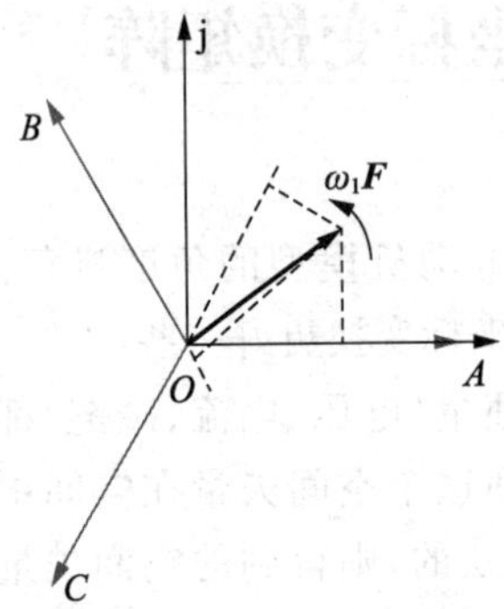

图 5-5　ABC 坐标系与复平面中的空间矢量

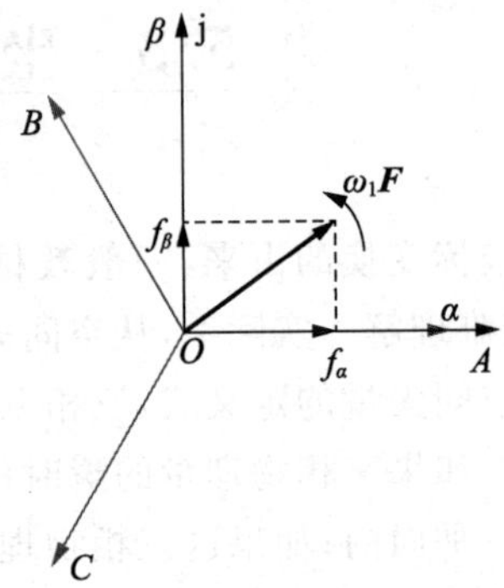

图 5-6　综合矢量法坐标变换

f_α 为 $\boldsymbol{F}$ 在 α 轴上的投影：　　$f_\alpha=f_A$

f_β 为 $\boldsymbol{F}$ 在 β 轴上的投影：　　$f_\beta=\frac{1}{\sqrt{3}}(f_B-f_C)$

所以有：

$$\begin{pmatrix}f_\alpha\\ f_\beta\end{pmatrix}=\begin{pmatrix}1 & 0 & 0\\ 0 & \frac{1}{\sqrt{3}} & -\frac{1}{\sqrt{3}}\end{pmatrix}\begin{pmatrix}f_A\\ f_B\\ f_C\end{pmatrix}=\frac{2}{3}\begin{pmatrix}\frac{3}{2} & 0 & 0\\ 0 & \frac{\sqrt{3}}{2} & -\frac{\sqrt{3}}{2}\end{pmatrix}\begin{pmatrix}f_A\\ f_B\\ f_C\end{pmatrix} \tag{5-31}$$

2）直接投影法

f_α 可以看作是 $\boldsymbol{f}_A$，$\boldsymbol{f}_B$ 和 $\boldsymbol{f}_C$ 分别向 α 轴上投影得到的投影值之和：

$$f_\alpha=f_A-\frac{1}{2}f_B-\frac{1}{2}f_C=\frac{3}{2}f_A \tag{5-32}$$

即 f_α 的最大值变为 f_A 最大值的 3/2，为了使二者幅值相等，通常加一个系数 $\frac{3}{2}$，即

$$f_\alpha=\frac{2}{3}\left(f_A-\frac{1}{2}f_B-\frac{1}{2}f_C\right) \tag{5-33}$$

f_β 可以看作是 f_A，f_B 和 f_C 分别向 β 轴上投影得到的投影值之和：

$$f_\beta=\frac{2}{3}\left(f_A\cdot 0+\frac{\sqrt{3}}{2}f_B-\frac{\sqrt{3}}{2}f_C\right)=\frac{2}{3}\left(\frac{\sqrt{3}}{2}f_B-\frac{\sqrt{3}}{2}f_C\right) \tag{5-34}$$

这与综合矢量的方法得到的结果一致。直接投影法坐标变换如图 5-7 所示。

3）反变换

f_A 可以看作是 f_α，f_β 分别向 A 轴上投影得到的投影值之和：

$$f_A=f_\alpha \tag{5-35}$$

f_B 可以看作是 f_α，f_β 分别向 B 轴上投影得到的投影值之和：

$$f_B=-\frac{1}{2}f_\alpha+\frac{\sqrt{3}}{2}f_\beta \tag{5-36}$$

f_C 可以看作是 f_α，f_β 分别向 C 轴上投影得到的投影值之和：

$$f_C=-\frac{1}{2}f_\alpha-\frac{\sqrt{3}}{2}f_\beta \tag{5-37}$$

注意：f_A，f_B，f_C，f_α，f_β 不一定是正值。反变换投影关系如图 5-8 所示。

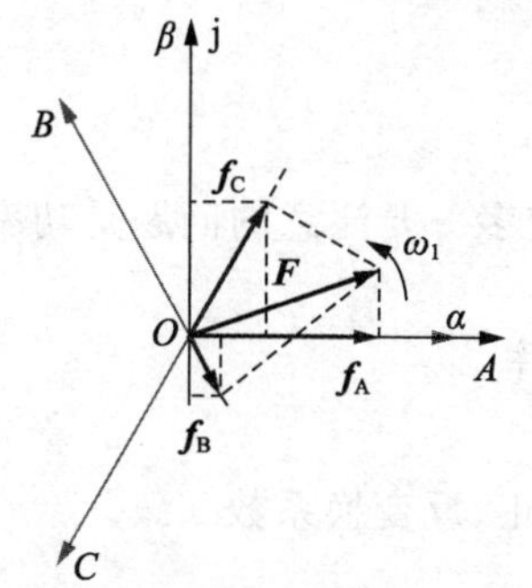

图 5-7　直接投影法坐标变换

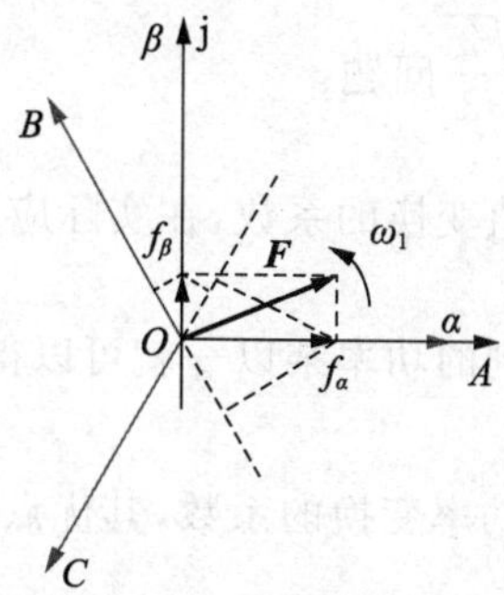

图 5-8　反变换投影关系

因此，反变换为：

$$\begin{pmatrix}f_A\\f_B\\f_C\end{pmatrix}=\begin{pmatrix}1&0\\-\frac{1}{2}&\frac{\sqrt{3}}{2}\\-\frac{1}{2}&-\frac{\sqrt{3}}{2}\end{pmatrix}\begin{pmatrix}f_\alpha\\f_\beta\end{pmatrix} \tag{5-38}$$

4）说明

(1) 正变换、反变换矩阵之间的关系。

正变换：

$$\begin{pmatrix}f_\alpha\\f_\beta\end{pmatrix}=\frac{2}{3}\begin{pmatrix}1&-\frac{1}{2}&-\frac{1}{2}\\0&\frac{\sqrt{3}}{2}&-\frac{\sqrt{3}}{2}\end{pmatrix}\begin{pmatrix}f_A\\f_B\\f_C\end{pmatrix}=\boldsymbol{C}_{3/2}\begin{pmatrix}f_A\\f_B\\f_C\end{pmatrix}$$

反变换：

$$\begin{pmatrix}f_A\\f_B\\f_C\end{pmatrix}=\begin{pmatrix}1&0\\-\frac{1}{2}&\frac{\sqrt{3}}{2}\\-\frac{1}{2}&-\frac{\sqrt{3}}{2}\end{pmatrix}\begin{pmatrix}f_\alpha\\f_\beta\end{pmatrix}=\boldsymbol{C}_{2/3}\begin{pmatrix}f_\alpha\\f_\beta\end{pmatrix}$$

这就是幅值守恒的 3s/2s 变换。变换矩阵 $\boldsymbol{C}_{2/3}$ 和 $\boldsymbol{C}_{3/2}$ 之间的关系为：

$$\boldsymbol{C}_{2/3}=\frac{3}{2}\boldsymbol{C}_{3/2}^{\mathrm{T}} \tag{5-39}$$

为了消除正、反变换矩阵之间的系数差异，有的文献中采用恒功率变换，此时：

$$\begin{pmatrix} f_\alpha \\ f_\beta \end{pmatrix}=\sqrt{\frac{2}{3}}\begin{pmatrix} 1 & -\frac{1}{2} & -\frac{1}{2} \\ 0 & \frac{\sqrt{3}}{2} & -\frac{\sqrt{3}}{2} \end{pmatrix}\begin{pmatrix} f_A \\ f_B \\ f_C \end{pmatrix}=\boldsymbol{C}_{3/2}\begin{pmatrix} f_A \\ f_B \\ f_C \end{pmatrix} \tag{5-40}$$

$$\begin{pmatrix} f_A \\ f_B \\ f_C \end{pmatrix}=\sqrt{\frac{2}{3}}\begin{pmatrix} 1 & 0 \\ -\frac{1}{2} & \frac{\sqrt{3}}{2} \\ -\frac{1}{2} & -\frac{\sqrt{3}}{2} \end{pmatrix}\begin{pmatrix} f_\alpha \\ f_\beta \end{pmatrix}=\boldsymbol{C}_{2/3}\begin{pmatrix} f_\alpha \\ f_\beta \end{pmatrix} \tag{5-41}$$

$$\boldsymbol{C}_{2/3}=\boldsymbol{C}_{3/2}^{\mathrm{T}} \tag{5-42}$$

（2）$\frac{2}{3}$ 与 $\sqrt{\frac{2}{3}}$ 问题。

$\frac{2}{3}$ 为恒幅值变换的系数，在实际应用中使用得较多。要注意的问题是功率值差了 $\frac{3}{2}$ 倍，也就是两相得到的功率乘以 $\frac{3}{2}$ 就可以得到三相的功率。

$\sqrt{\frac{2}{3}}$ 为恒功率变换的系数，其优点是功率守恒，正、反变换系数一致。

（3）变换条件。

上面的公式是在 $f_A+f_B+f_C=0$ 的条件下推得的，若三者之和不为零，则没有 $ABC/\alpha\beta$ 变换，也就是说所谓的 3s/2s 变换必须以三者之和为零为前提，否则应进行 $ABC/\alpha\beta0$ 变换，即有一个零轴分量。这个变换在三相四线制中有应用，在电力系统分析中亦有应用。

（4）应用举例。

测得三相对称正弦电压的瞬时值为 $U_A=311$ V，$U_B=-155.5$ V，$U_C=-155.5$ V，求每相电压的有效值。若已知 U_A 的表达式为 $U_A=\sqrt{2}U\cos\theta$，求此时 θ 的值。

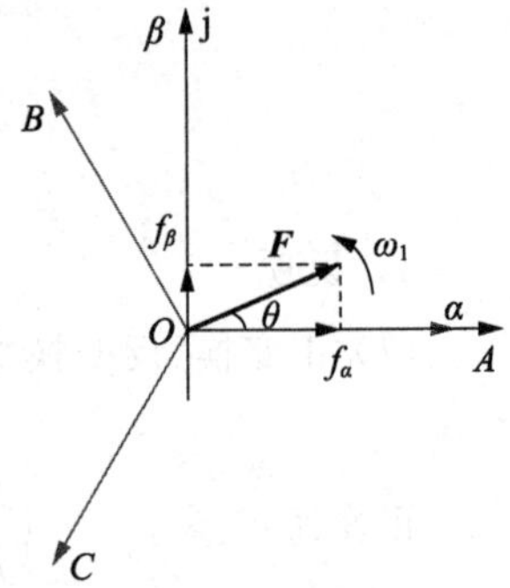

图 5-9 求幅值相位示意图

如图 5-9 所示，根据 U_A，U_B，U_C 可求出 U_α 和 U_β，所以有：

$$U=\sqrt{u_\alpha^2+u_\beta^2}/\sqrt{2} \tag{5-43}$$

$$\left.\begin{aligned} \sin\theta&=-\frac{u_\beta}{\sqrt{u_\alpha^2+u_\beta^2}} \\ \cos\theta&=-\frac{u_\alpha}{\sqrt{u_\alpha^2+u_\beta^2}} \end{aligned}\right\} \tag{5-44}$$

代入具体的数值，即可求出有效值和瞬时相位。

5.3.2　两相/两相旋转坐标变换(2s/2R 变换、$\alpha\beta/dq$ 变换)

1）旋转坐标系概述

两相旋转坐标系有多种叫法，常见的有 3 种，即 dq，MT，xy 坐标系，其中最常用的是 dq 坐标系（d 表示直轴 direct，q 表示交轴 quadrature）。在有磁场的电动机中有直轴和交轴的概念，直轴就是主极磁场的轴线，交轴就是垂直于主极磁场而且超前于主极磁场方向的轴线。当然，也有定义交轴是滞后于主极磁场 90°方向的轴线，在 Matlab 的仿真模型中给出的 dq 变换就是这种情况。主极磁场(magnetic)的轴线用 M 表示，与主极磁场垂直的电流是产生电磁转矩的，又称为 T 轴(torque)，因此在许多场合旋转坐标系也称为 MT 坐标系。

2）坐标变换矩阵

d 轴与 q 轴的夹角为 φ，f_α 和 f_β 已知，求 f_d 和 f_q 有两种方法，即综合矢量法和直接投影法。

(1) 综合矢量法。

$$\boldsymbol{F}=f_\alpha+\mathrm{j}f_\beta=F\angle\theta$$

可以求出 $\boldsymbol{F}$ 与 d 轴夹角为 $\theta-\varphi$，进而求出 $\boldsymbol{F}$ 在 dq 轴上的投影。这种方法太麻烦，实际上可以直接采用投影法。

(2) 直接投影法。

直接投影法如图 5-10 所示，可以据此得到变换矩阵：

$$\begin{pmatrix} f_d \\ f_q \end{pmatrix}=\begin{pmatrix} \cos\varphi & \sin\varphi \\ -\sin\varphi & \cos\varphi \end{pmatrix}\begin{pmatrix} f_\alpha \\ f_\beta \end{pmatrix} \tag{5-45}$$

(3) 反变换。

如图 5-11 所示，用直接投影法得到反变换矩阵为：

$$\begin{pmatrix} f_\alpha \\ f_\beta \end{pmatrix}=\begin{pmatrix} \cos\varphi & -\sin\varphi \\ \sin\varphi & \cos\varphi \end{pmatrix}\begin{pmatrix} f_d \\ f_q \end{pmatrix} \tag{5-46}$$

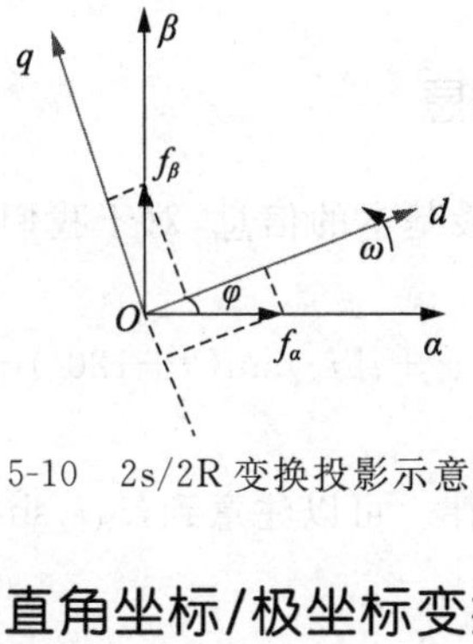

图 5-10　2s/2R 变换投影示意图

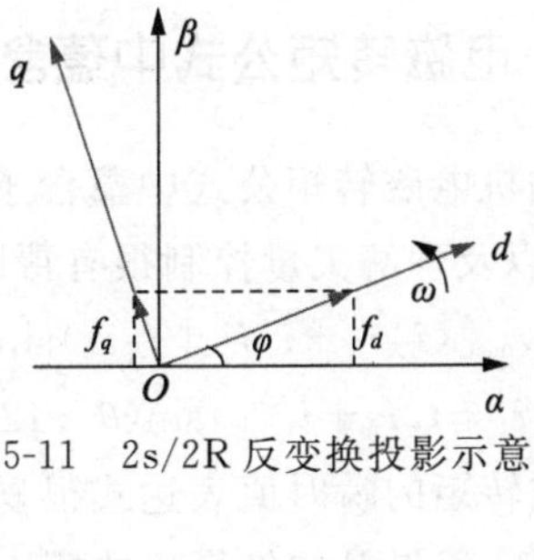

图 5-11　2s/2R 反变换投影示意图

5.3.3　直角坐标/极坐标变换(K/P 变换)

已知直角坐标系中的两个坐标即矢量两个分量的大小，则该矢量与坐标轴之间的夹角及它的模也可以求出来。

例如，在 $\alpha\beta$ 坐标系中，$\boldsymbol{F}$ 的两个分量 f_α 和 f_β 已知，则有：

$$|\boldsymbol{F}|=\sqrt{f_\alpha^2+f_\beta^2} \tag{5-47}$$

在实际应用中，往往只需要 $\sin\theta$ 和 $\cos\theta$ 就可以了。$\boldsymbol{F}$ 与 α 轴之间的夹角 θ 的正余弦为：

$$\left.\begin{aligned}\sin\theta&=\frac{f_\beta}{\sqrt{f_\alpha^2+f_\beta^2}}\\ \cos\theta&=\frac{f_\alpha}{\sqrt{f_\alpha^2+f_\beta^2}}\end{aligned}\right\} \tag{5-48}$$

$\alpha\beta/dq$ 变换的关键是 α 轴与 d 轴之间夹角 φ 的正弦值和余弦值。因此，接下来就变成了求 φ 值的问题，要用到同步旋转坐标变换。在异步电动机中，旋转磁场的转速就是同步速，如果能与坐标轴旋转磁场一起旋转，那么就是同步旋转坐标系。在异步电动机中，旋转磁场有 3 个，即定子旋转磁场、转子旋转磁场和气隙旋转磁场，它们都可以作为同步旋转磁场。

例如，如果知道转子磁链矢量在 $\alpha\beta$ 坐标系中的两个分量 $\Psi_{r\alpha}$，$\Psi_{r\beta}$，利用式(5-48)即可求出矢量与 α 轴之间的夹角。如果让 d 轴始终与转子磁链的方向一致，则可以实现同步旋转坐标变换，这就叫磁场定向，如图 5-12 所示。此时坐标变换需要的 d 轴与 α 轴之间的夹角就是转子磁链矢量与 α 轴之间的夹角 φ。

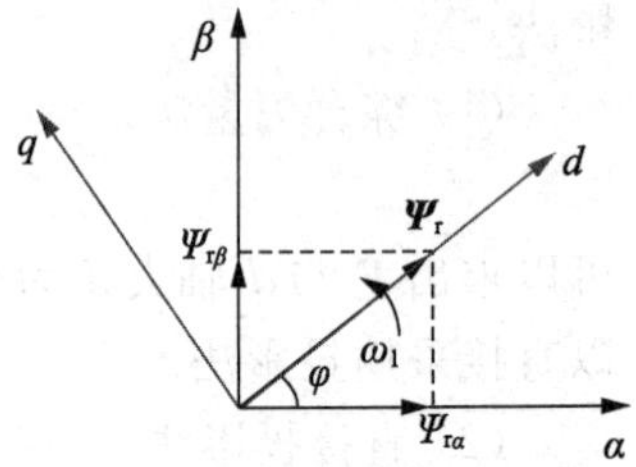

图 5-12　d 轴转子磁场定向示意图

由此可见，同步旋转坐标变换的关键不在于坐标变换本身，而在于如何求变换矩阵所需的坐标轴夹角的正、余弦值。而求夹角的正、余弦值则需求出定向矢量在两相静止 $\alpha\beta$ 坐标系下的两个分量的值，这才是同步旋转坐标变换及矢量控制的关键。K/P 变换正是利用定向矢量在 $\alpha\beta$ 坐标系中的两个分量求出矢量的模及角度的。

5.4　磁场(磁链)定向原因

5.4.1　电磁转矩公式中蕴含的矢量积信息

异步电动机电磁转矩公式中蕴含了矢量控制的最基本的信息，对于我们理解为何要进行磁场定向，以及理解矢量控制很有帮助。

$$\begin{aligned}T_e=n_pL_{ms}[&(i_Ai_a+i_Bi_b+i_Ci_c)\sin\theta+(i_Ai_b+i_Bi_c+i_Ci_a)\sin(\theta+120^\circ)+\\&(i_Ai_c+i_Bi_a+i_Ci_b)\sin(\theta-120^\circ)]\end{aligned} \tag{5-49}$$

尽管电磁转矩的瞬时值表达式很复杂，但很有规律。可以注意到，$i_Ai_a\sin\theta$ 恰为定子 A 相与转子 a 相电流矢量的矢量积的模：

$$|\boldsymbol{i}_A\times\boldsymbol{i}_a|=i_Ai_a\sin\theta \tag{5-50}$$

定义三维直角坐标系 $\boldsymbol{ijk}$，定、转子绕组轴线所确定的平面与 $\boldsymbol{ij}$ 轴所确定的平面重合，$\boldsymbol{k}$ 轴的正方向与该平面垂直，且与 $\boldsymbol{ij}$ 轴正方向符合右手螺旋关系，则定、转子各相电流矢量如图 5-13 所示。

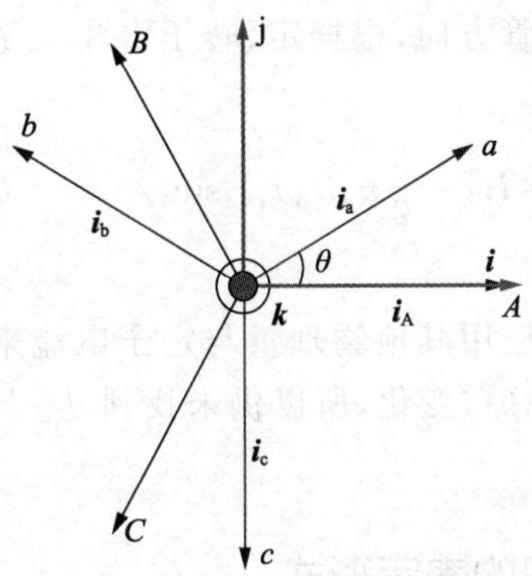

图 5-13　定、转子各相电流矢量

由图 5-13 可得：

$$\left.\begin{aligned}\boldsymbol{i}_A\times\boldsymbol{i}_a&=(i_A i_a\sin\theta)\boldsymbol{k}\\ \boldsymbol{i}_B\times\boldsymbol{i}_b&=(i_B i_b\sin\theta)\boldsymbol{k}\\ \boldsymbol{i}_C\times\boldsymbol{i}_c&=(i_C i_c\sin\theta)\boldsymbol{k}\end{aligned}\right\}\tag{5-51}$$

$$\left.\begin{aligned}\boldsymbol{i}_A\times\boldsymbol{i}_b&=[i_A i_b\sin(\theta+120°)]\boldsymbol{k}\\ \boldsymbol{i}_B\times\boldsymbol{i}_c&=[i_B i_c\sin(\theta+120°)]\boldsymbol{k}\\ \boldsymbol{i}_C\times\boldsymbol{i}_c&=[i_C i_a\sin(\theta+120°)]\boldsymbol{k}\end{aligned}\right\}\tag{5-52}$$

$$\left.\begin{aligned}\boldsymbol{i}_A\times\boldsymbol{i}_c&=[i_A i_c\sin(\theta-120°)]\boldsymbol{k}\\ \boldsymbol{i}_B\times\boldsymbol{i}_a&=[i_B i_a\sin(\theta-120°)]\boldsymbol{k}\\ \boldsymbol{i}_C\times\boldsymbol{i}_b&=[i_C i_b\sin(\theta-120°)]\boldsymbol{k}\end{aligned}\right\}\tag{5-53}$$

式(5-51)～式(5-53)的等号右边的部分相加恰好与式(5-49)中括号内的多项式相同，于是将式(5-49)的两边都乘以单位矢量 $\boldsymbol{k}$，可得：

$$T_e\boldsymbol{k}=-n_p L_{ms}[(\boldsymbol{i}_A+\boldsymbol{i}_B+\boldsymbol{i}_C)\times(\boldsymbol{i}_a+\boldsymbol{i}_b+\boldsymbol{i}_c)]\tag{5-54}$$

按幅值守恒的原则，定义定子三相电流合成矢量为：

$$\boldsymbol{i}_s=\frac{2}{3}(\boldsymbol{i}_A+\boldsymbol{i}_B+\boldsymbol{i}_C)\tag{5-55}$$

转子三相电流合成矢量为：

$$\boldsymbol{i}_r=\frac{2}{3}(\boldsymbol{i}_a+\boldsymbol{i}_b+\boldsymbol{i}_c)\tag{5-56}$$

将式(5-55)和式(5-56)代入式(5-54)，则电磁转矩可以写成：

$$T_e\boldsymbol{k}=-n_p L_{ms}\left(\frac{3}{2}\boldsymbol{i}_s\times\frac{3}{2}\boldsymbol{i}_r\right)=-\frac{9}{4}n_p L_{ms}\boldsymbol{i}_s\times\boldsymbol{i}_r=-\frac{3}{2}n_p L_m\boldsymbol{i}_s\times\boldsymbol{i}_r=\frac{3}{2}n_p L_m\boldsymbol{i}_r\times\boldsymbol{i}_s\tag{5-57}$$

式中，$L_m=\frac{X_m}{\omega_1}=\frac{3}{2}L_{ms}$ 为定子绕组的激磁电感，X_m 为三相异步电动机的激磁电抗。

由式(5-57)可以看出，三相异步电动机的电磁转矩与定、转子合成电流矢量的矢量积的模成正比。与式(5-49)相比，这是比较简洁的关系。电磁转矩实际上与两个电流矢量的矢量积成正比，它是作用于转子上的拖动转矩。

只关注转矩的大小，先不管方向，根据定、转子电流矢量关系图 5-14，可得：

$$T_e=\frac{3}{2}n_pL_m|\boldsymbol{i}_s\times\boldsymbol{i}_r|=\frac{3}{2}n_pL_mi_ri_s\sin\gamma \qquad (5\text{-}58)$$

式中，γ 为 $\boldsymbol{i}_s$ 与 $\boldsymbol{i}_r$ 的夹角。

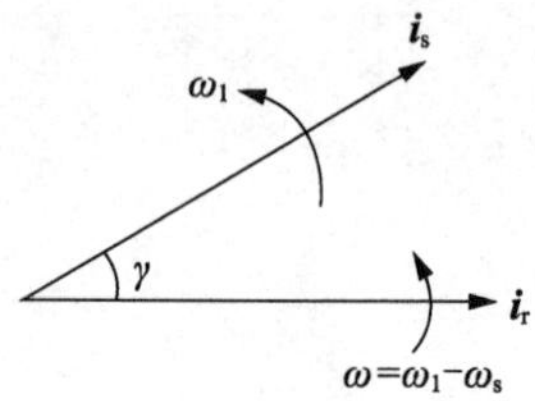

图 5-14 定、转子电流矢量关系图

通常转子电流不易检测，应用其他物理量与定子电流来表示电磁转矩。由于 i_r 和 i_s 及 γ 总在变化，所以仍未找到 T_e 与某一量的线性关系。

5.4.2 磁链与矢量积的表示形式

1）气隙磁链

$$L_m\boldsymbol{i}_r\times\boldsymbol{i}_s=(L_m\boldsymbol{i}_r+L_m\boldsymbol{i}_s)\times\boldsymbol{i}_s$$

其中，$L_m\boldsymbol{i}_r+L_m\boldsymbol{i}_s$表示的是气隙磁链 ψ_m，也就是说主磁路中的励磁电流矢量乘以主磁路的激磁电感会得到主磁路的磁链矢量。

根据图 5-15 所示的定子电流与气隙磁链矢量关系图可得：

$$\left.\begin{aligned}\boldsymbol{T}_e&=\frac{3}{2}n_p\boldsymbol{\psi}_m\times\boldsymbol{i}_s\\T_e&=\frac{3}{2}n_p|\boldsymbol{\psi}_m|\times|\boldsymbol{i}_s|\sin\gamma_m\end{aligned}\right\} \qquad (5\text{-}59)$$

2）定子磁链

$$\boldsymbol{\psi}_s=L_s\boldsymbol{i}_s+L_m\boldsymbol{i}_r$$

其中：

$$L_s=L_m+L_{sl}$$

因为 $L_m\boldsymbol{i}_r\times\boldsymbol{i}_s=(L_m\boldsymbol{i}_r+L_s\boldsymbol{i}_s)\times\boldsymbol{i}_s$，所以有：

$$\left.\begin{aligned}\boldsymbol{T}_e&=\frac{3}{2}n_p\boldsymbol{\psi}_s\times\boldsymbol{i}_s\\T_e&=\frac{3}{2}n_p|\boldsymbol{\psi}_s||\boldsymbol{i}_s|\sin\gamma_s\end{aligned}\right\} \qquad (5\text{-}60)$$

图 5-16 给出了定子电流与定子磁链矢量关系图。

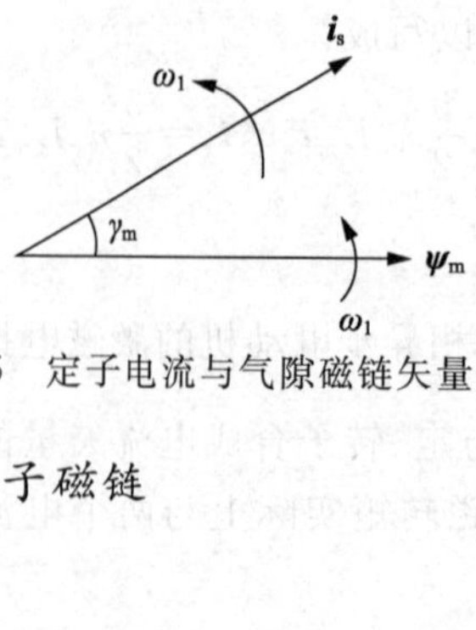

图 5-15 定子电流与气隙磁链矢量关系图

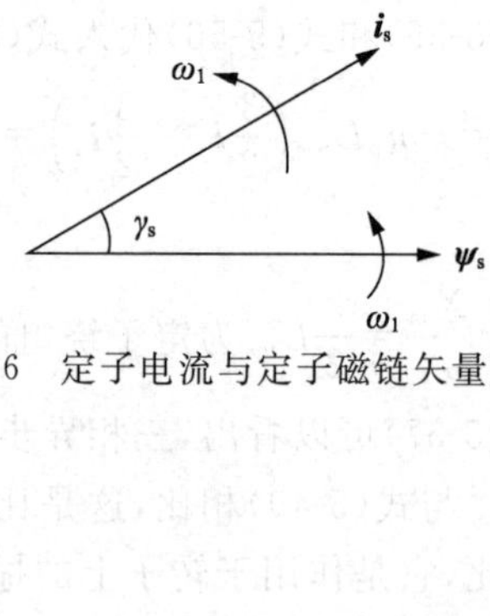

图 5-16 定子电流与定子磁链矢量关系图

3）转子磁链

$$\boldsymbol{\psi}_r=L_r\boldsymbol{i}_r+L_m\boldsymbol{i}_s$$

其中：

$$L_r=L_m+L_{sl}$$

因为 $L_m \boldsymbol{i}_s \times \boldsymbol{i}_s = \frac{L_m}{L_r}(L_r \boldsymbol{i}_r + L_m \boldsymbol{i}_s) \times \boldsymbol{i}_s$，所以有：

$$\left.\begin{aligned} \boldsymbol{T}_e &= \frac{3}{2} n_p \frac{L_m}{L_r} \boldsymbol{\psi}_r \times \boldsymbol{i}_s \\ T_e &= \frac{3}{2} n_p \frac{L_m}{L_r} |\boldsymbol{\psi}_r| |\boldsymbol{i}_s| \sin \gamma_r \end{aligned}\right\} \tag{5-61}$$

图 5-17 给出了定子电流与转子磁链矢量关系图。

4）对比分析

如果能保证在动态过程中 $|\Psi_r|$ 或 $|\Psi_m|$ 或 $|\Psi_s|$ 不变，则 T_e 与 $|\boldsymbol{i}_r|\sin\gamma$ 成正比。有人认为 $|\boldsymbol{i}_s|\sin\gamma$ 仍然是两个变量 $|\boldsymbol{i}_s|$ 和 $\sin\gamma$，但是如果这样建立一个坐标系，即 d 轴定向于 $\boldsymbol{\psi}_r$ 或 $\boldsymbol{\psi}_m$ 或 $\boldsymbol{\psi}_s$（这里仅以 $\boldsymbol{\psi}_r$ 为例），q 轴超前于 d 轴 90°，则 $|\boldsymbol{i}_r|\sin\gamma = i_{sq}$。也就是说，在这样的坐标系中，有：

$$T_e = \frac{3}{2} n_p \frac{L_m}{L_r} \Psi_r i_{sq} \tag{5-62}$$

即 T_e 与 i_{sq} 呈线性关系。

在 d 轴定向于转子磁链矢量的同步旋转坐标系中，如图 5-18 所示，如果能保持转子磁链大小不变，则电磁转矩与定子电流的 q 轴分量成正比，这将得到与直流电动机相类似的特性。将 d 轴定向于其他两个磁链矢量也有类似的结果。

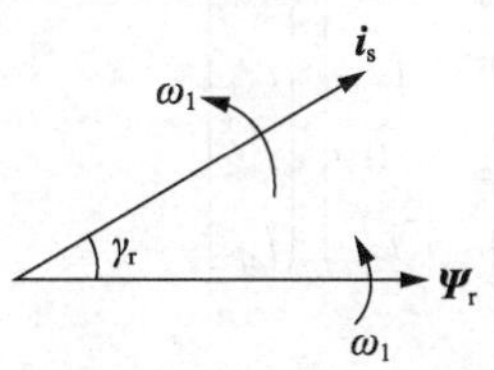

图 5-17 定子电流与转子磁链矢量关系图

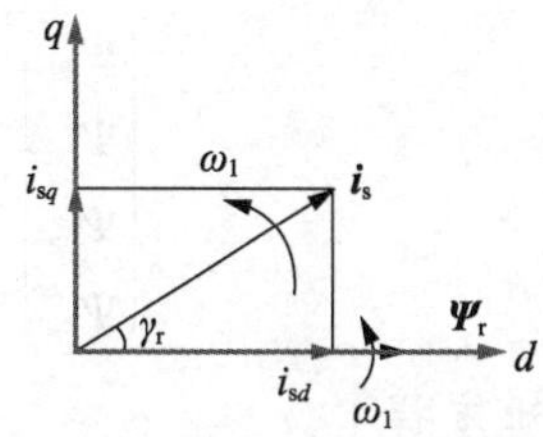

图 5-18 同步旋转坐标系

同步旋转坐标变换可以将一些正弦量转换成直流量，而磁场定向的同步旋转坐标变换可以实现电流中的转矩分量与励磁分量解耦，从而可以得到电磁转矩与定子电流转矩分量的简单的线性关系，还可以得到磁链与定子电流励磁分量的简单关系。这就是进行磁场定向的原因。

5.5 磁场定向方法（以转子磁链定向为例）

5.5.1 定向问题实质

实际上定向问题就是跟谁同步的问题，也就是求 φ 角的问题，或者说是求 $\sin\varphi$ 和 $\cos\varphi$ 的问题。有了 $\sin\varphi$ 和 $\cos\varphi$，则 $\alpha\beta/dq$ 的变换矩阵就有了。

用 K/P 变换能够求取 $\sin\varphi$ 和 $\cos\varphi$，而 K/P 变换需要 α 和 β 分量，因此转子磁链定向的关键在于得到转子磁链矢量的 α 和 β 分量，即 $\Psi_{r\alpha}$ 和 $\Psi_{r\beta}$。

若 $\Psi_{r\alpha}$，$\Psi_{r\beta}$ 已知，如图 5-19 所示，则有：

$$\left.\begin{aligned}\sin\varphi&=\frac{\Psi_{r\beta}}{\sqrt{\Psi_{r\alpha}^2+\Psi_{r\beta}^2}}\\\cos\varphi&=\frac{\Psi_{r\alpha}}{\sqrt{\Psi_{r\alpha}^2+\Psi_{r\beta}^2}}\end{aligned}\right\}\tag{5-63}$$

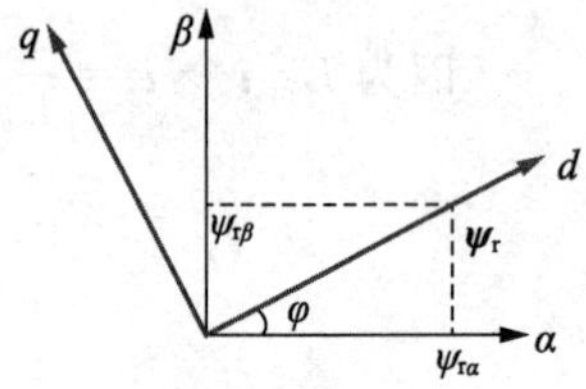

图 5-19 以转子磁链为例的磁场定向

可以看出，磁场定向的关键是求出磁链矢量的 α 和 β 分量。下面先来分析一下异步电动机在 $\alpha\beta$ 坐标系（即两相静止坐标系）中的数学模型。

5.5.2 异步电动机在两相静止坐标系中的数学模型

这里只给出推导结论，具体推导过程有兴趣的同学可以查阅相关资料。

1）电压方程

$$\begin{pmatrix}u_{s\alpha}\\u_{s\beta}\\u_{r\alpha}\\u_{r\beta}\end{pmatrix}=\begin{pmatrix}R_s+L_sp & 0 & L_mp & 0\\0 & R_s+L_sp & 0 & L_mp\\L_mp & \omega L_m & R_r+L_rp & \omega L_r\\-\omega L_m & L_mp & -\omega L_r & R_r+L_rp\end{pmatrix}\begin{pmatrix}i_{s\alpha}\\i_{s\beta}\\i_{r\alpha}\\i_{r\beta}\end{pmatrix}\tag{5-64}$$

2）磁链方程

$$\begin{pmatrix}\Psi_{s\alpha}\\\Psi_{s\beta}\\\Psi_{r\alpha}\\\Psi_{r\beta}\end{pmatrix}=\begin{pmatrix}L_s & 0 & L_m & 0\\0 & L_s & 0 & L_m\\L_m & 0 & L_r & 0\\0 & L_m & 0 & L_r\end{pmatrix}\begin{pmatrix}i_{s\alpha}\\i_{s\beta}\\i_{r\alpha}\\i_{r\beta}\end{pmatrix}\tag{5-65}$$

3）转矩方程

$$\left.\begin{aligned}\boldsymbol{T}_e&=\frac{3}{2}n_pL_m(\boldsymbol{i}_r\times\boldsymbol{i}_s)\\T_e&=\frac{3}{2}n_pL_m(i_{r\alpha}i_{s\beta}-i_{r\beta}i_{s\alpha})\end{aligned}\right\}\tag{5-66}$$

5.5.3 转子磁链模型

要实现转子磁链定向的矢量控制系统，关键是要获得转子磁链的 α 和 β 分量。在矢量控制刚出现时，人们曾尝试用一些磁敏元件直接检测转子磁链，但在实际应用中往往很少用，这有两个原因：一是需要打开电动机安装磁敏元件或采用得特殊设计的电动机，不能随便拿过一台电动机就使用；二是通过磁敏元件检测得到的信号干扰太大。因此，在实际应用中往往用电压、电流或转速这种易测的信号通过数学模型间接得到转子磁链信息，通常称为磁链观测。磁链观测是矢量控制和转矩直接控制的核心。根据所需量的不同，磁链观测主要分为电压模型和电流模型两大类。

1）计算转子磁链的电流模型

根据描述磁链与定子电流关系的磁链方程来计算转子磁链，所得到的模型称为电流模型。电流模型可分为两种：一种是两相静止坐标系下的转子磁链电流模型，一种是两相旋转坐标系下的转子磁链电流模型。此处只介绍第一种。

$$\left.\begin{aligned}\Psi_{r\alpha}&=L_m i_{s\alpha}+L_r i_{r\alpha}\\ \Psi_{r\beta}&=L_m i_{s\beta}+L_r i_{r\beta}\end{aligned}\right\}\tag{5-67}$$

如果定、转子电流都能检测出来，则 $\Psi_{r\alpha}$ 和 $\Psi_{r\beta}$ 就可知了，因为 L_m 和 L_r 是已知的。定子电流是能检测出来的，但对于鼠笼式异步电机，转子电流难以检测。因此，要想办法把 $i_{r\alpha}$ 和 $i_{r\beta}$ 消掉，从而找到 $\Psi_{r\alpha}$，$\Psi_{r\beta}$ 与 $i_{s\alpha}$，$i_{s\beta}$ 之间的关系。

除了磁链方程，还有转子电压方程：

$$\left.\begin{aligned}u_{r\alpha}&=L_m p i_{s\alpha}+(L_r p+R_r)i_{r\alpha}+\omega(L_m i_{s\beta}+L_r i_{r\beta})\\ u_{r\beta}&=L_m p i_{s\beta}+L_r p i_{r\beta}-\omega(L_m i_{s\alpha}+L_r i_{r\alpha})+R_r i_{s\beta}\end{aligned}\right\}\tag{5-68}$$

$$\left.\begin{aligned}&u_{r\alpha}=0,\quad u_{r\beta}=0\\ &i_{r\alpha}=\frac{1}{L_r}(\Psi_{r\alpha}-L_m i_{s\alpha})\\ &i_{r\beta}=\frac{1}{L_r}(\Psi_{r\beta}-L_m i_{s\beta})\end{aligned}\right\}\tag{5-69}$$

将以上条件代入式(5-69)得：

$$\left.\begin{aligned}\Psi_{r\alpha}&=\frac{1}{T_r p+1}(L_m i_{s\alpha}-\omega T_r\Psi_{r\beta})\\ \Psi_{r\beta}&=\frac{1}{T_r p+1}(L_m i_{s\beta}+\omega T_r\Psi_{r\alpha})\end{aligned}\right\}\tag{5-70}$$

其中，$T_r=\dfrac{L_r}{R_r}$ 为转子电磁时间常数。

转子磁链的电流模型需要检测定子电流、转速信号。该模型的优点是高、低速都能用；缺点是需要检测转速信号，受参数影响较大，尤其是转子参数。转子磁链的电流模型如图5-20 所示。

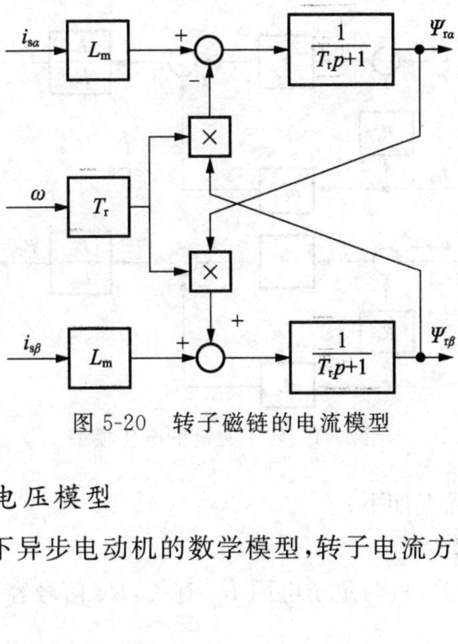

图 5-20 转子磁链的电流模型

2）计算转子磁链的电压模型

采用两相静止坐标系下异步电动机的数学模型，转子电流方程为：

$$\left.\begin{aligned} i_{r\alpha}&=\frac{1}{L_r}(\Psi_{r\alpha}-L_m i_{s\alpha})\\ i_{r\beta}&=\frac{1}{L_r}(\Psi_{r\beta}-L_m i_{s\beta})\end{aligned}\right\}\tag{5-71}$$

定子电压方程为：

$$\left.\begin{aligned} u_{s\alpha}&=R_s i_{s\alpha}+L_s\frac{di_{s\alpha}}{dt}+L_m\frac{di_{r\alpha}}{dt}\\ u_{s\beta}&=R_s i_{s\beta}+L_s\frac{di_{s\beta}}{dt}+L_m\frac{di_{r\beta}}{dt}\end{aligned}\right\}\tag{5-72}$$

将转子电流方程(5-71)代入定子电压方程(5-72)可得：

$$\left.\begin{aligned} u_{s\alpha}-R_s i_{s\alpha}-L_s\frac{di_{s\alpha}}{dt}&=\frac{L_m}{L_r}(\Psi_{r\alpha}-L_m i_{s\alpha})\\ u_{s\beta}-R_s i_{s\beta}-L_s\frac{di_{s\beta}}{dt}&=\frac{L_m}{L_r}(\Psi_{r\beta}-L_m i_{s\beta})\end{aligned}\right\}\tag{5-73}$$

$$\left.\begin{aligned} \frac{L_m}{L_r}\frac{d\Psi_{r\alpha}}{dt}&=u_{s\alpha}-R_s i_{s\alpha}-\left(L_s-\frac{L_m^2}{L_r}\right)\frac{di_{s\alpha}}{dt}\\ \frac{L_m}{L_r}\frac{d\Psi_{r\beta}}{dt}&=u_{s\beta}-R_s i_{s\beta}-\left(L_s-\frac{L_m^2}{L_r}\right)\frac{di_{s\beta}}{dt}\end{aligned}\right\}\tag{5-74}$$

将漏磁系数 $\sigma=1-\dfrac{L_m^2}{L_sL_r}$ 代入式(5-74)中，并对方程两边进行积分，可得转子磁链的电压模型为：

$$\left.\begin{aligned} \Psi_{r\alpha}&=\frac{L_r}{L_m}\left[\int(u_{s\alpha}-R_s i_{r\alpha})dt-\sigma L_s i_{s\alpha}\right]\\ \Psi_{r\beta}&=\frac{L_r}{L_m}\left[\int(u_{s\beta}-R_s i_{r\beta})dt-\sigma L_s i_{s\beta}\right]\end{aligned}\right\}\tag{5-75}$$

即可构成如图 5-21 所示的转子磁链的电压模型。

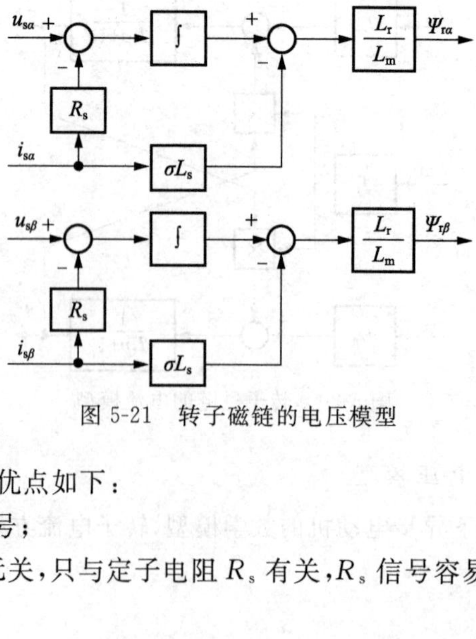

图 5-21　转子磁链的电压模型

转子磁链电压模型的优点如下：

(1) 不需要测转速信号；

(2) 与转子电阻 R_r 无关，只与定子电阻 R_s 有关，R_s 信号容易测得；

(3) 算法简单，受参数变化的影响较小。

转子磁链电压模型的缺点是包含纯积分环节，但初始值不知道，会影响计算的结果。数字计算的累积误差也会影响计算的结果，且字长有限，截断误差会导致含有直流偏移量，尤其是在低速下，因为滤波器难以设计，受定子电阻参数影响较大。

电压模型更适合中、高速范围，而电流模型能适应低速，有时为了提高精度，把两种模型结合起来。当然，磁链模型非常多，这两种模型只是最基本的。

5.5.4　*d* 轴转子磁链定向的同步旋转坐标系中异步电动机的数学模型

$\alpha\beta$ 坐标系中的数学模型变换到 dq 坐标系中，其中 d 轴定向于转子磁链矢量 $\boldsymbol{\psi}_{r}$，由于 $\Psi_{r\alpha}$ 和 $\Psi_{r\beta}$ 均已知，所以 d 轴与 α 轴之间的夹角 φ 的正弦和余弦值均可以求出来。

$$\left.\begin{aligned}\sin\varphi&=\frac{\Psi_{r\beta}}{\sqrt{\Psi_{r\alpha}^{2}+\Psi_{r\beta}^{2}}}\\ \cos\varphi&=\frac{\Psi_{r\alpha}}{\sqrt{\Psi_{r\alpha}^{2}+\Psi_{r\beta}^{2}}}\end{aligned}\right\}\tag{5-76}$$

由于变换矩阵 $\begin{pmatrix}\cos\varphi & \sin\varphi\\ -\sin\varphi & \cos\varphi\end{pmatrix}$ 已知，进行坐标变换可得：

(1) 电压方程为：

$$\left.\begin{aligned}u_{sd}&=R_{s}i_{sd}+p\Psi_{sd}-\omega_{1}\Psi_{sq}\\ u_{sq}&=R_{s}i_{sq}+p\Psi_{sq}-\omega_{1}\Psi_{sd}\\ 0&=R_{s}i_{rd}+p\Psi_{rd}-(\omega_{1}-\omega)\Psi_{rq}=R_{r}i_{rd}+p\Psi_{r}\\ 0&=R_{s}i_{rq}+p\Psi_{rq}-(\omega_{1}-\omega)\Psi_{rd}=R_{r}i_{rq}+(\omega_{1}-\omega)\Psi_{r}\end{aligned}\right\}\tag{5-77}$$

(2) 磁链方程为：

$$\left.\begin{aligned}\Psi_{sd}&=L_{s}is_{d}+L_{m}i_{rd}\\ \Psi_{sq}&=L_{s}is_{q}+L_{m}i_{rq}\\ \Psi_{rd}&=L_{m}is_{sd}+L_{r}i_{rd}\Rightarrow\Psi_{r}=L_{m}i_{sd}+L_{r}i_{rd}\\ \Psi_{rq}&=L_{m}is_{q}+L_{r}i_{rq}\Rightarrow 0=L_{m}i_{sq}+L_{r}i_{rq}\end{aligned}\right\}\tag{5-78}$$

(3) 转矩方程为：

$$T_{e}=\frac{3}{2}n_{p}\frac{L_{m}}{L_{r}}\Psi_{r}i_{sq}\tag{5-79}$$

电磁转矩仅由定子电流的 q 轴分量产生，与 d 轴分量无关(图 5-22)。

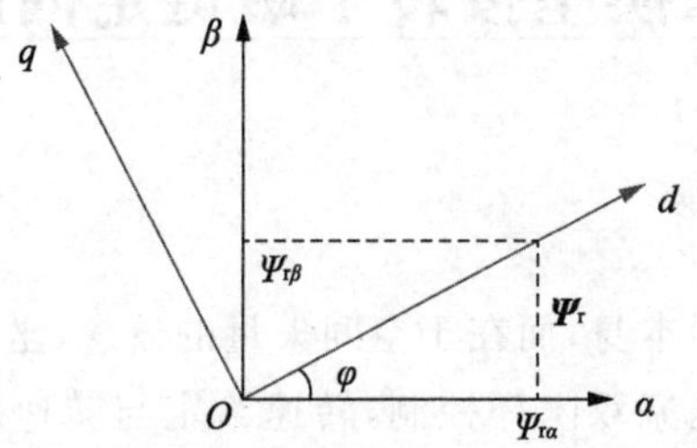

图 5-22　*d* 轴转子磁链定向的同步旋转坐标系

d 轴转子磁链定向时转子磁链与定子电流的关系为：

$$0=R_r i_{rd}+p\Psi_r$$

所以有：

$$i_{rd}=-\frac{1}{R_r}p\Psi_r$$

又因为 $\Psi_r=L_m i_{sd}+L_r i_{rd}$，所以有：

$$\Psi_r=L_m i_{sd}-L_r\frac{1}{R_r}p\Psi_r \tag{5-80}$$

$$(T_r p+1)\Psi_r=L_m i_{sd}\Rightarrow \Psi_r=\frac{L_m}{T_r p+1}\cdot i_{sd} \tag{5-81}$$

转子磁链仅由定子电流励磁分量产生，与转矩分量无关，电流与磁链之间存在一阶惯性关系。经坐标变换，实现了励磁分量与转矩分量的解耦。

5.5.5 矢量变换与电流解耦数学模型

图 5-23 给出了异步电动机矢量变换与电磁解耦数学模型，从图中可知：

(1) 三相电流 i_A，i_B，i_C 经 3s/2s 变换，得到 i_α，i_β。

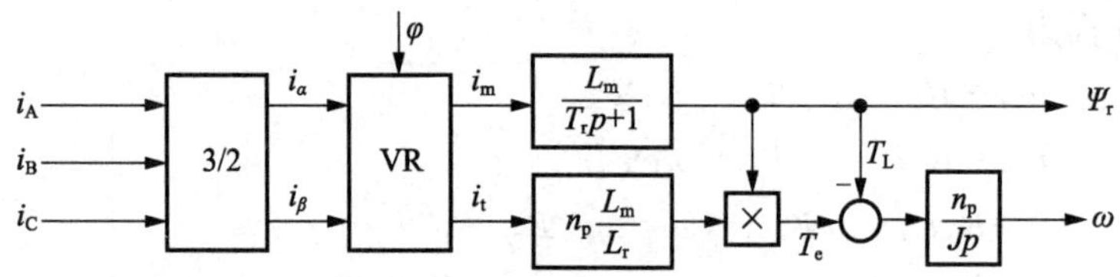

图 5-23 异步电机矢量变换与电磁解耦数学模型

(2) i_α，i_β 经 3s/2s 变换，得到 i_d，i_q，变换的关键是 φ 或者说是 $\sin\varphi$，$\cos\varphi$ 的求取，即定向问题。前文介绍过可以定向于 3 个磁链，即定子、转子、气隙合成磁链，而且也简单介绍了磁链的计算方法，也就是磁链观测器，这也是矢量控制的核心部分。

(3) 根据磁链公式，由 i_d 可以得到 Ψ_r；根据电磁转矩公式，由 i_q 及 ψ_r 可以得到 T_e。

(4) 根据运动方程式 $T_e-T_L=J\frac{d\omega}{dt}$，可以得到 ω。

5.6 基于动态模型按转子磁链定向的矢量控制系统

5.6.1 概　述

矢量控制的关键不在控制本身，而在于空间矢量的概念、坐标变换及定向。

回顾直流电动机的转速电流双闭环控制，转速给定与转速反馈之差经过一个转速调节器得到的转矩指令就是期望电动机输出的电磁转矩，如图 5-24 所示。电磁转矩与电枢电流存在线性关系，所以转矩指令除以一个比例系数即可以得到电流指令。通过控制电枢电流可以控制电磁转矩，进而实现对转速的控制。

异步电动机与直流电动机非常类似，转速调节器的输出是电磁转矩指令，如图 5-25 所示。

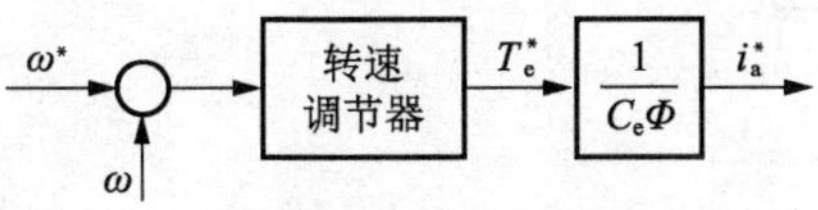

图 5-24 直流电动机转矩与转速关系

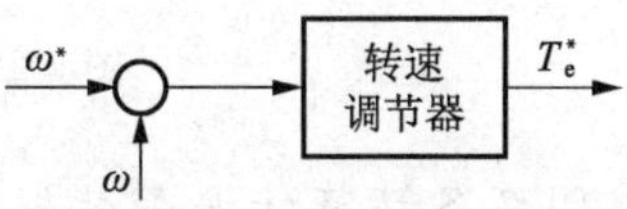

图 5-25 异步电动机转矩与转速关系

转速闭环的转差频率控制正是基于稳态情况下电磁转矩与转差频率在一定的条件下成比例这一现象，通过控制转差频率间接实现对电磁转矩的控制。

当 d 轴定向于转子磁链以后，如果保持转子磁链不变，则电磁转矩与定子电流的 q 轴分量成正比，如图 5-26 所示，这与直流电动机类似。可以通过对定子电流的 q 轴分量（即转矩分量）的控制实现对电磁转矩进而对转速的控制。

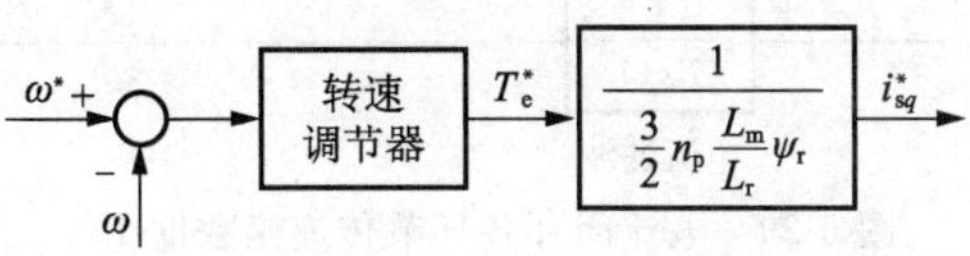

图 5-26 电磁转矩与定子电流的 q 轴分量关系

5.6.2 电流环

我们首先回顾一下直流电动机的电枢电流控制，如图 5-27 所示。

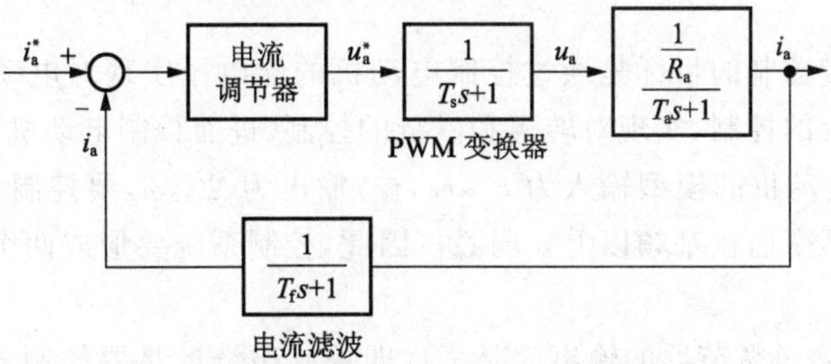

图 5-27 直流电动机的电枢电流控制框图

设计异步电动机电流环控制器可以采用与直流电动机同样的步骤：找到定子电流与端电压之间的方程，写出传递函数，画出闭环系统框图，选择电流调节器，计算参数。这里以 q 轴电流为例进行说明。

1）d 轴转子磁链定向的同步旋转坐标系下端电压与定子电流的关系

$$u_{sq}=\left(R_s+\frac{L_m^2}{L_r^2}R_r\right)i_{sq}+\left(L_s-\frac{L_m^2}{L_r}\right)\frac{di_{sq}}{dt}+\left[\omega_1\left(L_s-\frac{L_m^2}{L_r}\right)i_{sd}+\omega\frac{L_m}{T_rL_r}\Psi_r\right] \tag{5-82}$$

令 $K_R=R_s+\frac{L_m^2}{L_r^2}R_r$，$K_L=L_s-\frac{L_m^2}{L_r}$，则有：

$$u_{sq}=K_Ri_{sq}+K_L\frac{di_{sq}}{dt}+\left(\omega_1K_Li_{sd}+\omega\frac{L_m}{L_r}\Psi_r\right) \tag{5-83}$$

图 5-28 所示的 q 轴电压-电流关系与直流电动机的非常类似。

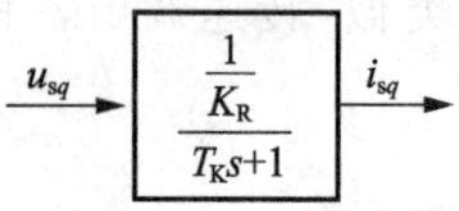

图 5-28 q 轴电压-电流关系

2）电流闭环各环节传递函数框图

电流闭环各环节传递函数框图如图 5-29 所示，电流调节器的选择及参数可以参照直流电动机电流调节器的分析过程。

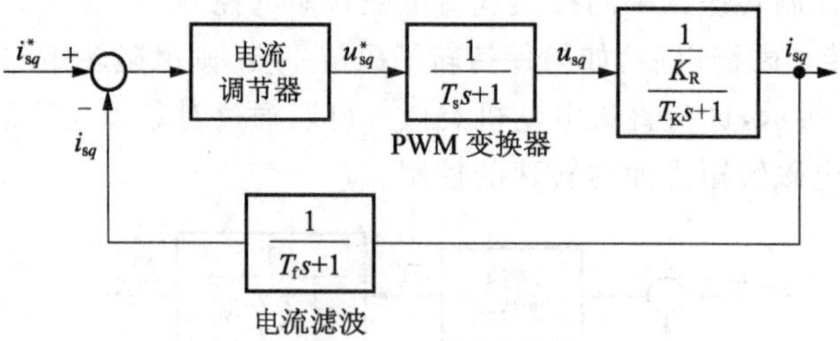

图 5-29 电流闭环各环节传递函数框图

d 轴电流调节器的设计步骤与 q 轴完全一致，参数也完全一致，因为：

$$u_{sd}=\left(R_s+\frac{L_m^2}{L_r^2}R_r\right)i_{sd}+\left(L_s-\frac{L_m^2}{L_r}\right)\frac{\mathrm{d}i_{sd}}{\mathrm{d}t}\left[\omega_1\left(L_s-\frac{L_m^2}{L_r}\right)i_{sq}+\frac{L_m}{T_rL_r}\Psi_r\right] \tag{5-84}$$

5.6.3 异步电动机的矢量控制系统

异步电动机矢量控制的目标是通过控制电动机的端电压实现对电动机电流的控制；通过对电动机定子电流的控制，实现对转矩和磁链的控制，进而控制电动机的转速。

（1）已知异步电动机的模型输入为 i_A，i_B，i_C，输出为 Ψ_r，ω，要控制 ω，也要控制 Ψ_r 使其在基频以下基本不变而在基频以上要弱磁。因此，控制系统要形成两个闭环：磁链闭环及转速闭环。

（2）磁链闭环：磁链调节器的输出就是 i_{sd}^*，即控制磁链就是要控制 i_{sd}^*。其实磁链也可以开环，如图 5-30 所示。转速闭环调节器的输出指令为转矩指令，根据转矩指令可以得到 i_{sq}^*。

（3）有了 i_{sd}^* 和 i_{sq}^*，就可以得到 i_A^*，i_B^*，i_C^*，从而采用电流滞环控制电压型逆变器或电流型逆变器。

通过 Ψ_r 的闭环控制，可使 Ψ_r 在动态的过程中保持不变或按要求弱磁，能够克服基于稳态模型的控制方式的不足，所以矢量控制的异步电动机有与直流调速系统相似的优良特性。

优点：异步电动机矢量控制系统具有优良的动、静态性能，转矩的控制可以在 ms 级完成，调速范围可达到1 000，可与直流电动机的控制性能相媲美。

缺点：受参数影响较大，控制复杂，计算量大。

按转子磁链定向矢量控制的基本思想：通过坐标变换，在按转子磁链定向同步旋转正交坐标系中得到等效的直流电动机模型；仿照直流电动机的控制方法控制电磁转矩与磁链；将转子磁链定向坐标系中的控制量反变换得到三相坐标系中的对应量，实施控制。

习 题

5-1 结合异步电动机三相原始动态模型，讨论异步电动机非线性、强耦合和多变量的特性。

5-2 论述矢量控制系统的基本工作原理，分析坐标变换、矢量变换和按转子磁链定向的作用。

5-3 为何要进行磁场定向？如何进行磁场定向？

5-4 分析转子磁链计算的电流模型和电压模型的基本原理，并分析各自的优缺点。

5-5 按磁动势等效、功率相等的原则，三相坐标系变换到两相静止坐标系的变换矩阵为：

$$\boldsymbol{C}_{3/2}=\sqrt{\frac{2}{3}}\begin{bmatrix}1 & -\frac{1}{2} & -\frac{1}{2}\\ 0 & \frac{\sqrt{3}}{2} & -\frac{\sqrt{3}}{2}\end{bmatrix}$$

现有三相正弦对称电流 $i_A=I_m\cos(\omega t)$，$i_B=I_m\cos\left(\omega t-\frac{2}{3}\pi\right)$，$i_C=I_m\cos\left(\omega t+\frac{2}{3}\pi\right)$，求变换后两相静止坐标系中的电流 $i_{s\alpha}$ 和 $i_{s\beta}$。

第 3 篇

实验专题

引 言

实验课是教学中的重要环节之一，通过实验可以培养学生理论联系实际的能力，使学生加深理解和巩固所学的有关理论知识，培养、锻炼和提高学生对实际系统的调试，以及分析、解决问题的能力，同时通过实验培养学生严谨的科学态度和良好的作风，以达到工程技术人员应有的本领，因此要求每个学生必须认真对待实验课，要求做到：

一、预 习

(1) 了解所有实验系统的工作原理。

(2) 明确实验目的、各项实验内容、实验步骤和方法。

(3) 根据实验操作步骤，画出实验记录表格等。

二、进行实验

(1) 熟知所有设备，认真按实验要求有步骤地进行各项内容的实验。

(2) 测试前必须熟悉仪器、仪表的使用，注意量程。

(3) 认真记录测试数据和波形。

(4) 严禁带电操作，每次更换线路时必须断电操作。通电前，须经指导教师检查合格后，方可合闸。

(5) 同组同学必须相互配合，共同完成实验任务。

三、实验报告

(1) 整理各项实验数据并列成表格，按照要求绘制有关曲线，进行分析比较。

(2) 记录和分析实验中的各种现象。

实验 1

晶闸管直流调速系统参数和环节特性的测定

【实验目的】

(1) 熟悉晶闸管直流调速系统的组成及其基本结构。

(2) 掌握晶闸管直流调速系统参数及反馈环节测定方法。

【实验系统组成及工作原理】

晶闸管-电动机直流调速系统由整流变压器 TR、晶闸管整流调速装置、平波电抗器 L、电动机-发电机组等组成。

交流电源经三相整流变压器送入晶闸管整流装置。整流装置的主电路可根据实验需要接成单相桥式、三相零式或三相桥式电路，控制电路可直接由给定电压 U_g 作为触发器的移相控制电压 U_c，改变 U_g 的大小即可改变控制角 α，从而获得可调的直流电压，以满足实验要求。实验系统的组成原理图如实验图 1-1 所示。

【实验内容】

(1) 测定晶闸管直流调速系统主电路总电阻 R；

(2) 测定晶闸管直流调速系统主电路总电感 L；

(3) 测定直流电动机-直流发电机-测速发电机组的飞轮惯量 GD^2；

(4) 测定晶闸管直流调速系统主电路电磁时间常数 T_1；

(5) 测定直流电动机电势常数 C_e 和转矩常数 C_m；

(6) 测定晶闸管直流调速系统机电时间常数 T_m；

(7) 测定晶闸管触发及整流装置特性 $U_d=f(U_c)$；

(8) 测定测速发电机特性 $U_{TG}=f(n)$；

【实验方法】

为了研究晶闸管-电动机系统，首先要了解电枢回路的总电阻 R、总电感 L 以及系统的电磁时间常数 T_1 与机电时间常数 T_m，这些参数均需通过实验手段来测定，具体方法如下：

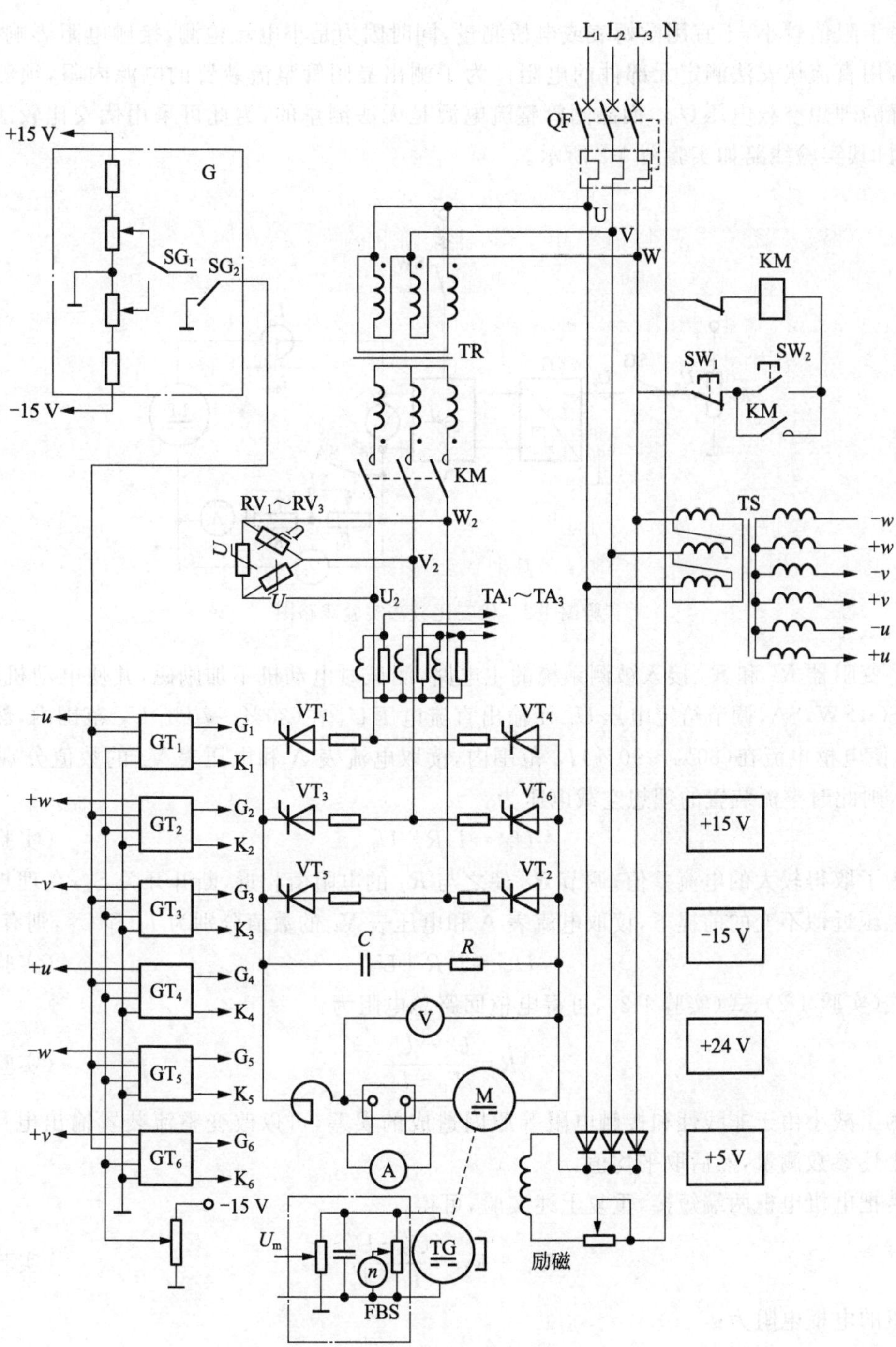

实验图 1-1　参数测定实验线路

1）主回路总电阻 R 的测定

主回路的总电阻 R 包括电动机的电枢电阻 R_a、整流装置的内阻 R_{rec} 和平波电抗器 L 的电阻 R_L，即

$$R=R_a+R_{rec}+R_L \qquad \text{(实验 1-1)}$$

由于阻值较小，不宜用欧姆表或电桥测量，同时因为是小电流检测，接触电阻影响很大，所以常用直流伏安法测定元部件的电阻。为了测出晶闸管整流装置的电源内阻，须测量整流装置的理想空载电压 U_{d0}，而晶闸管整流电源是无法测量的，为此可采用伏安比较法来测定电阻，其实验线路如实验图 1-2 所示。

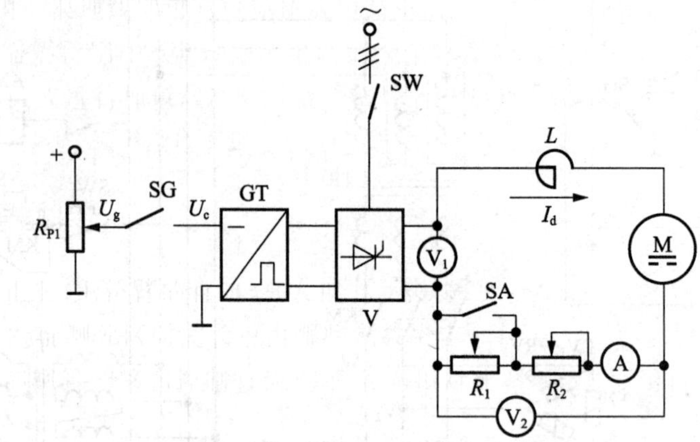

实验图 1-2　伏安比较法实验线路图

将变阻器 R_1 和 R_2 接入被测系统的主电路，测试时电动机不加励磁，并使电动机堵转。合上 SG，SW，SA，调节给定电压 U_g 使输出直流电压 U_d 在(30%～70%)U_N 范围内，然后调整 R_2 使电枢电流在(80%～90%)I_N 范围内，读取电流表 A 和电压表 V_2 的数值分别为 I_1 和 U_1，则此时整流装置的理想空载电压为：

$$U_{d0}=I_1R+U_1 \tag{实验 1-2}$$

为了取得较大的电流差值，调节 R_1 使之与 R_2 的电阻值相近，断开开关 S_2，在理想控制整流电压近似不变的前提下，读取电流表 A 和电压表 V_2 的数值分别为 I_2 和 U_2，则有：

$$U_{d0}=I_2R+U_2 \tag{实验 1-3}$$

求解式(实验 1-2)、式(实验 1-3)，可得电枢回路总电阻为：

$$R=\frac{U_2-U_1}{I_1-I_2} \tag{实验 1-4}$$

为了减小由于非线性和接触电阻等原因造成的误差，可以改变整流装置输出电压 U_d，重复上述参数测量，然后取平均值。

若把电机电枢两端短接，重复上述实验，可得：

$$R_{rec}+R_L=\frac{U_2'-U_1'}{I_1'-I_2'} \tag{实验 1-5}$$

则电机的电枢电阻为：

$$R_a=R-(R_{rec}+R_L) \tag{实验 1-6}$$

同样，若仅短接平波电抗器的两端，则可测得电抗器直流电阻 R_L。

进一步可求晶闸管整流装置的电源内阻为：

$$R_{rec}=R-(R_a+R_L) \tag{实验 1-7}$$

2) 主回路总电感 L 的测定

主回路总电感 L 包括电动机的电枢电感 L_a、平波电抗器电感 L_L 和整流变压器漏感

L_{TR}，由于 L_{TR} 的数值很小，可以忽略，所以电枢回路的等效总电感为：

$$L=L_a+L_L \tag{实验 1-8}$$

电感的数值可以用交流伏安法测定。实验时应给电动机加额定励磁，并使电动机堵转，实验线路如实验图 1-3 所示。

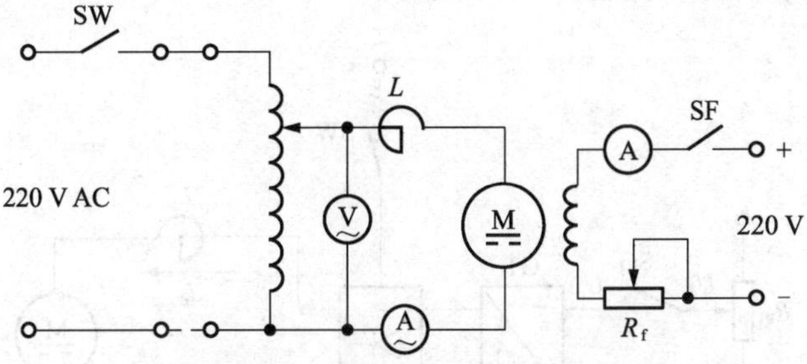

实验图 1-3 交流伏安法实验线路图

通常采用降压变压器 TD(或单相调压器)来保证实验时交流电压的有效值小于电动机直流电压的额定值，用交流电压表 V 和交流电流表 A 分别测出电枢两端和电抗器上的电压 U_a 和 U_L 及电流 I，从而可以得到交流阻抗 Z_a 和 Z_L，计算出电感 L_a 和 L_L。计算公式如下：

$$Z_a=\frac{U_a}{I} \tag{实验 1-9}$$

$$Z_L=\frac{U_L}{I} \tag{实验 1-10}$$

$$L_a=\frac{\sqrt{Z_a^2-R_a^2}}{2\pi f} \tag{实验 1-11}$$

$$L_d=\frac{\sqrt{Z_L^2-R_L^2}}{2\pi f} \tag{实验 1-12}$$

3）直流电动机-发电机-测速发电机组的飞轮惯量的测定

电力拖动系统的运动方程为：

$$T_e-T_L=\frac{GD^2}{375}\frac{\mathrm{d}n}{\mathrm{d}t} \tag{实验 1-13}$$

式中，T_e 为电动机的电磁转矩，N·m；T_L 为负载转矩，空载时即空载转矩 T_{L0}，N·m；n 为电动机转速，r/min；GD^2 为飞轮惯量，N·m^2。

电动机空载自由停车时，$T_e=0$，$T_L=T_{L0}$，则运动方程为：

$$T_{L0}=-\frac{GD^2}{375}\frac{\mathrm{d}n}{\mathrm{d}t} \tag{实验 1-14}$$

从而有：

$$GD^2=\frac{375T_{L0}}{\left|\frac{\mathrm{d}n}{\mathrm{d}t}\right|} \tag{实验 1-15}$$

T_{L0} 可由空载功率 P_0（单位为 W）求出：

$$P_0=U_aI_{a0}-I_{a0}^2R_a \tag{实验 1-16}$$

$$T_{L0}=\frac{9.55P_0}{n} \qquad (实验 1-17)$$

$\frac{dn}{dt}$可以从自由停车时所得的曲线 $n=f(t)$求得。

测定 GD^2 的实验线路如实验图 1-4 所示。

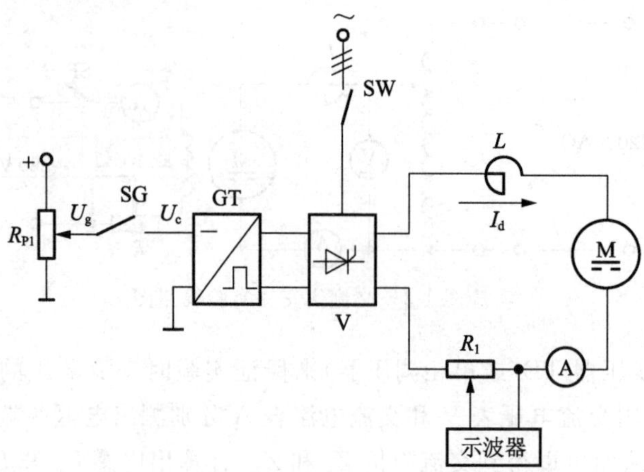

实验图 1-4 测定 GD^2 的实验线路

电动机加额定励磁，将电动机空载起动至稳定转速后，测量电枢电压 U_a 和电流 I_{a0}，然后断开给定，用数字存储示波器记录 $n=f(t)$曲线，即可求取某一转速时的 T_{L0} 和$\frac{dn}{dt}$。由于空载转矩不是常数，所以可以转速 n 为基准选择若干个点，测出相应的 T_{L0} 和$\frac{dn}{dt}$，以求得 GD^2 的平均值。

4）**电枢回路电磁时间常数 T_l 的测定**

采用电流波形法测定电枢回路电磁时间常数 T_l，当电枢回路突加给定电压时，电流 i_d 按指数规律上升：

$$i_d=I_d(1-e^{-t/T_l}) \qquad (实验 1-18)$$

电流变化曲线如实验图 1-5 所示。当 $t=T_l$ 时，有 $i_d=I_d(1-e^{-1})=0.632I_d$。

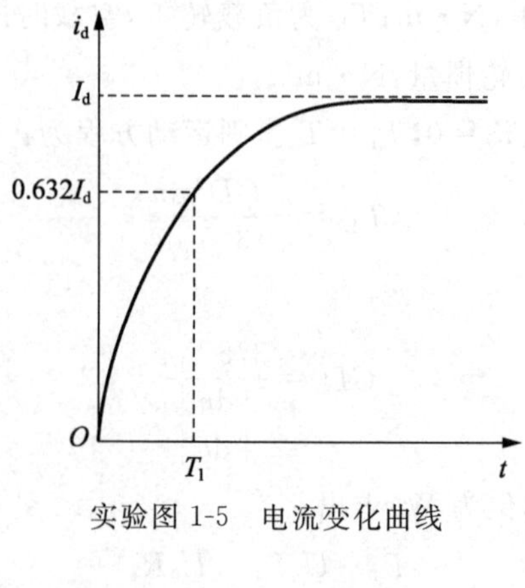

实验图 1-5 电流变化曲线

测定 T_1 的实验线路如实验图 1-6 所示。电动机不加励磁，调节给定电压 U_g 使电机电枢电流在(50%～90%)I_N范围内。然后保持 U_g 不变，将给定的 SG 拨到接地位置，再拨动给定的 SG 从接地到正电压阶跃信号，用数字存储示波器记录 $i_d=f(t)$的波形，在波形图上测量出当电流上升至稳定值的 63.2%时的时间，即电枢回路的电磁时间常数 T_1。

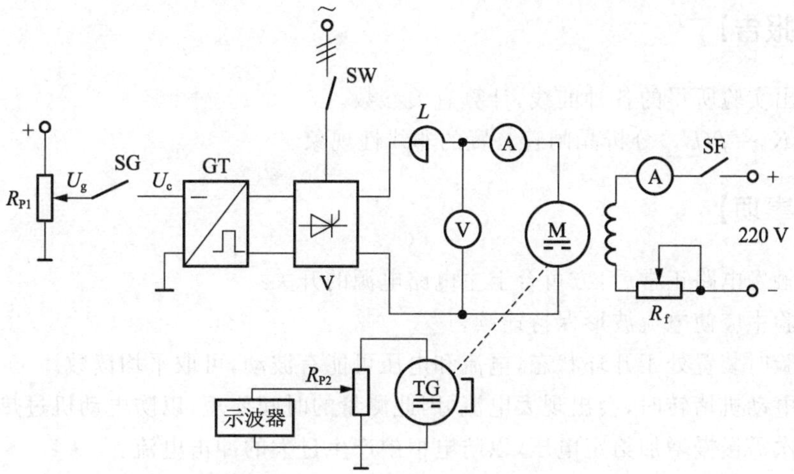

实验图 1-6　测定 T_1 的实验线路

5）直流电动机电势常数 C_e 和转矩常数 C_m 的测定

将电动机加额定励磁，使其空载运行，改变电枢电压 U_d，测得相应的 n，即可由式(实验 1-19)计算出 C_e：

$$C_e=\frac{U_{d2}-U_{d1}}{n_2-n_1} \tag{实验 1-19}$$

转矩常数 C_m 可由 C_e 求出：

$$C_m=9.55C_e \tag{实验 1-20}$$

6）系统机电时间常数 T_m 的测定

系统的机电时间常数 T_m 的计算式为：

$$T_m=\frac{GD^2R}{375C_eC_m} \tag{实验 1-21}$$

由于 $T_m \gg T_1$，也可以近似地把系统看成是一阶惯性环节，即

$$n=\frac{K}{1+T_mS}U_d \tag{实验 1-22}$$

当电枢突加给定电压时，转速 n 将按指数规律上升，当 n 到达稳态值的 63.2%时，所经过的时间即拖动系统的机电时间常数。

测试时电枢回路中的附加电阻应全部切除，突然给电枢加电压，用数字存储示波器记录过渡过程曲线 $n=f(t)$，即可由此确定机电时间常数。

7）晶闸管触发及整流装置特性 $U_d=f(U_c)$和测速发电机特性 $U_{TG}=f(n)$的测定

实验线路如实验图 1-4 所示。电动机加额定励磁，逐渐增加触发电路的控制电压 U_c，分别读取对应的 U_c，U_{TG}，U_d，n 的数值若干组，即可描绘出特性曲线 $U_d=f(U_c)$和 U_{TG}

$=f(n)$。

由 $U_d=f(U_c)$ 曲线可求得晶闸管整流装置的放大倍数曲线 $K_s=f(U_c)$，即

$$K_s=\frac{\Delta U_d}{\Delta U_c} \qquad \text{(实验 1-23)}$$

【实验报告】

(1) 作出实验所得的各种曲线，计算有关参数。

(2) 由 $K_s=f(U_c)$ 分析晶闸管装置的非线性现象。

【注意事项】

(1) 在触发电路正常后，方可合上主电路电源的开关。

(2) 实验中应使电流波形保持连续。

(3) 实验时装置处于开环状态，电流和电压可能有波动，可取平均读数。

(4) 当电动机堵转时，会出现大电流，因此测量的时间要短，以防电动机过热。

(5) 每次需慢慢增加给定电压，以防电枢中产生过大的冲击电流。

【实验思考题】

(1) 平波电抗器、电流互感器、测速发电机在 V-M 调速系统中有何功用？对它们的特性有何要求？

(2) 为什么应在电流连续条件下测定 R_{rec}？

(3) 为何要在空载情况下测取过渡过程的曲线？是否可以在带载情况下进行，为什么？

实验 2

转速单闭环有静差直流调速系统稳态设计与调试

【实验目的】

(1) 了解转速单闭环有静差直流调速系统的组成。

(2) 熟悉转速单闭环有静差直流调速系统的调试方法。

(3) 掌握转速负反馈在系统中的作用。

(4) 测定转速单闭环有静差直流调速系统的机械特性和静特性。

【实验系统组成及工作原理】

采用闭环调速系统可以提高系统的动静态性能指标，其中转速单闭环直流调速系统是常用的一种形式。实验图 2-1 所示的是带电流截止负反馈的转速单闭环直流调速系统的实验图。

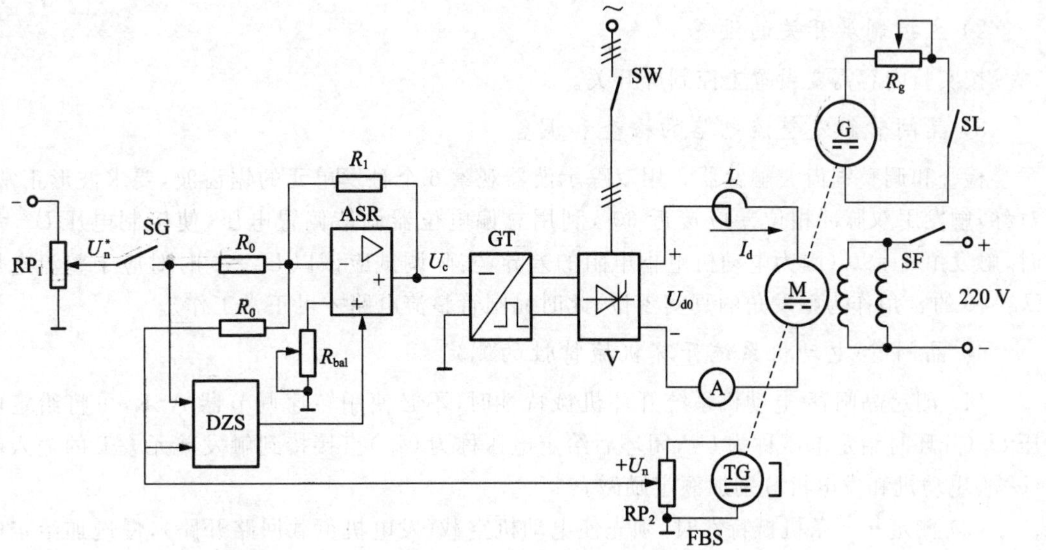

实验图 2-1 带电流截止负反馈的转速单闭环直流调速系统

图中，电动机的电枢回路由晶闸管组成的三相桥式全控整流电路 V 供电，通过与电动机同轴刚性连接的测速发电机 TG 检测电动机的转速，并经转速反馈环节 FBS 分压后取出合适的转速反馈信号 U_n，此电压与转速给定信号 U_n^* 经转速调节器 ASR 综合调节，ASR 的输出作为移相触发器 GT 的控制电压 U_c，由此组成转速单闭环直流调速系统。图中，DZS 为零速封锁器，当转速给定电压 U_n^* 和转速反馈电压 U_n 均为零时，DZS 的输出信号使转速调节器 ASR 锁零，以防止调节器零漂而使电动机产生爬行。

在本系统中，ASR 采用比例调节器，属于有静差调速系统，增加 ASR 的比例放大系数即可提高系统的静特性硬度。

【实验内容】

(1) 检查实验装置的有关单元。

① 检查和调整锯齿波触发器；

② 检查和调整运算放大器，整定其输出限幅值。

(2) 测定和比较晶闸管-电动机系统的开环机械特性及转速单闭环调速系统的静特性。

① 测定两条开环机械特性，两条空载起始转速与开环机械特性相同的闭环静特性；

② 计算并比较机械特性和静特性的静差率 s；

③ 改变 ASR 的放大系数 K_P，测定几条静特性，并比较它们的静特性 s 的变化情况。

【实验方法】

1) 系统调试的基本原则

(1) 先部件，后系统，即先将各个环节特性调整好，然后才能组成系统。

(2) 先开环，后闭环，即先使系统能正常开环运行，然后确定电流负反馈，组成闭环系统。

2) 主控制屏开关的设置

按实验内容需要设置主控制屏开关。

3) 晶闸管触发整流电路的检查和调整

检查和调整锯齿波触发器。用双踪示波器观察 6 个触发单元的锯齿波，要求波形正常、对称，触发用双脉冲相位差应接近 60°，利用总偏电位器调节偏置电压，使控制电压 $U_c=0$ 时，触发角 $\alpha=90°$(因为电动机电枢电阻的差异，实际调试应该以 $U_c=0$ 时对应于整流电压 $U_{d0}=0$ 的 α 角作为触发角的真实零位，此时晶闸管整流电路才可正常工作)。

4) 晶闸管-电动机系统开环机械特性的测定

(1) 测定晶闸管-电动机系统开环机械特性时，不必使用转速调节器 ASR，可将给定电压 U_g(开环时给定电压称为 U_g，闭环后给定电压称为 U_n^*)直接接到触发单元 GT 的输入端(U_c)，电动机和发电机分别加额定励磁。

(2) 测定每一条机械特性时，须先使电动机空载(发电机负载回路开路)，慢慢加给定电压 U_g，使电动机转速慢慢上升至额定转速，然后合上负载开关 SL，改变负载变阻器 R_g 的阻值，使主回路电流达到额定电流 I_N，此时即为额定工作点($n=n_N$，$I_d=I_N$)。之后改变负载变阻器 R_g，使主回路电流从额定电流减少至空载电流。记录几组转速和电流的数据(实验

表 2-1)，并画出机械特性。

实验表 2-1 结果记录表 1

$n/(\mathrm{r \cdot min^{-1}})$						
I_d/A						

5) 转速负反馈单闭环系统的调试及闭环系统静特性的测定

(1) 转速调节器 ASR 的检查与调整。

① 检查调节器零位：断开主回路电源开关 SW，将给定电压 U_g 分别接到零速封锁器 DZS 和转速调节器 ASR 的输入端，并将 DZS 的输出接到 ASR 输入端，将 ASR 的反馈回路电容短接，形成低放大系数的比例调节器。当给定电压为零时，ASR 的输出应该等于零(用万用表直流电压挡测量)，若输出不为零，则可以调节 ASR 的调零电位器。

② 检查调节器限幅值：调节器接线同上，将 ASR 的输出端接到触发单元 CT 的输入端(U_c)，然后加入足够大的负给定电压 U_g，调节 ASR 正限幅电位器，使最小控制角 α_{min} 为 15°～30°，再用万用表测量输出电压值，即得输出限幅值 U_{cm}。

(2) 转速反馈信号极性的判别与整定。

① 转速调节器 ASR 不接入控制回路，电动机和发电机分别加额定励磁。直接将给定电压 U_g 加到触发单元 CT 的输入端(U_c)，使电动机开环运行，用万用表在转速反馈单元 FBS 中测量转速反馈信号 U_n 的极性，使之满足转速负反馈要求。

② 慢慢增加给定电压 U_g，使转速达到 n_N，然后调整 FBS 中的转速反馈电位器，使转速反馈信号 $U_n \leqslant U_n^*$(可在 4～10 V 间取某一数值)，再计算转速反馈系数 α。

(3) 闭环系统静特性的测定。

按实验图 2-1 接线，慢慢加给定电压 U_n^*(主要应为负值)使电动机起动。当给定电压 U_n^* 达到与前面的开环给定电压 U_g 相同的数值时，如果转速较开环时的降低，则说明反馈接线极性是正确的，否则须改变反馈接线极性。

逐渐增加给定电压 U_n^*，使电动机转速慢慢上升至额定转速，然后合上负载开关 SL，改变负载变阻器 R_g 的阻值，使主回路电流达到额定电流 I_N，即额定工作点($n=n_N, I_d=I_N$)。之后改变负载变阻器 R_g 的阻值使主回路电流从额定电流逐步减少至空载电流，记录几组转速和电流的数据(实验表 2-2)，并画出闭环系统静特性曲线。

实验表 2-2 结果记录表 2

$n/(\mathrm{r \cdot min^{-1}})$						
I_d/A						

【实验报告】

(1) 叙述设计与计算转速调节器的过程，并画出具体电路，标明 K_P 的设计值与实际调试值。分析调试中出现的问题。

(2) 根据实验所测数据计算：当 $D=6$ 时，$S=$？

(3) 绘制实验所得开环机械特性和闭环静特性曲线，并进行分析、比较、讨论。

(4) 从闭环系统静特性结果记录表中就 U_c 随 I_d 的变化而变化说明反馈控制原理。

【注意事项】

(1) 触发电路正常后方可合上主回路电源开关 SW。

(2) 不允许开关 SG 突加给定起动电动机，每次起动时必须慢慢增加给定，以免产生过大的冲击电流。更不允许通过突合主回路电源开关 SW 起动电动机。

【实验思考题】

(1) 系统在开环、有静差闭环与无静差闭环工作时，转速调节器 ASR 各工作在什么状态？实验时应如何接线？

(2) 要得到相同的空载转速 n_0，亦即要得到与整流装置相同的输出电压 U_{d0}，对于有反馈与无反馈调速系统在哪种情况下给定的电压要大些？为什么？

(3) 在有转速负反馈的调速系统中，为了得到相同的空载转速 n_0，转速反馈的强度对 U_g 有什么影响？为什么？

(4) 如何确定转速反馈的极性？如何将转速反馈正确地接入系统中？

(5) 如何调节转速反馈的强度？在线路中调节什么元件能实现转速反馈强度的调节？

实验3

双闭环不可逆直流调速系统动态特性的研究

【实验目的】

(1) 了解双闭环不可逆直流调速系统的原理、组成及各主要单元部件的原理。

(2) 掌握双闭环不可逆直流调速系统的调试步骤、方法及参数的整定。

(3) 研究调节器参数对系统动态性能的影响。

【实验系统组成及工作原理】

双闭环直流调速系统是由电流和转速两个调节器进行控制的,可获得良好的静、动态性能(两个调节器均采用 PI 调节器),由于调整系统的主要参量为转速,故将转速环作为主环放在外面,电流环作为副环放在里面,这样可以抑制电网电压扰动对转速的影响。实验系统的原理框图如实验图 3-1 所示。

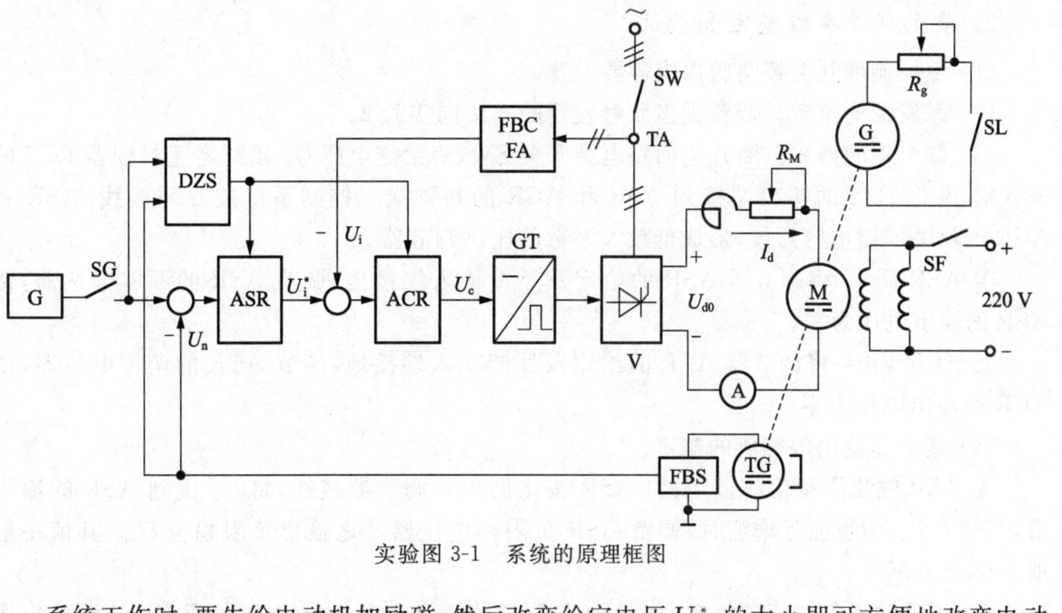

实验图 3-1　系统的原理框图

系统工作时,要先给电动机加励磁,然后改变给定电压 U_n^* 的大小即可方便地改变电动机的转速。转速调节器 ASR、电流调节器 ACR 均设有限幅环节。ASR 的输出 U_i^* 作为

ACR 的给定，利用 ASR 的输出限幅可达到限制起动电流的目的。ACR 的输出作为触发电路 GT 的控制电压 U_c，利用 ACR 的输出限幅 U_{cm} 可达到限制 α_{min} 的目的。

起动时，加入给定电压 U_n^*，转速调节器 ASR 立即饱和，输出限幅值 U_{im}^*，使电动机以限定的最大起动电流 I_{cm} 加速起动，直到电机转速达到给定转速（即 $U_n=U_n^*$），并在出现超调后使 ASR 退出饱和，最后稳定在给定转速（或略低于给定转速）运行。

【实验内容】

(1) 各控制单元调试。

(2) 调整触发单元并确定其起始移相控制角，检查和调整 ASR 与 ACR，整定其输出限幅值。

(3) 测定电流反馈系数 β、转速反馈系数 α。

(4) 研究电流环和转速环动态特性，将系统调整到可能的最佳状态，画出 $i_d=f(t)$ 和 $n=f(t)$ 的波形。

(5) 测定高、低速时系统的静特性 $n=f(I_d)$（包括下垂断特性）。

【实验方法】

1) 双闭环调速系统调试原则

(1) 先部件、后系统，即先将部件的参数调好，然后才能组成系统。

(2) 先开环、后闭环，即先使系统运行在开环状态，然后在确定电流和转速均为负反馈后才可组成闭环系统。

(3) 先内环，后外环，即先调试电流内环，然后调试转速外环。

(4) 先调整稳态精度，后调整动态指标。

2) 单元部件参数整定和调试

(1) 主控制屏开关按实验内容需要设置。

(2) 触发器的整定。调整锯齿波触发器的方法同实验 2。

(3) 调节器的调零。断开主回路电源开关 SW，将给定电压 U_g 接到零速封锁器 DZS 的输入端，并将 DZS 的输出端接到 ASR 和 ACR 的封锁端。控制系统按开环接线，ASR 和 ACR 的反馈回路电容短接，形成低放大系数的比例调节器。

① ASR 调零：将调节器 ASR 的给定及反馈输入端接地，调节 ASR 的调零电位器，使 ASR 的输出电压为零。

② ACR 调零：将调节器 ACR 的给定及反馈输入端接地，调节 ACR 的调零电位器，使 ACR 的输出电压为零。

(4) 调节器输出限幅值的整定。

① ASR 输出限幅值的整定：将 ASR 按比例积分调节器接线，将 U_g 接到 ASR 的输入端，当输入 U_g 为正而且增加时，调整 ASR 负限幅电位器使之输出负限幅值 U_{im}^*，其值一般取 −8～−6 V。

② ACR 输出限幅值的整定：整定 ACR 限幅值需要考虑负载的情况，留有一定整流电压的余量。将 ACR 按比例积分调节器接线，将 U_g 接到 ACR 的输入端，用 ACR 的输出 U_c 去

控制触发移相，当输入 U_g 为负且增加时，通过示波器观察到触发角 α 移至 15°～30°时的电压即为 ACR 限幅值 U_{cm}，可通过 ACR 的正限幅电位器锁定。

3）电流环调试（电动机不加励磁）

（1）反馈极性的测定及过流保护环节的整定。整定时 ASR 和 ACR 均不接入系统，系统开环。直接用给定电压 U_g 作为控制电压接到移相触发器 GT 以调节控制角 α，此时应将电动机主回路串联的变阻器 R_M 放到最大处，以限制电枢电流。

逐渐增加给定电压 U_g 使 $\alpha \geqslant 30°$，然后逐步减小主回路串联的变阻器 R_M 的阻值，直至电流 $I_d=(1.1\sim1.2)I_N$，再调整电流变送器 FBC 中的电流反馈电位器，使电流反馈电压 U_i 近似等于已经整定好的转速调节器 ASR 的输出限幅值 U_{im}^*，并由此判断 U_i 的极性。

继续减小主回路串联的变阻器 R_M 的阻值，使电流 $I_d=1.5I_N$，然后调整 FBC 中的过电流保护电位器，使过电流动作，并加以锁定。

（2）系统限流性能的检查和电流反馈系数 β 的测定。将 ACR 接成 PI 调节器，其参数参考值为 $R_i=20\sim40$ kΩ，$C_i=0.47\sim4$ μF，然后接入控制回路。将电流负反馈信号 U_i 接入 ACR 组成电流闭环，通过给定器 G 直接给 ACR 加上给定电压，并使 $U_g=U_{im}^*$。观察主回路电流 I_d 是否小于或等于$(1.1\sim1.2)I_N$。若出现 $I_d>(1.1\sim1.2)I_N$ 的情况，则说明原先整定的电流反馈电压 U_i 偏小，必须重新调整电流变送器 FBC 中的电流反馈电位器使 U_i 增加，直至满足要求为止。若当 $U_g=U_{im}^*$时主回路电流 $I_d\leqslant(1.1\sim1.2)I_N$，则可将主回路串联的变阻器 R_M 的阻值减小直至切除，I_d 应增加有限，小于过电流保护整定值，这说明系统已具有限流保护功能。在此基础上测定 U_i 值，并计算电流反馈系数 β。

（3）电流环动态特性的研究。在电流环的给定电压 $U_g=(50\%\sim70\%)U_{im}^*$的情况下，改变主回路串联的变阻器 R_M 的阻值，使 $I_d=(50\%\sim70\%)I_N$，然后突减或突加给定电压 U_g，观察并用数字示波器记录电流波形 $I_d=f(t)$。在下列情况下再突加给定信号，观察电流波形，研究给定值和调节器参数对电流环动态特性的影响。

① 减小电流给定值。

② 改变 ACR 反馈回路电容（相当于改变调节器的时间常数 τ_i）。

③ 改变 ACR 的比例系数（调节器的时间常数 τ_i 不变）。

4）转速环调试（电动机加额定励磁）

（1）转速反馈极性及转速反馈系数 β 的测定。测试时电动机应该加额定励磁，先不接入 ASR（或将 ASR 接成 1∶1 的比例调节器），将转速环开环，即将给定电压 U_g 直接送入移相触发器 GT 的 U_c 处，然后逐渐增加 U_g，使 $n=n_N$（主回路串联的变阻器 R_M 切除），同时调整转速反馈环节 FBS 的输出电压 U_n 使其为 6～8 V，判别 U_n 的极性并计算转速反馈系数 α。

（2）转速环动态特性的研究。将 ASR 接成 PI 调节器，其参数参考值为 $R_n=20\sim200$ kΩ，$C_n=1\sim4$ μF，然后组成转速、电流双闭环系统，用数字示波器记录下列情况下的 $n=f(t)$波形：

① 突加给定。

② 突加负载（同轴发电机作为负载，使电流 $I_d=I_N$）。

③ 突减负载。

改变下列参数,重复上述实验:

① 给定电压。

② ASR 的反馈电容 C_n。

③ ASR 的比例放大系数。

5)系统静特性测定

(1)调节转速给定电压 U_n^* 及发电机负载电阻 R_g,使 $I_d=I_N$,$n=n_N$,然后改变发电机负载电阻 R_g,即可测出系统静特性曲线 $n=f(I_d)$。

(2)降低给定电压 U_n^*,分别测出 $n=1\ 000$ r/min 和 $n=500$ r/min 时的静特性曲线。

【实验报告】

(1)叙述静态参数的最终整定值及整定依据。

(2)画出电流闭环动态调试线路,说明调试条件。写出 ACR 的结果参数。分析它与原设计(预习中要求设计)参数之间存在差别的原因。根据实验数据绘制 $i_d=f(t)$ 的波形。

(3)画出转速闭环动态调试线路,说明调试条件。写出 ASR 的结果参数。分析它与原设计(预习中要求设计)参数之间存在差别的原因。根据实验数据绘制 $n=f(t)$ 的波形。

(4)分析系统动态波形,讨论系统参数的变化对系统动、静态性能的影响。

【注意事项】

(1)双踪示波器两个探头的地线是通过示波器外壳短接的,故在使用时必须使两个探头的地线同电位(只用一根地线即可),以免造成短路事故。

(2)系统开环运行时,不能采用突加给定电压的方法起动电动机,必须逐渐增加给定电源,以免产生过大的电流冲击。

(3)调试电流环时,不要让电动机在大电流下堵转时间太长,以免电动机因过度发热而损坏。

【实验思考题】

(1)为什么双闭环直流调速系统中使用的调节器均为 PI 调节器?

(2)转速负反馈的极性如果接反会产生什么现象?

(3)双闭环直流调速系统中哪些参数的变化会引起电动机转速的改变?哪些参数的变化会引起电动机最大电流的变化?

实验4

转速、电流双闭环可逆直流 PWM 调速系统

【实验目的】

(1) 掌握双闭环可逆直流脉宽调速系统的组成、原理及主要单元部件的工作原理。

(2) 掌握双闭环可逆直流脉宽调速系统的调试步骤、方法及参数的整定。

(3) 测定双闭环直流调速系统的静态和动态性能指标。

【实验系统组成及工作原理】

在中小容量的直流传动系统中，采用自关断器件的 PWM 调速系统比相控系统具有更多的优越性，因而日益得到广泛应用。

双闭环可逆直流 PWM 调速系统的原理框图如实验图 4-1 所示。图中，可逆 PWM 变换器主电路系采用 MOSFET(金属氧化物半导体场效应管)所构成的 H 型结构形式，UPW 为脉宽调制器，DLD 为逻辑延时环节，GD 为 MOSFET 的栅极驱动电路，FA 为瞬时动作的过流保护，GM 为调制波发生器。

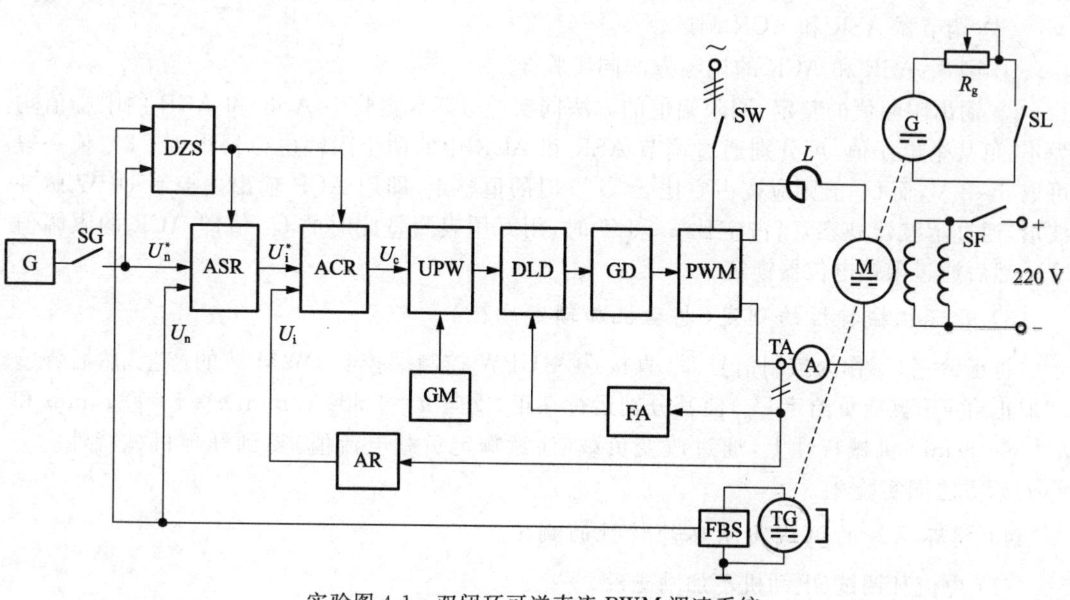

实验图 4-1 双闭环可逆直流 PWM 调速系统

转速给定值 U_n^* 与转速反馈信号 U_n 经转速调节器 ASR 调节后输出作为电流调节器的给定信号 U_i^*，它与电流反馈信号 U_i 经电流调节器 ACR 调节后输出作为控制信号 U_c，送入 UPW 控制 PWM 波形的产生。PWM 调制器产生一频率不变的矩形脉冲波，其脉冲宽度即占空比随 U_c 值的变化而改变，其占空比可调范围为 $0 \leqslant \rho \leqslant 1$。DLD 的作用是把 UPW 信号分成两组互反的信号，并留有一定的死区时间，用于控制两组桥臂 VT；GD 的作用是形成 4 组隔离的 PWM 驱动脉冲；PWM 为功率放大电路，其作用是直接给电动机 M 供电；FA 的作用是限制主电路瞬时电流；GM 的作用是产生调制三角波；AR 为反相器，其作用是构成电流负反馈。

【实验内容】

(1) 调试各控制单元。

(2) 测定开环机械特性 $n=f(I_d)$($n=1\ 500$ r/min，$n=1\ 000$ r/min 和 $n=500$ r/min)。

(3) 测定闭环静特性 $n=f(I_d)$($n=1\ 500$ r/min，$n=1\ 000$ r/min 和 $n=500$ r/min)。

【实验方法】

1) 主控制屏开关的设置

主控制屏开关按实验内容进行设置。

2) 单元部件的测试

(1) 挂箱测试。

① 用示波器观察 GM 和 UPW 单元波形是否正常。

② 调节给定电压 U_g 使方波占空比分别为最大值和最小值(占空比最小为 1/9)，记录此时的给定电压。

③ 观察 DLD 输出，检查死区时间是否合适。

④ 检查 MOS 管控制脉冲是否正常。

(2) 调节器 ASR 和 ACR 调试。

① 调零：ASR 和 ACR 的调零方法同实验 3。

② 输出限幅值的整定：调限幅值的方法同实验 3。本实验中 ASR 和 ACR 的限幅值均为正、负某个电压值，可分别通过调节 ASR 和 ACR 中的两个限幅电位器得到。U_{im}^* 值一般可取 6～8 V，而 U_c 值则应按占空比 $\rho \leqslant 1/9$ 时的值整定，即用 ACR 输出去控制 UPW 脉冲波形，通过示波器观察，当占空比 $\rho \leqslant 1/9$ 时，用万用表测量此时的 U_c 值即 ACR 的限幅值 U_{cm}，然后通过限幅电位器锁定。

3) 开环机械特性的测定(电动机加额定励磁)

将正给定 U_g 作为控制信号 U_c 直接送入 UPW 控制端控制 PWM 波的产生，然后慢慢增加正给定 U_g(或负给定 U_g)使其分别运行在正、反向 $n=1\ 500$ r/min，$n=1\ 000$ r/min 和 $n=500$ r/min 机械特性上，通过改变负载(注意额定负载电流值)得到开环机械特性 $n=f(I_d)$，方法同实验 2。

4) 闭环系统的调试及闭环静特性的测定

(1) 电流环调试(电动机不加励磁)。

① 电流反馈极性判断和反馈电压测定。测试时 ASR 和 ACR 均不接入系统，系统开环。直接用给定电压 U_g 作为控制电压 U_c 送入 UPW 控制 PWM 波形的产生，此时应将电动机主回路串联的变阻器 R_M 调到最大值处，以限制电枢电流。先接通主回路，然后接通控制回路并逐渐增加给定电压 U_g，再调整变阻器 R_M 的阻值，使电流达到额定值，此时调整电流反馈电位器，使电流反馈电压 U_i 和 ASR 的输出限幅值 U_{im}^* 近似相等，为 6～8 V。

② 电流闭环测试。将 ACR 接成 PI 调节器，给定电压 U_g 接到给定端，反馈信号 U_i 经过反号器 AR 再接到 ACR 的反馈端，ACR 的输出 U_c 送入 UPW 控制 PWM 波形的产生。此时应将电动机主回路串联的变阻器 R_M 调到最大值处，以限制电枢电流。先接通主回路，然后接通控制回路并逐渐增加给定电压 U_g，当电流达到额定值时，将变阻器 R_M 全部切除，电流应不再升高。

(2) 转速环调速(电动机加额定励磁)。转速反馈极性的判断、反馈电压的测定、闭环系统的调试均同实验 3。

(3) 闭环静特性的测定(电动机加额定励磁，分别测其正、反转特性)。将给定信号 U_n^* 加入 ASR，其输出为电流给定信号 U_i^*；ACR 输出为控制信号 U_c，将其送入 UPW 控制 PWM 波形的产生，从而控制电动机两端的电压。慢慢增加 U_n^* 使其分别运行在 $n=1\ 500$ r/min，$n=1\ 000$ r/min 和 $n=500$ r/min 的特性上，通过改变负载(注意额定负载电流值)得到闭环静特性 $n=f(I_d)$。注意，当 U_n^* 为正时电动机正转，当 U_n^* 为负时电动机反转。

(4) 闭环控制特性 $n=f(U_n^*)$ 的测定。慢慢增加 U_n^* 使系统运行在 $n=n_N$，$I_d=I_N$ 工作点上，然后减小 U_n^* 至零，记录几组 n 和 U_n^* 的数据，得到闭环控制特性 $n=f(U_n^*)$ 曲线。

5) 系统动态波形的观察

(1) 给定值阶跃变化：观察正向起动—正向停车、反向起动—反向停车、正向起动—反向—停车、反向起动—正向—停车时的 $n=f(I_d)$，$I_d=f(t)$ 波形。

(2) 观察电动机分别稳定运行在正、负 $n=1\ 500$ r/min，U_n^* 不变，突加、突减负载(20% I_N 和 100% I_N)时的 $n=f(I_d)$，$I_d=f(t)$ 波形。

【实验报告】

(1) 列出开环机械特性数据，画出对应的曲线，并计算满足 $S=0.05$ 时的开环系统调速范围。

(2) 根据实验数据计算电流反馈系数 β 与转速反馈系数 α。

(3) 列出闭环机械特性数据，画出对应的曲线，计算满足 $S=0.05$ 时的闭环系统调速范围，并与开环系统调速范围相比较。

(4) 列出闭环控制特性 $n=f(U_n^*)$ 数据，并画出对应的曲线。

(5) 画出下列动态波形：

① 突加给定时的电动机电枢电流和转速波形，并在图上标出超调量等参数。

② 突加与突减负载时的电动机电枢电流和转速波形。

【注意事项】

(1) 测取静特性时主电路的电流不许超过电动机的额定电流值(1 A)。

(2) 系统开环连接时不允许突加给定信号 U_g 起动电机。

(3) 改变接线时必须先按下主控制屏总电源开关的“断开”红色按钮，同时使系统的给定为零。

(4) 双踪示波器的两个探头地线通过示波器外壳短接，故在使用时必须使两个探头的地线同电位(只用一根地线即可)，以免造成短路事故。

(5) 实验时需要特别注意起动限流电路的继电器是否吸合，若该继电器未吸合，则进行过流保护电路调试或进行加负载试验时就会烧坏起动限流电阻。

(6) 突然接入发电机负载电阻时，负载电阻 R_g 应调到最大值。

【实验思考题】

(1) 为了防止上、下桥臂的直通，有人把上、下桥臂驱动信号死区时间调得很大，这样做行不行？为什么？推测死区时间长短由哪些参数决定？

(2) 与采用晶闸管的移相控制直流调速系统相对比，试归纳采用自关断器件的脉宽调速系统的优点。

(3) PWM 变换器在双极性调制时会不会产生电流断续现象？为什么？

实验 5

SPWM 变频调速的调制方式及波形测试

【实验目的】

(1) 加深理解自然采样法生产 SPWM 波的机理和过程。

(2) 熟悉 SPWM 变频器结构中直流回路、逆变桥功率器件和微机控制电路之间的连接。

(3) 了解 SPWM 变频器的运行参数和特性。

【实验原理】

SPWM 变频调速系统由不可控整流桥、电容滤波、直流环节电流采样(串接采样电阻)、MOSFET 逆变桥、MOSFET 驱动电路、8031 单片微机数字控制器、控制键盘和运行显示几部分组成,其原理图如实验图 5-1 所示。

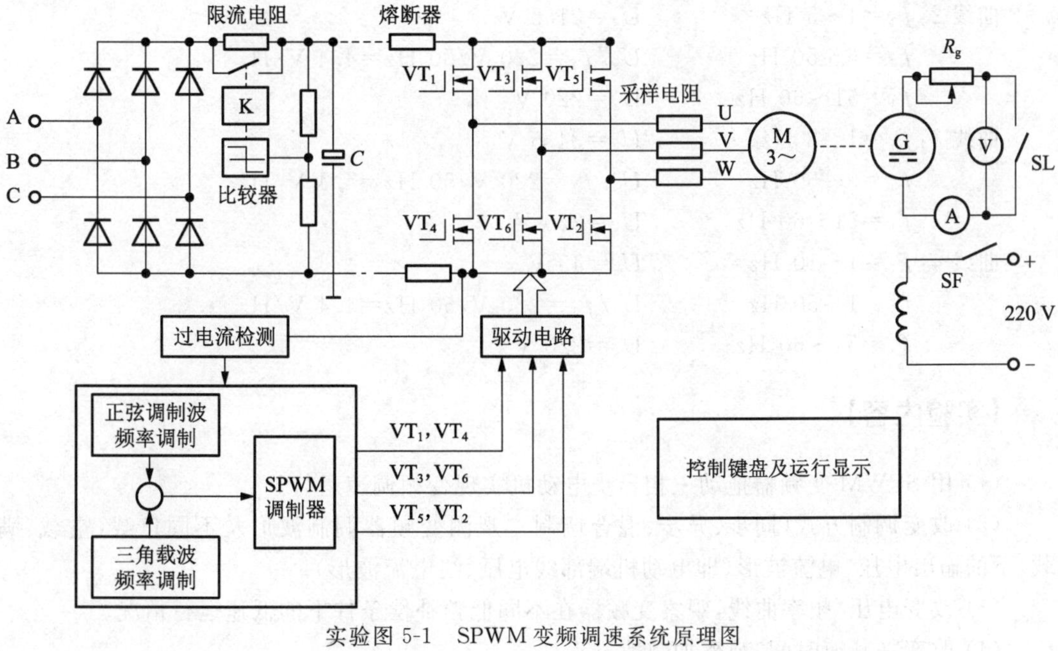

实验图 5-1　SPWM 变频调速系统原理图

其中，控制键盘及运行显示布置如实验图 5-2 所示。系统的性能指标如下。

(1) 运行频率：$f_1=1\sim60$ Hz 连续可调。

(2) 调制方式：

① 同步调制，调制比 $N=3\sim123$ 可变，步增量为 3。

② 异步调制，载波频率 $f_c=0.5\sim7$ kHz，步增量为 0.5 kHz。

③ 混合调制(分段同步调制)，系统自动确定各运行频率下的调制比。

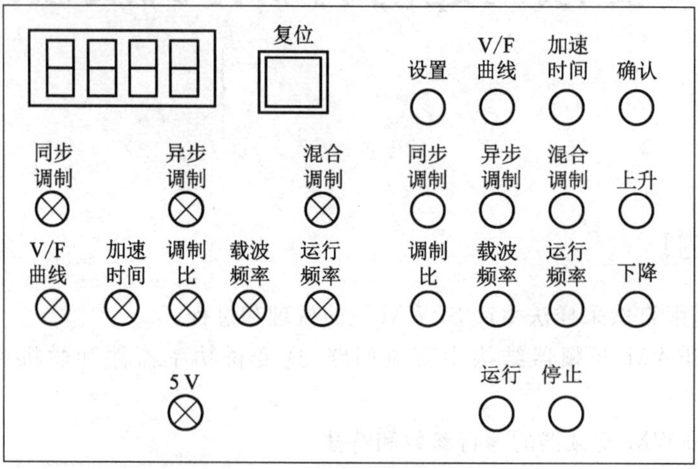

实验图 5-2　控制键盘及运行显示布置图

(3) 电压/频率(V/F)曲线：有 4 条电压/频率曲线可供选择，以适用于不同程序的低频电压补偿，如实验图 5-3 所示。

曲线 1：$f_1=1\sim50$ Hz　　$U_s/f_1=220$ V/50 Hz$=4.4$ V/Hz

$f_1=51\sim60$ Hz　　$U_s=220$ V

曲线 2：$f_1=1\sim5$ Hz　　$U_s=21.5$ V

$f_1=6\sim50$ Hz　　$U_s/f_1=220$ V/50 Hz$=4.4$ V/Hz

$f_1=51\sim60$ Hz　　$U_s=220$ V

曲线 3：$f_1=1\sim8$ Hz　　$U_s=34.5$ V

$f_1=9\sim50$ Hz　　$U_s/f_1=220$ V/50 Hz$=4.4$ V/Hz

$f_1=51\sim60$ Hz　　$U_s=220$ V

曲线 4：$f_1=1\sim10$ Hz　　$U_s=43$ V

$f_1=1\sim50$ Hz　　$U_s/f_1=220$ V/50 Hz$=4.4$ V/Hz

$f_1=51\sim60$ Hz　　$U_s=220$ V

【实验内容】

(1) 用 SPWM 变频器拖动三相异步电动机实现变频调速运行。

(2) 改变调制方式(同步、异步、混合调制)，观测变频器调制波形及不同负载(空载、满载)下的输出电压、电流波形(即电动机端部线电压、线电流波形)。

(3) 改变电压/频率曲线，观察变频器在不同低频补偿条件下的低速运行情况。

(4) 改变加减速时间，观察加减速过程。

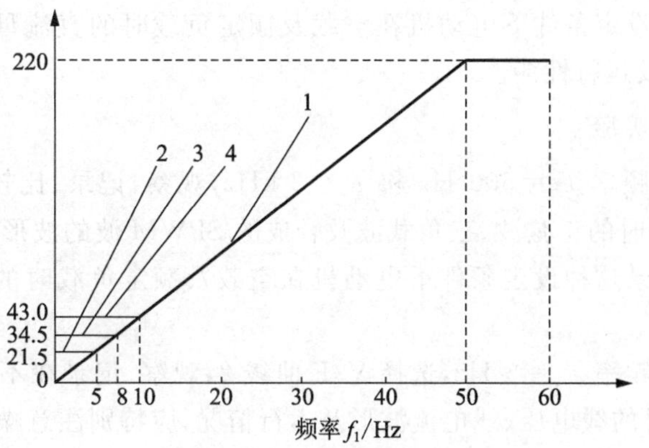

实验图 5-3 电压/频率曲线

【实验方法】

1）主控屏调试及设置

(1) 按实验图 5-1 连接主回路，将挂箱控制电源插入交流 220 V，闭合控制电源开关，电源指示灯亮，表示挂箱上电。此时控制键盘处数码管显示“P”，表示微机系统处于等待接受指令状态。

(2) 开机及复位后变频器缺省设置为：混合调制方式，运行频率为 50 Hz，加速时间为 3 s，选中 V/F 曲线 2。

(3)“运行”“停止”键用来起动、关闭变频器。

(4) SPWM 变频器运行参数设定可通过实验图 5-2 中的键盘和显示部分实现。发光管用来指示运行方式及数码管显示的内容。按“设置”键进入设置，数码管闪烁显示。进入设置状态后可按“加速时间”键。按“V/F 曲线”“同步调制”“异步调制”“混合调制”“调制比”“载波频率”“运行频率”等键选择各个参数，按“上升”“下降”键进行参数设置，然后按“确认”键加以输入，最后退出设置，数码管恢复正常显示。设置后须再按“运行”键才能使变频器以设定好的参数运行。

运行频率在退出设置状态后也可设置，只要直接按“上升”“下降”键即可。

设置时应注意各个参数之间的依赖性。比如在混合调制方式下不允许设置“调制比”或“载波频率”(设置时系统不响应键盘)，同样在同步调制或异步调制方式下也不允许设置“载波频率”或“调制比”。

调制方式重新设置后，相关参数将变成以下缺省值：

同步调制，$N=12$；异步调制，$f_c=500$ Hz

V/F 曲线和加减速时间这两个参数不受影响。

退出设置状态后，按“加速时间”“V/F 曲线”“调制比”“载波频率”“运行频率”可查看相应参数值。

2）同步调制实验

(1) 设定调制比 $N=3$ 和 $N=21$，观察、记录、比较运行频率分别为 $f_1=25$ Hz 和 $f_1=50$ Hz 时的正弦波、三角载波和所形成的 SPWM 波的波形。

(2) 观察这种设定条件下电动机在空载及额定负载时的直流母线电流波形、电动机线电压、线电流波形及运行性能。

3) 异步调制实验

(1) 设定载波频率 f_c=500 Hz 和 f_c=2 kHz,观察、记录、比较运行频率分别为 f_1=25 Hz,f_1=50 Hz 时的正弦波、三角载波及合成的 SPWM 波的波形。

(2) 观察并记录这种设定条件下电动机在空载及额定负载时的线电压、线电流波形及运行情况。

(3) 设置运行频率 f_1=5 Hz,选择 V/F 曲线 2,观察、记录在不同载波频率 f_c=500～4 000 Hz 时电动机的线电压、线电流波形及运行情况,应特别注意噪声及运行平稳情况。

(4) 设置运行频率 f_1=5 Hz,载波频率 f_c=4 000 Hz,观察选择不同 V/F 曲线时电动机线电压、线电流波形及运行情况,注意其输出转矩的变化。

4) 混合调制实验

(1) 设置加速时间为 10 s,观察加速过程中 SPWM 波和电动机的线电压、线电流波形。

(2) 观察不同加速时间参数下电动机的起动和加速情况。

【实验报告】

(1) 记录不同调制方式下正弦调制波、三角载波及形成的 SPWM 波的波形。

(2) 整理记录不同调制方式下电动机空载、负载时三相 SPWM 波的波形及相应的线电压和线电流波形。

(3) 分析讨论不同 V/F 曲线对电动机低频运行时的电压补偿情况及对运行性能的影响。

【注意事项】

(1) 观察、记录各处波形时,要注意观察点的参考地(地线)的选择,注意微机系统的数字地与变频器主电路的功率地之间的区别。

(2) 若运行中显示“OC”字样,则表示变频器过电流保护动作。一般按“复位”键后再按“运行”键可让系统继续运行。如果运行时又立即出现过电流故障,则应关机检查原因。

(3) 出现严重故障时,应先按“复位”键恢复缺省状态,再断开功率电源,以确保故障不扩大。

(4) 注意控制电源和功率电源的开关顺序:开机时,应先闭合控制电源,后闭合功率电源;停机时,应先断开功率电源,后断开控制电源。

实验 6

变频器 V/F 曲线绘制和多步速运行

【实验目的】

(1) 掌握变频器运行过程中改变频率时电压与频率之间的变化规律。

(2) 掌握变频器多步速操作功能,会用多步速度操作功能解决实际问题。

(3) 理解变频器加速时间和减速时间的概念,会用外部输入端子控制变频器的加减速时间。

【实验原理】

1) 通过外部端子实现电动机正、反转按钮控制原理

HLD-CM 接通时,FWD 或 REV 端子瞬间脉冲信号能自保持,可使 HLD-CM 端子在常态下是闭合的,按下正转(FWD)或反转(REV)按钮就能实现电动机连续旋转。欲使电动机停转,使 HLD-CM 瞬时断开即可。具体连接线路如实验图 6-1 所示。

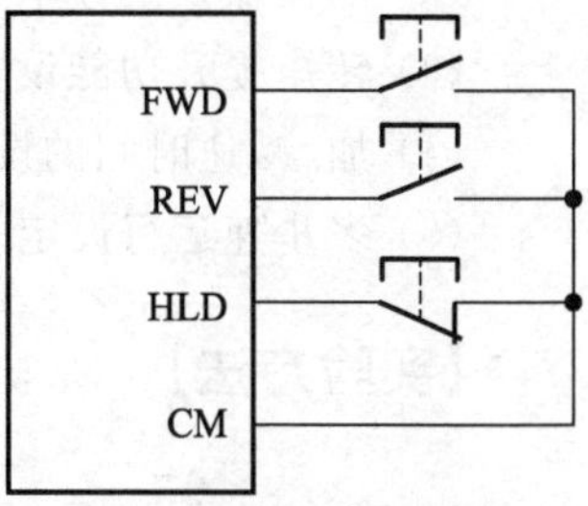

实验图 6-1　连接线路图

2) V/F 恒定控制

V/F 恒定控制是在改变频率的同时控制变频器输出电压,使电动机磁通保持一定,在较宽的调速范围内电动机的效率、功率因数不下降。

电动机的同步转速由电源频率和电动机级数决定,当改变频率时,电动机的同步转速随之改变。当电动机负载运行时,电动机转子的转速略低于电动机的同步转速,即存在转差。保持 V/F 恒定控制是异步电动机变频调速的最基本控制方式,在控制电动机的电源频率变化的同时控制变频器的输出电压并使二者之比恒定,从而使电动机的磁通基本保持恒定。

3) 转矩提升功能的含义

采用 V/F 恒定控制,在频率降低后电动机的转矩有所下降,这是由于低速时的定子阻抗压降所占比重增大,电动机的电压和电动势近似相等的条件已不满足,会引起电动机磁通的减少,势必造成电动机的电磁转矩下降。

针对这种情况,适当提高电动机输入电压来补偿定子的阻抗压降,从而保持磁通恒定,

最终使电动机的转矩得到补偿，称为转矩补偿，又称电压补偿或转矩提升。

变频器的功能码 07(G11S 的是 F09)能够实现转矩提升控制，也就是 V/F 频率曲线的设定，且设定数值越高，电压补偿得越多。若低频段不补偿或相对负载来说补偿量较小，则输出转矩会下降；若低频段补偿过高，则会使 Φ_m 增加，磁路过饱和，电动机容易发热，所以补偿量一定要合适。

4) 变频器多步速运行

G9S 的功能码 65 为程序运行模式的选择。当设定值为 0 时，为非程序即一般运行；当设定值为 1 时，电动机按程序运行一个循环后停止；当设定值为 2 时，电动机连续循环运行；当设定值为 3，电动机按程序执行一个循环后，按最后的速度继续运行。程序设定一个循环分为 7 步，分别对应 7 种不同的转速，可通过功能码 66～72 设定。不同运行速度之间的加/减速过程所对应的加/减速时间由功能码 05 和 06/33～38 设定。(G11S 中的 F01 设定值为 10 时是一般运行，当其设定成 10 后，功能码 C21 才可设定完成 0/1/2 功能，相当于 G9S 中功能码 65 的 1,2,3 三种程序运行模式。7 种不同的转速通过功能码 C05～C11 设定；用于实现 7 步速对应的时间和转向的 7 种频率分别由功能码 C22～C28 设定；加减速时间由功能码 F07,F08,E10～E15 设定。)

【实验内容】

(1) 键盘设定频率、外部端子给定运行命令的操作。

(2) 电位器设定频率、外部端子给定运行命令的操作。

(3) 转矩提升功能设置及 V/F 曲线测试。

(4) 加/减速时间的设定及运行。

(5) 多步速运行设定。

【实验方法】

1) 键盘设定频率、外部端子给定运行命令的操作

(1) 电路连接(实验图 6-1)：合闸通电前，用万用表 Ω 挡测试 3 个按钮的常开常闭情况。

(2) 观察和改变功能码数据。

本实验采用外部端子给定运行命令，故合闸给变频器送电后，应改变功能码 01(在 G11S 中为 F02)的设定值为 1，其他有关的功能码及设定值见实验表 6-1。

实验表 6-1 有关功能码及设定值表 1

功能码		功　能	设定值	说　明
G11S	G95			
F01	00	频率给定方法	0	键盘给定
F02	01	运行命令给定	1	外部端子给定
F03	02	f_{min}	55	
F04	03	f_{oase}	50	

续表

功能码		功　能	设定值	说　明
G11S	G95			
A10	30	电机极数	4	
F18	13	偏置频率	5	

(3) 正、反转运行与变频调速。

按下“正转”按钮，变频器运行，电动机正转。通过“∧”或“∨”键使LED监视器上所显示的频率为实验表6-2中所列数值，并通过按动“>>”键读取相应频率下的电压、电流和转速值。之后按“停止”按钮，电动机停转。

再按动“反转”按钮，电动机反转。同样通过“∧”或“∨”键改变频率的设定值，记录相应的电压、电流和转速值，填入实验表6-2中。之后按“停止”按钮，电动机停转，断开闸刀电源。

实验表6-2　实验记录表1

转　向	f/Hz	I/A	U/V	n/(r·min^{-1})
正　转	10			
	20			
反　转	10			
	20			

2) 电位器设定频率、外部端子给定运行命令的操作

(1) 电路连接。

外部控制端子FWD-CM，REV-CM，HLD-CM与按钮的连接线路同前。将电位器的3个端子与控制端子13,12,11按实验图6-2所示连接。

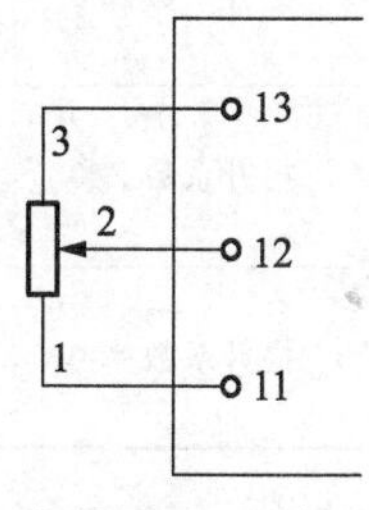

实验图6-2　端子连接图

(2) 功能码的数值设定。

合闸通电后，将功能码00(在G11S中为F01)的设定值由0改为1，即频率给定改为由外部端子模拟信号给定，见实验表6-3，其他的功能码不变。

实验表6-3　有关功能码及设定值表2

功能码		功　能	设定值	说　明
G11S	G95			
F09	07	提升系数	0.0	自动提升
F16	13	f_{bias}	2	最低频率

(3) 正、反转运行与变频调速。

通过电位器调节频率，并按动正、反转和停止按钮控制，按实验表6-4的要求进行测试并将数据填入实验表中，之后停机断电。

实验表 6-4　实验记录表 2

转　向	f/Hz	Iv/A	U/V	n/(r·min^{-1})
正　转	10			
	20			
反　转	10			
	20			

3）转矩提升功能设置及 V/F 曲线测试

(1) 电路连接。

采用电位器给定频率和外部按钮正、反转控制线路，连接电路同前。

(2) 功能码的数据设定。

转矩提升功能码 07(在 G11S 中为 F09)的提升系数先设为 0.0，即自动电压补偿(根据电机的定子侧电阻)，其他功能码的设定值同前。

(3) V/F 曲线测试。

按动正转按钮，使电动机正转，调节电位器，按照实验表 6-5 所示频率值记录相应的输出电压和电流值，之后按停止按钮停机。

实验表 6-5　实验记录表 3

运行频率/Hz		2	5	8	10	15	20	25	30	35	40	45	50	52	55
提升系数 0.0	U/V														
	I/A														
提升系数 2.0	U/V														
	I/A														
提升系数 4.0	U/V														
	I/A														

(4) 改变功能码 07(F09)的设定值为 2.0(转矩提升补偿量较小)，重复步骤(3)。

(5) 改变功能码 07(F09)的设定值为 4.0，重复步骤(3)，最后停机断电。

4）加/减速时间的设定

(1) 电路连接。

在主电路中将 R,S,T 端子接于三相交流电源，U,V,W 端子接电机，电机 Y 接，在控制电路中使 FWD 与 CM 端子通过短接线相连。

(2) 功能码的数据设定。

合闸给变频器送电后，按实验表 6-6 设定功能码数据。

实验表 6-6　有关功能码及设定值表 3

功能码		功　能	设定值	设定值说明
G11S	G95			
F01	00	频率给定方法	0	键盘给定

续表

功能码		功　能	设定值	设定值说明
G11S	G9S			
F02	01	起停运行方法	0	键盘起停
F03	02	最高频率/Hz	55	
F04	03	基频/Hz	50	
F07	05	加速时间 1/s	20	acc1
F08	06	减速时间 1/s	16	dec1
F18	13	偏置频率/Hz	0	
A10	30	电机极数	4	
无	52		1	仅 G9S 允许显示修改 F53～59
F23	57	起动频率	5	
无	60		1	仅 G9S 允许显示修改 F61～79
—	65	程序运行模式选择	0	一般运行,非程序运行,G11S 无
H07	73	加/减速方式选择	0	线性加/减速

(3) 通过面板给定频率,通过 RUN(G11S 中为 FWD 和 REV)和 STOP 键控制起、停来测出从起动(50 Hz)到达实验表 6-7 中频率值时分别所需的加速时间,以及从最大频率到停机所需的减速时间,结果填入实验表 6-7 中。

实验表 6-7　实验记录表 4

频率/Hz	55	35	25	15	5
加速时间/s					
减速时间/s					

5) 多步速运行的设定

(1) 电路连接。

主电路连接不变,控制电路的外端子全部浮置不用(FWD 与 CM 的连接断开)。

(2) 多步速控制功能码的数据设定

① 在实验表 6-6 中所列设定值的基础上,按实验表 6-8 设定修改功能码数据。

实验表 6-8　有关功能码及设定值表 4

功能码		功　能	设定值		设定值说明
G11S	G9S		G11S	G9S	
无	31	—	—	1	仅 G9S 允许显示修改 F32～F41
F01	—	频率设定	10	—	程序运行设定,G9S 无
E01～E06	32	选输入端子功能	0～5	0000	多步速功能
C21	65	程序运行模式选择	0	1	运行一个循环后停下

其中,G11S 的功能码 E01～E06 是变频器自动设定的,不需要人为设定,但 G9S 的功能码 32 需自己设定。

(2) 按实验表 6-9 设定功能码,即每步速对应的变频器输出频率。

实验表 6-9　有关功能码及设定值表 5

步次	功能码		功　能	设定值	功能码		设定值	说　明
	G11S	G9S			G11S	G9S		
1	C05	20	第 1 步频率	10	C22	66	30　F2	第 1 步(包括加/减速时间及运行时间)共 30 s
2	C06	21	第 2 步频率	15	C23	67	30　F3	
3	C07	22	第 3 步频率	25	C24	68	30　R1	第 3 步(包括加减/速时间及运行时间)共 30 s
4	C08	23	第 4 步频率	15	C25	69	30　F4	
5	C09	24	第 5 步频率	35	C26	70	30　F1	
6	C10	25	第 6 步频率	25	C27	71	30　F2	
7	C11	26	第 7 步频率	45	C28	72	30　F1	

(3) 按实验表 6-9 设定功能码,即每步速的总时间、电动机转向和加/减速时间。例如,实验表 6-9 中第 2 步,功能码 67(G11S 中为 C23)设定值为“30　F3”,即实验表明该步总的运行时间为 30 s(包括过渡过程的加/减速时间),电动机正转,从上一步达到该步的过渡过程时间由第 3 步加/减速时间及两步速之间的频率差决定。

修改每步的运行时间及转向的具体操作方法如下:

① 通过“>>”移位键及“∧”“∨”键对时间设定值进行修改。

② 按移位键使光标右移,按“∧”“∨”键依次改换正(F)/反(R)转及加/减速时间选择,例如当前显示为“F1”时,若连续按“∧”键,则可依次得到 F2 和 F3 等;若按“∨”键,则可依次得到 R1,R2,R3 等。

③ 将设定数据修改好后,按 FUNC/DATA 键存储。

④ 设定 4 组加/减速时间,见实验表 6-10。

实验表 6-10　有关功能码及设定值表 6

组　次	功能码		设定值	说　明
	G11S	G9S		
1	F07	05	20	加速(accelerate)时间 acc1
	F08	06	30	减速(decelerate)时间 dec1
2	E10	33	30	acc2
	E11	34	30	dec2
3	E12	35	30	acc3
	E13	36	50	dec32
4	E14	37	30	acc4
	E15	38	30	dec4

⑤ 根据实验表 6-9 和实验表 6-10 中数据画出速度图。将每步速对应的正转(频率正值)、反转(频率负值)、运行时间、加减速过渡时间等均标于图中。(实验图 6-3 中只画出了前 3 步,其余 4 步请在预习中完成)。需要指出,图中第 3 步期间,由于是从正转 15 Hz 过渡到本步的反转25 Hz,根据功能码 68 的设定值"30 R1"可知,在过渡期间先以第 1 减速时间(dec1)的斜率减速到 0,再以第 1 加速时间(acc1)的斜率反向加速到规定的 25 Hz。此外,在第 7 步结束完成一个循环时,若功能码 65 的设定值为 1,则总是以 dec1 的斜率减速到 0 停机。

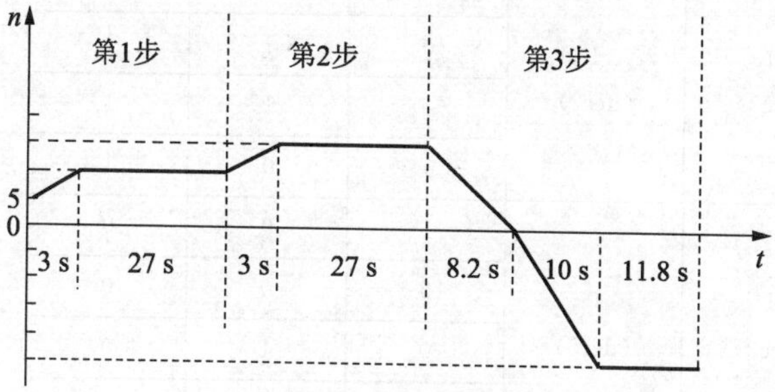

实验图 6-3　实验结果图

(4) 变频器运行,电动机按程序循环运行一次。

按"RUN"(在 G11S 中为 FWD,REV)键,电动机将按设定的频率及过渡、运行时间进行自动顺序运转,当 7 步执行完后,一个循环结束,电动机自动恒以第 1 减速时间(dec1)停止运转。在此运行过程中,仔细观察 LED 所显示的运行频率的变化,对照速度图,查看加/减速时间和运行时间是否符合各点的坐标值,以便查看时间。

(5) 改变功能码 65 的设定值为 2(在 G11S 中改变功能码 C21 的设定值为 1),即电动机按多步速图连续循环运行。

按"RUN"(在 G11S 中为 FWD,REV)键起动运行,直到按"STOP"键停机。

(6) 改变功能码 65 的设定值为 3(在 G11S 中改变功能码 C21 的设定值为 2),电动机将在一个循环末按第 7 步连续运行,直到按"STOP"键停机。

(7) 通过外部端子实现多步速控制的测试。

在前面已进行的功能设置的基础上再做如下修改:将 FWD-CM,REV-CM 断开,按实验表 6-11 设定功能码。

实验表 6-11　有关功能码及设定值表 7

功能码		设定值	说　明
G11S	G9S		
F02	01	1	FWD 或 REV 命令运行操作
—	65	0	程序运行无效,G11S 无
E10	33	10	acc2
E11	34	10	dec2
E12	35	40	acc3
E13	36	40	dec3

通过键盘重新设定运行频率为 36.66 Hz,然后按实验表 6-12 进行操作,电动机即可运

行，之后将所测频率填入实验表 6-12 中。

注意：多步速切换中应观察两组加、减速时间对应的频率转换过程的快慢。

实验表 6-12 实验操作

正反转切换	加、减速时间		运行频率选择			运行频率/Hz
	X5	X4	X3	X2	X1	
FWD-CM（ON）	0（acc2）	1（dec2）	0	0	1	
			0	1	1	
			1	1	1	
			1	0	1	
REV-CM（ON）	1（acc3）	0（dec3）	1	0	0	
			0	0	0	
			0	1	0	
			1	1	0	

注：在 G11S 中，表中的 X4 为 X6。

【实验报告】

（1）根据所连接的外部控制线路说明采用外部按钮实现正、反转控制的原理及功能码的设置。

（2）根据所测得的数据，在同一坐标纸上绘制 3 种情况下的 V/F 曲线，并加以比较和说明。

（3）根据实际实验结果对速度图进行详细描述和说明。

（4）对变频器有关多步速控制的功能码设定取值含义进行分类、总结和分析说明。

【注意事项】

（1）电源输入端子 R，S，T 和输出端子 U，V，W 不要接错，以防止变频器损坏。

（2）需要更改接线时即使已经关断电源，也应等充电指示灯熄灭后过段时间再接线。

（3）若不能进行正反转运行，或某一方向不运行，则应用万用表检查电路是否有短路点，或报警输出端子是否接线错误。

（4）在基频以上调速时，电动机运行时间不宜过长，否则电动机转速高于额定转速时间过长易造成电动机损坏。

（5）在变频器运行前，应把输出频率预置为 0 Hz，否则在变频器起动运行后的多步速控制操作过程中，在多步速控制端子无输入信号时，变频器有输出频率。

【实验思考题】

（1）3 种 V/F 曲线在低频段上数据的差异说明什么问题？

（2）对于每一种 V/F 曲线，在不同频率上电流有何变化规律？如何解释？

（3）基频以下变频调速和基频以上变频调速的方式有什么区别？

第 4 篇

交直流调速应用专题

专题1

西门子 6SE70 变频器在石油钻机电控系统中的应用

电驱动用于钻机最早开始于20世纪50年代中期，随后逐步完善、成熟。与机械驱动相比，电驱动具有调速特性好，经济性能高，可靠性强，故障率低，操作更安全、方便、灵活，易于实现自动控制等一系列的优越性，特别是全数字控制系统的出现使得电驱动控制系统控制性能更完善，可靠性更高，调整及更改功能更便捷，故障诊断及维修更方便。电驱动可以通过可编程控制器获得很多机械驱动无法实现的功能，如顺序操作和联锁功能等。

我国电动钻机电气控制系统的研究始于20世纪70年代中期。20世纪80年代末，在借鉴国外先进技术的前提下，生产出我国第一台直流驱动的ZJ45D陆地电动钻机。20世纪90年代，通过引进国外核心电气控制模拟单元，生产出深井直流电动钻机，如ZJ50D和ZJ70D。20世纪90年代后期，在引进国外全数字控制技术的基础上，开始全数字钻机电气控制系统的研究，如采用国外数字直流调速器，将模拟控制直流电动钻机升级为数字控制直流电动钻机。全数字电控系统是目前电控系统的主流，它采用微处理器实现软件控制，具有完善的故障自诊断、运行、显示和保护功能。全数字控制系统各环节的控制参数可实时调整，以满足钻井工艺新要求和钻井工况的实时变化。

进入21世纪后，交流变频调速技术在石油钻采设备上获得了广泛应用，并生产出了全数字交流驱动电动钻机。交流驱动电动钻机采用了交流变频调速技术，能够适应钻井工艺的要求；简化了钻机的机械结构，减轻了维护保养工作，提高了安全性、可靠性和移运性，且绞车体积小、质量轻、故障少、维护方便；调速范围宽，可实现无级调运，且能够以极低的速度恒扭矩输出。

目前，国内电动钻机电气控制系统在控制技术上有模拟控制和数字控制两种，在驱动方式上有直流驱动和交流驱动两种。电控装置品种齐全，可以满足用户的不同需求；在功能上增加了起、下钻过程的位置闭环控制功能(即防止上碰下砸功能)；使用外加盘式刹车，既保证了设备的安全运行，又减轻了司钻的操作紧张程度；增加了自动送钻功能，达到了恒速恒压钻井，以适应不同的岩层结构，提高钻井质量。

目前，电动钻机的驱动形式主要有AC-SCR-DC直流电驱动和AC变频交流电驱动两种。下面以AC变频交流电驱动为例进行说明。

【系统的控制结构】

石油钻机主传动系统有绞车传动、转盘传动和泥浆泵传动，其中绞车传动为位势性负载，需要电机四象限运行，对调速指标要求虽不高，但对其控制对象——游车位置要求较高，特别是在自动送钻过程中要求更高，因此对绞车传动控制采用有速度传感器矢量控制。转盘传动和泥浆泵传动采用恒 U_1/f_1 控制即可满足要求，它们采用无速度传感器矢量控制系统。总体来说，系统对控制指标的要求不是很高，而对长期运行的可靠性有较高的要求，故障率必须在 1%以下，因此 AC 变频交流电驱动系统的设计要以简单、实用、可靠为宗旨。

钻机绞车传动系统的结构如专题图 1-1 所示，采用有速度传感器矢量控制系统。在按转子磁场定向的矢量控制系统中，总是预先建立电动机转子励磁磁链 Ψ_2，并保持 Ψ_2 恒定。由于不考虑弱磁，电机完全在恒磁段运行，稳态时 $\Psi_2=L_m i_{M1}$，即转子磁链 Ψ_2 与定子电流励磁链 i_{M1} 成正比。

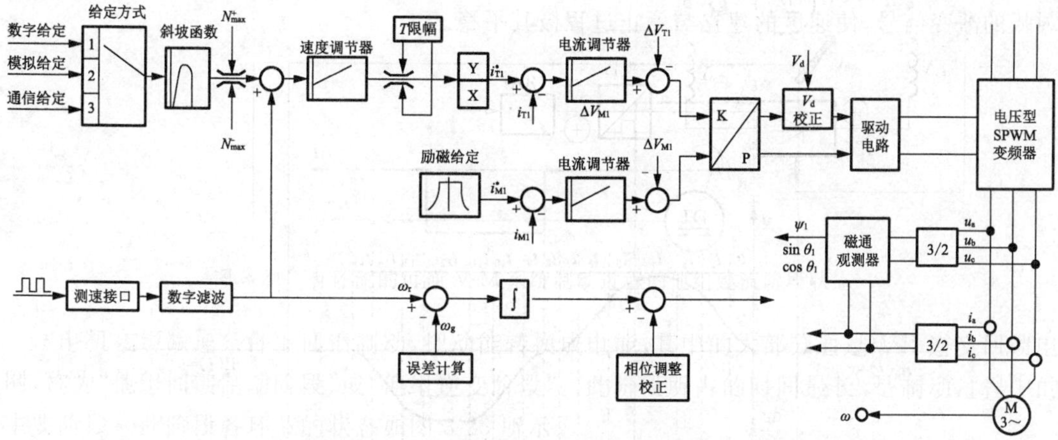

专题图 1-1 有速度传感器矢量控制系统结构图

在专题图 1-1 中，以矢量控制为控制核心，功率变换部分为电压型 PWM 变频器，电动机为鼠笼式异步电机，编码器为 1 024 脉冲/周。对系统各个环节的分析如下。

1）给定通道

给定信号由模拟电位器通道或直接数字通道而来，还可以由远程通信施行数字给定。给定信号输入给定参数以后要经过比例因子调整、正反向符号设定、正反向限幅等环节，如专题图 1-2 所示。

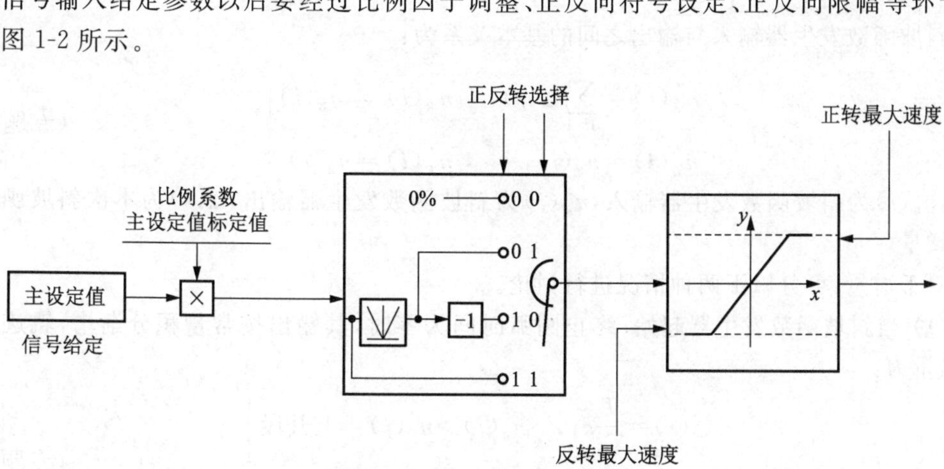

专题图 1-2 给定通道结构框图

限幅环节的算法如下：

$$\left.\begin{aligned} y(i)&=x(i), & n_{\max}^{-}\leqslant x\leqslant n_{\max}^{+} \\ y(i)&=n_{\max}^{+}, & x>n_{\max}^{+} \\ y(i)&=n_{\max}^{-}, & x<n_{\max}^{-} \end{aligned}\right\} \qquad (专题 1-1)$$

2）斜坡函数发生器

在大功率工业传动系统中，通常都在给定通道设置斜坡函数发生器，它可用来限制最大速度与变加速度，防止电动机转矩的大范围突变对机械系统造成较大的冲击，从而实现转速的平滑给定，机械负载可以无冲击地平稳运行。斜坡函数发生器所要实现的速度曲线、加速度曲线和变加速度曲线如专题图 1-3 所示。它将速度的阶跃给定信号改变为带起始与终止圆弧的渐变信号，使速度的建立与停止过程极其平稳。

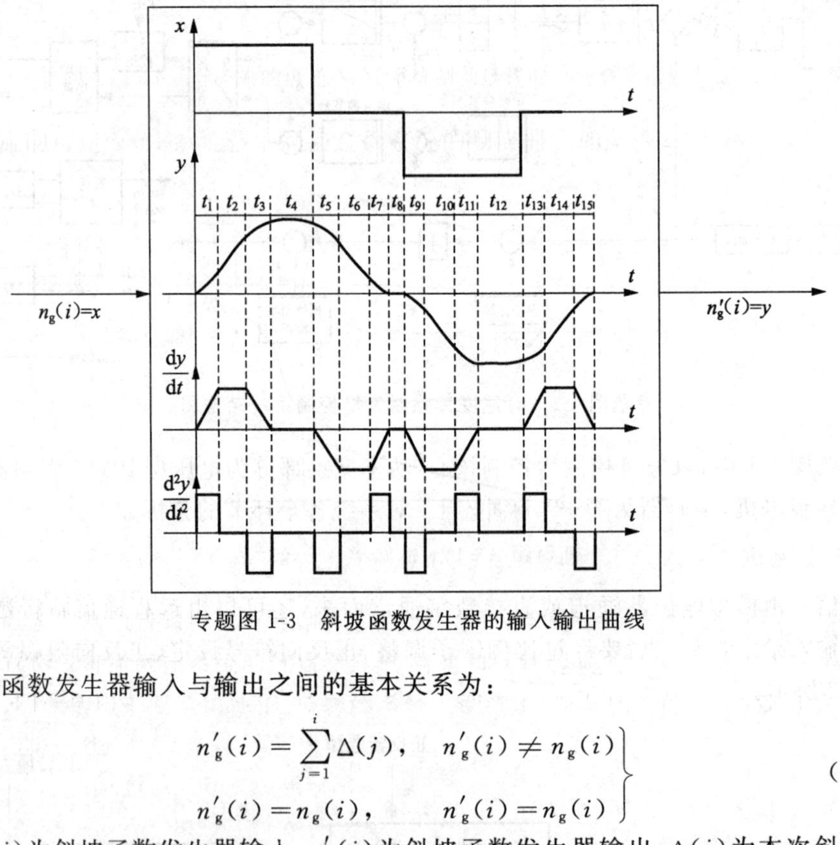

专题图 1-3　斜坡函数发生器的输入输出曲线

斜坡函数发生器输入与输出之间的基本关系为：

$$\left.\begin{aligned} n'_{g}(i)&=\sum_{j=1}^{i}\Delta(j), & n'_{g}(i)\neq n_{g}(i) \\ n'_{g}(i)&=n_{g}(i), & n'_{g}(i)=n_{g}(i) \end{aligned}\right\} \qquad (专题 1-2)$$

式中，$n_g(i)$为斜坡函数发生器输入，$n'_g(i)$为斜坡函数发生器输出，$\Delta(i)$为本次斜坡函数发生器增量。

对于增量，可分以下两种情况进行讨论。

(1) 当斜坡函数发生器起始、终止圆弧时间为零时，其输出按常量积分渐增，轨迹为直线，增量为：

$$\left.\begin{aligned} \Delta(i)&=\frac{T}{T_{r}}k_{1}, & n_{g}(i)>n'_{g}(i) \quad 上升段 \\ \Delta(i)&=\frac{T}{T_{d}}k_{1}, & n_{g}(i)<n'_{g}(i) \quad 下降段 \end{aligned}\right\} \qquad (专题 1-3)$$

式中，T_r 为斜坡函数发生器上升时间，T_d 为下降时间，k_1 为数据处理常数。

(2) 当斜坡函数发生器起始、终止圆弧时间不为零时，对于增量又可以分为3个阶段来讨论。

① 开始圆弧段。

这一阶段的增量小于中间直线段的增量，即 $\Delta(i)=\frac{T}{T_x}k_1$（其中 T_x 为 T_r 或 T_d），并且初始值为零，即 $\Delta(0)=0$。本次增量可表示为：

$$\Delta(i)=\sum_{j=1}^{i}\left(\frac{T}{T_x}k_1\right)\left(\frac{T}{T_{r0}}k_2\right) \qquad \text{（专题 1-4）}$$

式中，T_{r0} 为斜坡函数发生器起始圆弧时间，k_2 为数据处理常数。

实际上，式(专题 1-4)为 $\Delta(i)=i\left(\frac{T}{T_x}k_1\right)\left(\frac{T}{T_{r0}}k_2\right)$，$i=1,2,3,\cdots$，直到 $\Delta(i)\geqslant\frac{T}{T_x}k_1$，进入中间直线阶段。

② 中间直线段。

这一阶段的增量为常数，即 $\Delta(i)=\frac{T}{T_x}k_1$。斜坡函数发生器以此积分，输出轨迹为直线。

③ 终止圆弧段。

在中间直线段，当 $|n_g'(i)-n_g(i)|<\delta$ 而 $\delta=2|\Delta(i-1)|+\frac{\Delta^2(i-1)}{2\left(\frac{T}{T_{rf}}k_2\right)}$（其中 T_{rf} 为终止圆弧时间）时，中间直线段停止，进入终止圆弧段。在这一阶段，增量初始值为 $\Delta(0)=\frac{T}{T_x}k_1$。本阶段的增量为：

$$\Delta(i)=\frac{T}{T_x}k_1-\sum_{j=1}^{i}\left(\frac{T}{T_x}k_1\right)\left(\frac{T}{T_{rf}}k_2\right) \qquad \text{（专题 1-5）}$$

其限幅值为零。实际上，式(专题 1-5)为：

$$\Delta(i)=\frac{T}{T_x}k_1-i\left(\frac{T}{T_x}k_1\right)\left(\frac{T}{T_{rf}}k_2\right),\quad i=1,2,3,\cdots \qquad \text{（专题 1-6）}$$

直到 $\Delta(i)=0$ 时，终止圆弧段停止。此时，斜坡函数发生器的输入、输出相等，完成输入变化，输出按照斜坡跟随输入变化。

3) 速度传感器反馈与信号处理单元

速度反馈可以由直流测速机的模拟信号经过 A/D 转换得到数字信号，也可以由脉冲编码器与数字接口单元直接得到数字信号，如专题图 1-4 所示。模拟信号接口单元之后有硬件低通滤波器。数字信号需要经过低通滤波与二阶带阻滤波环节以消除测速干扰。对于直流测速机有如下干扰因素：① 测速机与主电机连接不同心；② 主电机驱动非均匀机械；③ 减速机齿轮微小间隙引起负载微小波动；④ 速度信号长线传输，耦合产生低频交流波以及受强电磁干扰；⑤ 测速机的输出中含有高频齿谐波。

上述①～③会使速度信号中产生频率与转速成比例的波动信号；④会产生固定低频干扰信号与随机干扰；⑤会产生低幅高频干扰。对于光电编码器速度反馈系统，还有光栅位置不均匀产生的与速度成比例的干扰信号。

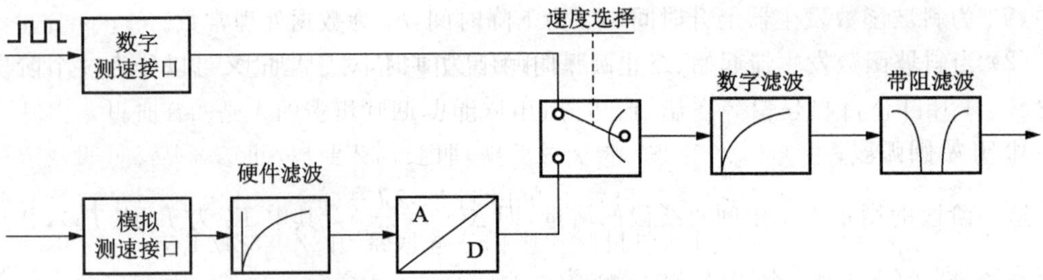

专题图 1-4　速度传感器的信号处理单元

通常对转速反馈采用一阶低通数字滤波和二阶带阻数字滤波。一阶低通数字滤波与一阶 RC 低通滤波器相似，其算法如下：

$$n^*(i)=\frac{1}{k}\sum_{j=1}^{i}\frac{T}{T_f}[n(j)-n^*(j-1)] \qquad \text{(专题 1-7)}$$

式中，$n^*(i)$为第 i 次速度滤波值，$n(i)$为第 i 次速度值，T_f 为滤波时间常数，k 为数据处理常数。这种低通滤波法能够消除高频干扰，保留有效的直流信号。选择合适的滤波时间常数，对直流测速机产生的高频齿谐波有明显的抑制作用。

二阶带阻数字滤波算法如下：

$$n^*(i)=n(i)\cdot k_1(f_0,Q)+w_1(i-1) \qquad \text{(专题 1-8)}$$

$$w_1(i)=n(i)\cdot k_2(f_0,Q)-|w_1(i-1)|\cdot k_3(f_0,Q)+n(i-1)\cdot k_4(f_0,Q)-|w_1(i-2)|\cdot k_5(f_0,Q) \qquad \text{(专题 1-9)}$$

其中，$k_j(f_0,Q)(j=1,2,3,4,5)$ 为与中心频率 f_0 和品质因素 Q 有关的常数；$w_1(i)$为中间变量。

专题图 1-5 为二阶带阻滤波器的幅频特性图。由图可知，这种滤波主要抑制特定频率处的干扰信号。因此，若测得干扰信号的频率，选择合适的品质因素(越小，幅频特性越陡，抑制效果越好)，就可以消除这种干扰信号的影响。

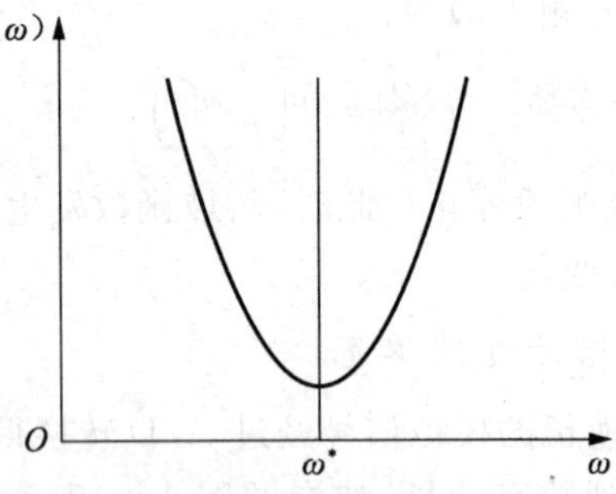

专题图 1-5　二阶带阻滤波器的幅频特性

总之，采用何种滤波方式取决于干扰信号的强弱。若测速机信号高频齿谐波成分占比较大，则采用低通滤波方法；若存在频率与转速成正比的干扰信号，则在工作频率处测定干扰频率，采用二阶带阻滤波器加以抑制，但无法在整个调速范围消除这种干扰；若存在固定频率干扰信号，则根据其频率可采用二阶带阻滤波器加以消除。

4) 速度调节器与转矩限幅

速度调节采用传统的比例积分运算或比例运算，其结果经过转矩限幅作为电流环的给定，结构如专题图1-6所示。比例常数和积分时间常数通过调节器设计大体确定，在系统调试时做适当调整。速度调节算法分为3种形式：比例积分控制算法、纯比例控制算法和纯积分控制算法。

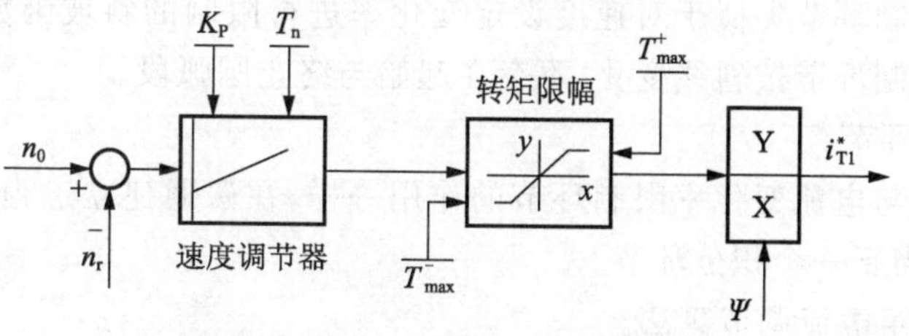

专题图1-6 速度调节器及转矩限幅环节

(1) 比例积分控制算法。

这种算法采用位置式控制算法：

$$U_k(i)=K_P^*(i)\cdot\Delta n^*(i)+\frac{1}{k}\sum_{j=1}^{i}K_P^*(j)\cdot K_I^*(j)\cdot\Delta n^*(j) \qquad (专题1\text{-}10)$$

式中，$U_k(i)$为第i次速度调节器运算结果，k为数据处理常数。

(2) 纯比例控制算法。

当设置速度调节器为比例控制算法时不进行积分运算，但以前形成的积分仍保留，参与调节运算。若以前系统抑制为P运算，则无积分部分。这种控制算法为：

$$U_k(i)=K_P^*(i)\cdot\Delta n^*(i)+\frac{1}{k}\sum_{j=1}^{i}K_P^*(j)\cdot K_I^*(j)\cdot\Delta n^*(j) \qquad (专题1\text{-}11)$$

(3) 纯积分控制算法。

在PI控制算法中，若令$K_P^*(i)=0$，则称为纯积分控制算法。这种控制算法没有比例部分，但计算积分时$K_P^*(j)\cdot K_I^*(j)\cdot\Delta n^*(j)$由$10\cdot K_I^*(j)\cdot\Delta n^*(j)$代替，即

$$U_k(i)=\frac{1}{k}\sum_{j=1}^{i}10\cdot K_I^*(j)\cdot\Delta n^*(j) \qquad (专题1\text{-}12)$$

5）磁链调节器、电流调节器及矢量合成

这一部分的结构图如专题图1-7所示，包括电流变化率限制环节、磁链给定环节、调节器算法、解耦分量计算、K/P变换等。

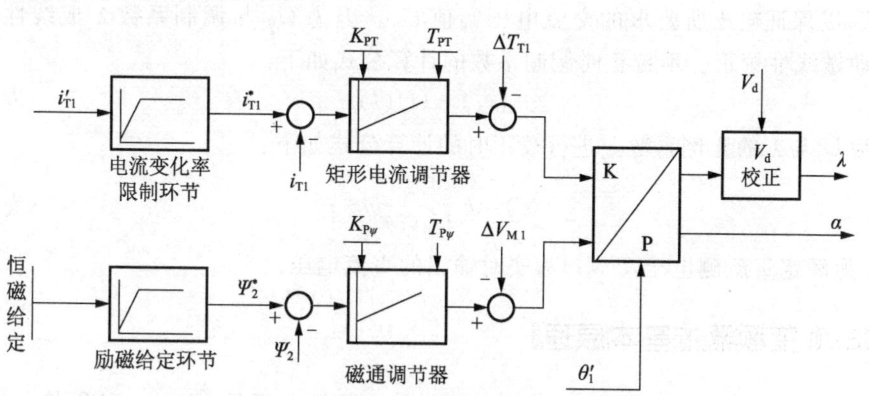

专题图1-7 电流调节器及矢量合成运算环节

(1) 电流变化率限制环节。

在电机的起动、制动过程中，为防止主电路电流变化太大造成转矩与电流冲击，引起机械传动设备的损坏或电机损坏，必须对电流设定值进行变化率限制。

电流变化率限制环节类似于对速度设定变化率进行限制的斜坡函数发生器，不同之处在于电流变化率限制环节按斜线变化，不存在起始与终止圆弧段。

(2) 励磁给定环节。

励磁给定环节与电流变化率限制环节的作用一样，在磁通建立过程中起限制励磁电流变化率的作用，相当于一个积分环节。

(3) 磁通与转矩电流调节算法。

与速度调节器类似，磁通与转矩电流调节运算均采用 PI 控制算法：

$$U_{\mathrm{k}}(j)=K_{\mathrm{P}}\cdot\Delta i(j)+\frac{1}{k}\sum_{m=1}^{k}K_{\mathrm{i}}K_{\mathrm{P}}\cdot\Delta i(m) \qquad \text{(专题 1-13)}$$

式中，$U_{\mathrm{k}}(j)$为本次电流调节运算结果；K_{P} 为比例增益；K_{I} 为积分增益且 $K_{\mathrm{I}}=1/T_{\mathrm{I}}$；$T_{\mathrm{I}}$ 为积分时间常数；k 为数据处理常数；$\Delta i(j)=|i_{\mathrm{g}}(j)-j'_{\mathrm{g}}(j-1)|$，即本次电流采样值与上次电流设定值之差的绝对值。

(4) 解耦分量计算。

解耦分量为：

$$\Delta u_{\mathrm{M1}}(i)=\omega(i)L_{\mathrm{s}}i_{\mathrm{T1}}(i) \qquad \text{(专题 1-14)}$$

$$\Delta u_{\mathrm{T1}}(i)=-\left[\omega_{1}(i)L_{\mathrm{s}}i_{\mathrm{T1}}(i)+\frac{L_{\mathrm{m}}}{L_{\mathrm{r}}}\omega(i)\Psi_{2}(i)\right] \qquad \text{(专题 1-15)}$$

经过电压矢量解耦后的异步电动机数学模型与他励直流电动机的类似。

(5) 矢量合成运算。

矢量合成运算为 K/P 变换，算法如下：

$$V(i)=\sqrt{V_{\mathrm{M1}}^{2}(i)+V_{\mathrm{T1}}^{2}(i)} \qquad \text{(专题 1-16)}$$

$$\alpha(i)=\arctan\left[\frac{V_{\mathrm{T1}}(i)}{V_{\mathrm{M1}}(i)}\right]=2\arctan\left[\frac{V_{\mathrm{T1}}(i)}{V_{\mathrm{T1}}(i)+V_{\mathrm{M1}}(i)}\right] \qquad \text{(专题 1-17)}$$

(6) U_{d} 校正。

逆变器在工作时，由于直流侧电压 U_{d} 受到负载的调制作用会发生波动，所以必须对 U_{d} 进行校正，以保证输出所要求的交流电压幅值 U_{0}。因为 U_{0} 与调制系数 λ 成线性，所以对 U_{d} 的波动做线性校正。不校正时调制系数的计算公式如下：

$$\lambda(i)=kU(i) \qquad \text{(专题 1-18)}$$

式中，k 为 U 与 λ 的比例系数。进行校正时的计算公式如下：

$$\lambda(i)=k\frac{U_{\mathrm{de}}}{U_{\mathrm{d}}(i)}U_{0}(i) \qquad \text{(专题 1-19)}$$

其中，U_{de}为额定直流侧电压，$U_{\mathrm{d}}(i)$为实时输出的直流电压。

【6SE70 变频器的基本原理】

西门子 6SE70 系列变频器是一种电压型矢量变频调速系统，它是一种硬件可以自由配置、软件编程模块化的控制系统，可以根据不同的应用场合和不同的控制要求选择不同的硬件模板。变频器利用多处理器能高速完成复杂运算、开环和闭环的控制及通信等任务，保证生产过程参数的控制精度和静态、动态的控制最优化。矢量变频调速系统的动态响应不低于0.25%，静态精度不低于0.01%，可以满足控制系统的要求。本系统是要对交流电动机实现高性能的速度控制，以实现交流电动机速度对直流电动机速度的跟随。要完成这个目标，有必要对用以控制交流电动机的西门子6SE70系列变频器进行比较深入的了解。

西门子矢量控制的标准软件包含两种基本的控制形式。

1）通过V/F特性曲线的频率控制

这种控制形式可带或不带转速实际值发送器，常用于纺织工业。带转速实际值发送器适用于简单应用场合和成组传动高水平同步运转。

2）磁场定向闭环控制（矢量控制）

这种控制形式用于高动态性能传动系统，又分为不带编码器的高动态性能传动系统的频率控制与带速度跟踪的速度控制和转矩控制。这种矢量控制方式可以达到同直流传动系统相媲美的动态性能。它能做到准确地推断和调节转矩电流分量与磁通电流分量，其调节频率为2.5 kHz。利用这种矢量控制的方法可以准确地限定预先给定的转矩。

变频器的原理框图如专题图1-8所示。

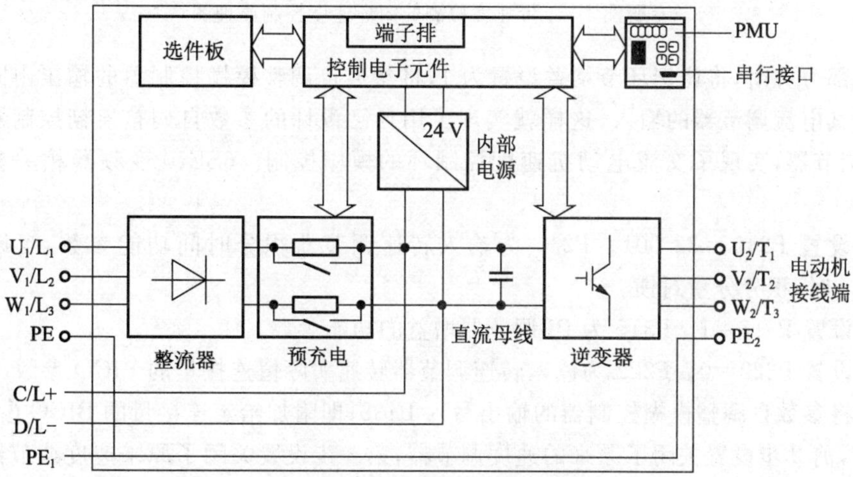

专题图1-8 变频器的原理框图

根据本系统的要求，选用带速度检测的磁场定向控制作为闭环速度控制，这样能在较低转速时有较高的动态特性和高转速精度。带速度检测的闭环速度控制原理图如专题图1-9所示。

在6SE70变频器中，转速调节器（n 调节器）为一个比例积分（PI）调节器，而传统的PI调节器无自适应能力，这主要表现在两个方面：

（1）PI调节器的参数整定必须相对于某一模型已知、系统参数已知的系统。

（2）PI调节器参数一旦整定完毕，便只能固定地适用于一种工况。

在本系统中由于同步方案的结构特点和矢量控制的特点，如果能用一个鲁棒性更强的模糊控制器取代PI调节器，则能有效地提高整个系统的控制性能。而6SE70变频器是一个工业产品，不可能在其硬件结构上做太大的改动，因此在本方案中通过参数设置将PI调节

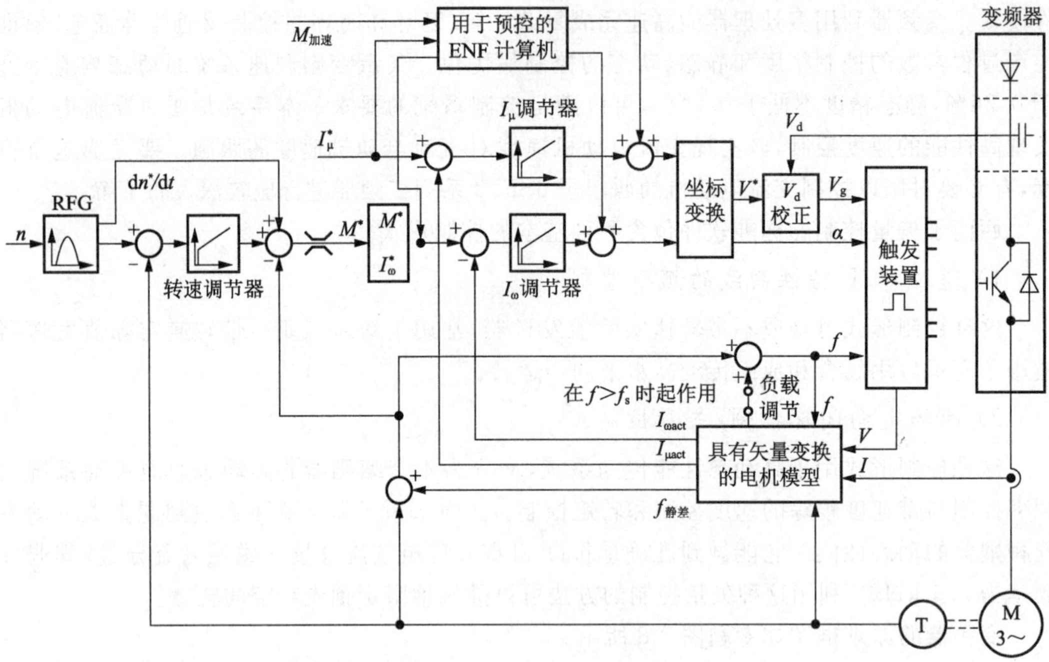

专题图 1-9　带速度检测的闭环速度控制原理图

器的积分部分关闭，将比例环节增益设置为 1，将参数自调整模糊控制器的输出由附加给定输入作为其电流调节器的输入，这样就实现了用自己设计的参数自调整模糊控制器取代原有的 PI 调节器，实现了交流电动机速度控制环的模糊控制。6SE70 变频器相关参数设置如下：

(1) 设置 P240＝32 001。P240 为输入转速调节器积分时间功能参数，当设置其为 32 001 ms 时，积分分量封锁。

(2) 设置 P315＝1。P315 为 PI 调节器增益的功能参数。

(3) 设置 P222＝0。P222 为读入转速调节器转速实际值连接量的 BICO 参数。

(4) 将参数自调整模糊控制器的输出写入 P438，即附加给定连接量的 BICO 参数。

其中，前 2 步设置关闭了原来的速度调节器，第 3 步设置关闭了原来速度调节器前的速度反馈环节，第 4 步设置则用参数自调整模糊控制器取代了原有的速度调节器，完成了速度的闭环控制。

【6SE70 变频器及其在 70B 钻机电控系统中的应用简介】

6SE70 变频器由主电路和控制电路组成。变频器主回路如专题图 1-10 所示，由可控整流桥和逆变桥两部分组成。可控整流桥将三相 50 Hz 的交流电源整流后向直流母线提供可控直流电压；逆变桥采用高性能可关断器件 IGBT 构成，向异步电动机提供三相变频电源。此外，还包括进线主断路器、进线电抗器、晶闸管整理桥、直流母排、滤波电容器、IGBT 逆变单元等。系统控制部分是由高度模块化的微型控制器及其输入、输出接口电路，PWM 触发装置，遥控器，以及专用集成电路 ASIC（包含控制模块、系统监控软件和部分逻辑电路）组合而成的。控制电路主要由矢量控制单元和其他辅助单元组成。

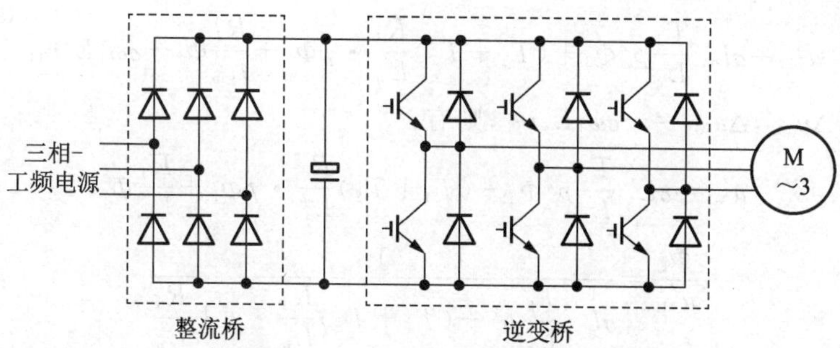

专题图 1-10　变频器主回路结构框图

【6SE70 变频器的参数设计】

西门子公司在其产品 6SE70 变频器的设计中做到了极其人性化的设计,一般的应用只需要输入基本的电机参数和应用条件,系统即可自动设定全部参数。然而,它在大型设备的应用中并不能达到满意的效果,部分重要参数需要设计人员理论计算并在调试中反复修改,以达到稳定运行的满意效果。

调节器设计是变频器参数设计的核心部分。下面分析计算磁通调节器、转矩电流调节器和转速调节器的主要参数(专题表 1-1)。

专题表 1-1　额定值时的电机试验参数表

功率 P_2/kW	转速 $n/(\mathrm{r\cdot min^{-1}})$	转矩 $T_e/(\mathrm{N\cdot m^{-1}})$	定子频率 f_1/Hz	定子电流 I_1/A
950	740	10 320	37.5	915
线电压 U_1/V	内电势 E_1/V	转矩倍数 $k_m(T_{emax}/T_e)$	转差频率 f_s/Hz	功率因数 $\cos\varphi$
600	338	1.91	0.5	0.89
定子电阻 R_1/mΩ	定子电感 L_{11}/mH	转子电阻 R_2'/mΩ	转子电感 L_{21}'/mH	励磁电感 L_m/mH
7.69	0.159	5.77	0.298	5.68

$$L_s=L_m+1.5L_{11}=5.918\ \mathrm{mH} \quad (专题 1\text{-}20)$$

$$L_r=L_m+1.5L_{21}'=6.127\ \mathrm{mH} \quad (专题 1\text{-}21)$$

$$\sigma=1-L_m^2/(L_sL_r)=0.110\ 2 \quad (专题 1\text{-}23)$$

$$T_1=L_s/R_1=0.769\ 6\ \mathrm{s} \quad (专题 1\text{-}24)$$

$$T_2=L_r/R_2'=1.061\ 9\ \mathrm{s} \quad (专题 1\text{-}25)$$

1) *磁通调节器参数设计*

矢量控制解耦后的定子电流被分解为转矩分量和励磁分量。在调速过程中需要保证转子全磁通 Φ_2 恒定,通过磁通闭环来保持 Φ_2 恒定。转子磁通 Φ_2 仅在其建立过程中处于动态上升,而在建立起来以后就保持恒定,所以最终的控制目标是转子磁通 Φ_2。由电压矢量解耦控制方程可得:

$$u_{M1}=R_1i_{M1}+\frac{L_m^2}{L_r}\cdot\frac{p}{1+T_2p}i_{M1}+\sigma L_1pi_{M1}-\sigma\omega_1L_si_{T1} \quad (专题 1\text{-}26)$$

以 $\Phi_2=\dfrac{p}{1+T_2p}i_{M1}$ 代入,可得:

$$u_{M1}=\sigma L_s\frac{T_2}{L_r}p^2\Phi_2+(T_1+T_2)\frac{R_1}{L_m}\cdot p\Phi_2+\frac{R_1}{L_m}\Phi_2-\sigma\omega_1 L_s i_{T1} \quad (专题\ 1\text{-}27)$$

令 $u_{M1}=u'_{M1}+\Delta u_{M1}$，$\Delta u_{M1}=-\sigma\omega_1 L_s i_{T1}$，则有：

$$u'_{M1}=\sigma L_s\frac{T_2}{L_r}p^2\Phi_2+(T_1+T_2)\frac{R_1}{L_m}\cdot p\Phi_2+\frac{R_1}{L_m}\Phi_2$$

$$\frac{\Phi_2}{u'_{M1}}=\frac{1}{\sigma L_s\frac{T_2}{L_r}p^2+(T_1+T_2)\frac{R_1}{L_m}\cdot p+\frac{R_1}{L_m}} \quad (专题\ 1\text{-}28)$$

从 u'_{M1} 到 Φ_2 的传递函数为：

$$\frac{\Phi_2(s)}{u'_{M1}(s)}=\frac{L_m/R_1}{\sigma T_1T_2s^2+(T_1+T_2)s+1} \quad (专题\ 1\text{-}29)$$

磁通控制环的动态结构图如专题图 1-11 所示。

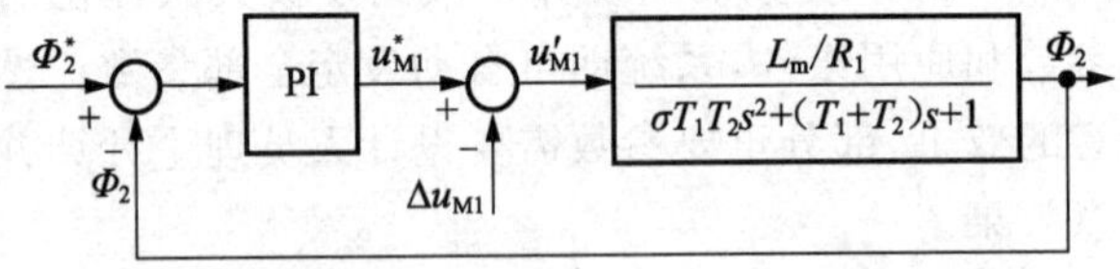

专题图 1-11　磁通控制环的结构图

将数值代入专题图 1-11，可得到励磁环的结构如专题图 1-12(a)所示。

按照典型Ⅰ型系统来设计磁通环，令 $\tau_1=1.78$，则得到结构图如专题图 1-12(b)所示。开环增益为 $k=K_{PI}\times0.738\ 6/\tau_i$。在超调量与跟随性能都较好的情况下，选择调节器参数，使 $\xi=0.707$，$k\times0.050\ 8=0.5$，可得：

$$k=0.5/0.050\ 8=9.843 \quad (专题\ 1\text{-}30)$$

$$k_{PI}=\frac{\tau_i k}{0.738\ 6}=23.72 \quad (专题\ 1\text{-}31)$$

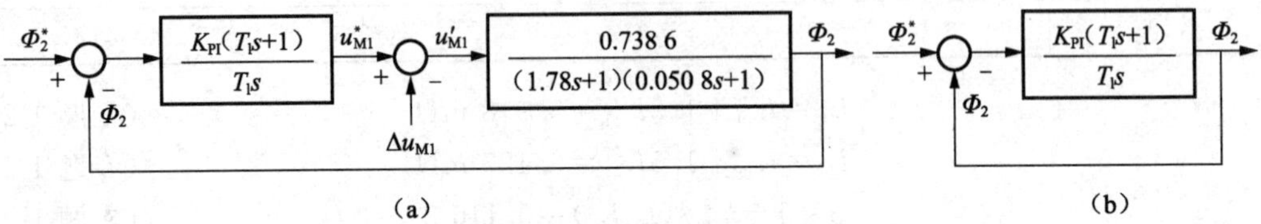

专题图 1-12　磁通控制环的动态设计

励磁调节器为：

$$\frac{K_{PI}(\tau_i s+1)}{\tau_i s}=\frac{13.33(1.78s+1)}{s} \quad (专题\ 1\text{-}32)$$

2）转矩电流调节器与转速调节器参数设计

电压方程为：

$$u_{T1}=R_1 i_{T1}+\sigma L_s p i_{T1}+\omega_1\left(\frac{L_m^2}{L_r}\cdot\frac{1}{1+T_2p}i_{M1}+\sigma L_s i_{M1}\right) \quad (专题\ 1\text{-}33)$$

转矩方程为：

$$T_e=\frac{p_n L_m\Phi_2}{L_r}\cdot i_{T1}=K_T i_{T1} \quad (专题\ 1\text{-}34)$$

其中，$K_T=\dfrac{p_n L_m \Phi_2}{L_r}=11.80\ \text{N}\cdot\text{m/A}$。

运动方程为：

$$\frac{J}{p_n}\frac{d\omega}{dt}=T_e-T_l=k_T(i_{T1}-i_l) \qquad \text{(专题 1-35)}$$

其中，$p_n=3$ 为电动机的极对数，J 为转动惯量。当电动机仅驱动无负载的工作机械时，$J=11.80\ \text{kg}\cdot\text{m}^2$。

令：$$u_{T1}=u'_{T1}+\Delta u_{T1},\Delta u_{T1}=\omega_1\left(\frac{L_m^2}{L_r}\cdot\frac{1}{1+T_2 p}i_{M1}+\sigma L_s i_{M1}\right)$$

得 $u'_{T1}=R_1 i_{T1}+\sigma L_s p i_{T1}$，因此从 u'_{T1} 到 i_{T1} 的传递函数为：

$$\frac{i_{T1}(s)}{u'_{T1}(s)}=\frac{1}{\sigma L_s s+R_1}=\frac{1/R_1}{\sigma T_1 s+1} \qquad \text{(专题 1-36)}$$

从上面的传递函数可以得到转矩电流环与速度环的结构图如专题图 1-13 所示。

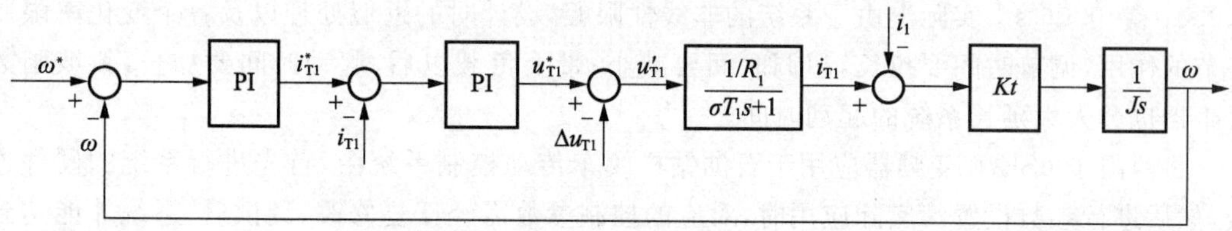

专题图 1-13　转矩电流环与速度环的结构图

(1) 转矩电流环的设计。

转矩电流环前面有电流变化率限制环节，其上升时间 $T_d=0.007\ \text{s}$。严格地说，这是一个积分环节，在电流环可近似等效为一个一阶惯性环节，作为转矩电流给定的滤波环节，如专题图 1-14 所示。滤波环节的时间常数近似为 $T_f=0.02\ \text{s}$。设计转矩电流环时同样暂时不考虑电压的解耦分量的影响。

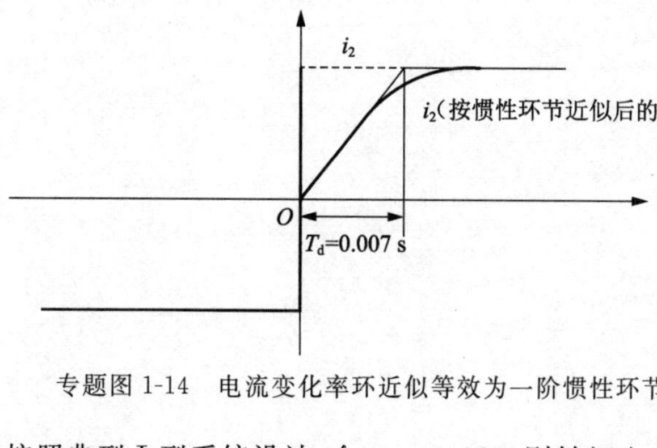

专题图 1-14　电流变化率环近似等效为一阶惯性环节

转矩电流环也按照典型Ⅰ型系统设计，令 $\tau_1=0.086$，则转矩电流环被校正为典型Ⅰ型系统，折中选取参数，使 $\xi=0.5$，令 $k=K_{PI}\times 129.53/\tau_i$，则有 $kT_f=0.5$，$k=250$，$K_{PI}=0.166$。

(2) 速度环的设计。

将转矩电流环的闭环传递函数做如下近似：

$$W_b(s)=\frac{250}{0.002s^2+s+250}=\frac{1}{8\times10^{-6}s^2+0.004s+1}\approx\frac{1}{0.004+1}\quad(专题\ 1\text{-}37)$$

根据电流环的闭环传递函数作出速度环的动态结构图如专题图 1-13 所示。其中，$T_b=0.004\ \mathrm{s}$，$T_\omega=0.006\ \mathrm{s}$。

按空载考虑速度环的设计，将速度滤波环节移至内环，并将它与电流闭环传递函数用一个小惯性环节近似代替，使 $T_\Sigma=T_\omega+T_b$，其开环增益为 $k_\omega=0.868\ 1\times k_{p\omega}/\tau_\omega$，显然，速度环节要按典型Ⅱ型系统进行综合。按照典型Ⅱ型系统的参数选择方法，有：

$$\tau_\omega=hT_\Sigma,\quad k_{p\omega}=\frac{h+1}{2h^2T_\Sigma^2}\quad(专题\ 1\text{-}38)$$

兼顾各方面指标，取 $h=5$ 较好，则有 $k_\omega=1\ 200$，$t_\omega=0.05$，$k_{p\omega}=69.12$。

根据典型Ⅰ型和典型Ⅱ型系统的性能指标，转矩电流环在 $\xi=0.707$ 时的超调量 $\sigma\%=4.3\%$，上升时间 $t_r=4.72\times0.002\ \mathrm{s}=0.009\ 4\ \mathrm{s}$，调节时间 $t_s=6\times0.002\ \mathrm{s}=0.012\ \mathrm{s}$；转速环在 $h=5$ 时的超调量 $\sigma\%=37.6\%$，上升时间 $t_r=2.85\times0.01\ \mathrm{s}=0.028\ 5\ \mathrm{s}$，调节时间 $t_s=6\times0.01\ \mathrm{s}=0.06\ \mathrm{s}$。实际上由于系统的非线性限幅，设计时的近似处理以及各个变化率限制环节的作用，调节时间要拉长，超调时间要减小；带上负载以后，起动时间要加长，斜坡函数发生器也会大大延长系统的起动时间。

将西门子 6SE70 变频器应用于石油钻机绞车传动控制系统中，首先进行系统的硬件连接，然后进行参数设置。实际应用时，对应的控制参数需经反复修改、调试后，系统才能达到令人满意的效果。

专题2

交流调速在联合站的应用(注水+外输)

联合站是油气集中处理联合作业站的简称,是油田生产中地面工程最关键的一环,它将采油井采出来的原油经集输管网汇集、存储、分离、加热脱水、计量后进行外输。联合站主要包括油气集中处理(原油脱水、天然气净化、原油稳定、轻烃回收等)、油田注水、污水处理、供变电和辅助生产设施等部分。联合站是油田原油集输和处理的中枢。联合站设有输油、脱水、污水处理、注水、化验、变电、锅炉等生产装置,主要作用是通过对原油的处理达到三脱(原油脱水、脱盐、脱硫;天然气脱水、脱油;污水脱油)、三回收(回收污油、污水、轻烃)、出四种合格产品(天然气、净化油、净化污水、轻烃)以及进行商品原油的外输。

联合站主要由原油处理系统、输油系统、原油稳定系统、污水处理系统、注水系统、天然气处理系统等组成,每个系统都与电气控制密切相关。下面以注水系统和原油外输系统为例进行介绍。

【变频调速技术在注水系统中的应用】

联合站注水系统是联合站的主要组成部分之一,长期以来,水处理工艺流程中存在着一定的问题,如大功率电动机起动时对电站系统冲击较大,直接影响其他设备的稳定运行,同时电动机的起动电流很大,起动机械转矩严重影响电动机的使用寿命;注水泵的排量受电动机性能影响,不能根据管网压力进行控制,造成电能浪费严重等。基于以上问题,有必要对部分控制系统进行改造,解决起动和控制过程中的问题,从而达到节能和实现稳定控制的目的。

专题图 2-1 为联合站注水工艺流程图,其中注水泵上增设了一套变频器、压力变送器和流量变送器。当起动注水泵时,变频器的频率由低到高缓慢上升,电动机的速度由慢到快逐渐增加,注水泵的进口阀门和出口阀门打开,泵的排液量也随之增加,当大罐内液位下降到一定值时,罐内的流量变送器开始进行流量调节,这时压力下降,压力变送器向变频器输送信号,使变频器频率降低,从而排液量减少,压力随之升高。通过压力、流量变送器的反馈信号来调节水泵电动机的频率和电压,实现对流量的自动调节,保证压力在正常范围内波动,避免发生憋泵、漏液等事故。

注水电机多采用高压大功率电动机,额定电压为 10 kV,因此可采用高压变频技术。常用的高压变频器主要有高—低—高、高—高和功率单元串联式 3 种,其中,高—低—高变频器通过降压变压器先将电压降低,再使用中压变频器调频,最后经升压变压器输出至电动机。高—高变频器的桥臂采用多个电力电子元件串联,无须升压变频器即可实现调频输出。

功率单元串联式变频器的前端高压输入经过多路输出降压变压器降压、整流后给各个功率单元供电，各个功率单元电源部分相互独立，功率单元的输出采用级联方式，输出侧电压为多电平叠加输出。高—低—高变频器实现的高—低—高变频调速系统，输出侧无共模电压，虽然变压器的使用降低了系统效率，但是变压器减小了变频器输出高次谐波电流对系统及负载的影响，且对电机无特殊要求，无须更换原有电机，故大多数的注水系统采用高—低—高结构的变频调速系统。

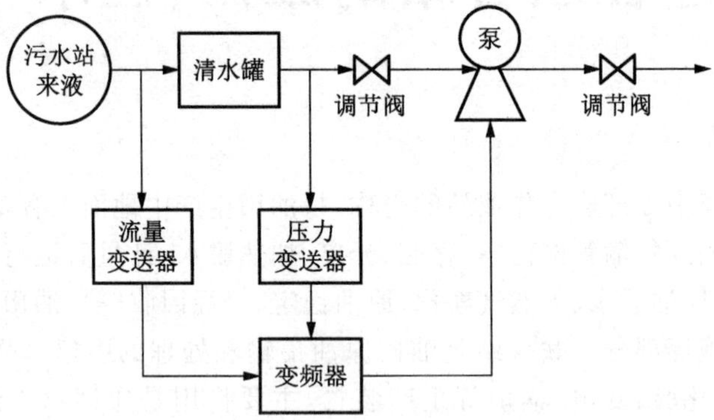

专题图 2-1　联合站注水工艺流程图

根据实际控制要求，可将注水泵改造成变频运行和工频运行可以相互切换的运行方式，而将原有的运行方式作为变频装置的备用。整个变频控制系统可以实现自动控制(闭环控制)和手动控制功能。当需要调试、检修或人为控制变频器的输出频率时，可以将变频器控制方式选择为手动控制。

采用变频调速系统的注水系统具有以下优势：

(1) 实现闭环控制。变频器内设有 PID 控制功能，可实现对流量、压力等的闭环控制，保证生产过程的平稳、可靠。

(2) 简化工艺流程。在没有增加泵和管线的条件下，应用变频技术满足了生产需求。

(3) 延长设备的检修周期和使用寿命。安装变频器后，当开泵或停泵时，泵与电机的扭力逐渐由小到大，或逐渐由大到小，扭力操作损伤较小，减少了对设备的冲击，从而减少了对注水泵及球阀的磨损。

(4) 减少噪声的污染。采用变频器之后，注水泵的变速运行降低了噪声，也改善了工人的工作环境。

(5) 提高效率。安装变频器后，清水罐液位的高低决定流量变送器的开度，进而控制管线压力的变化，使变频器工作，对排量变化进行自动控制，降低工人的劳动强度，提高了工作效率。

(6) 节能效果显著。在注水工艺流程中，由于生产负荷变化、生产季节变化等，注水泵负荷也不是恒定不变的，对于流量变化较大的注水泵负荷采用变频调速效果是显而易见的，而且负荷变化范围越大，节能效果越好。

【变频调速技术在原油外输系统中的应用】

原油外输是联合站的一项主要功能。各采油点生产的原油经过集输管网汇集、存储、分离、加热脱水、计量后进行外输。联合站的原油外输设备是按照满足原油最大产量的要求进行设计的,在周围采油点处于高产期时,外输设备全负荷工作,对外输设备运行的经济性要求较少,更多的要求是外输原油的快速性。但随着各采油点进入产量的衰退期,原油的产量逐年递减,最初设计的原油外输能力过大,如果仍然按照高产时的模式运行,则会造成外输系统能力的极大浪费,同时也降低了原油外输效率。为了提高原油外输系统的效率,可通过手动调节阀门开度控制输油压力和排量,但存在控制滞后的情形。为了解决上述问题,需要对现有的原油外输系统进行改造。

原油外输系统一般由测量单元、净化油罐和外输泵等组成,其中外输泵是改造的重点,具体可通过改变外输泵的供电电源工作频率的方法实现。

原油外输泵的工作方式类似于风机、泵类负载,根据专题图 2-2 所示的该类负载的扬程与流量的关系曲线可知,在采用变频调速之前,电机转速不变,轴功率不会随泵流量变化,处在恒定状态,工作曲线为曲线 1。当采用变频调速后,电机转速随净化油液位发生变化,轴功率也相应发生变化,对应的工作曲线为曲线 2 。当流量由 Q_1 变到 Q_2 时,外输泵变频调速前的工作点由 A 变到 C,而调速后的工作点将由 A 变到 B。

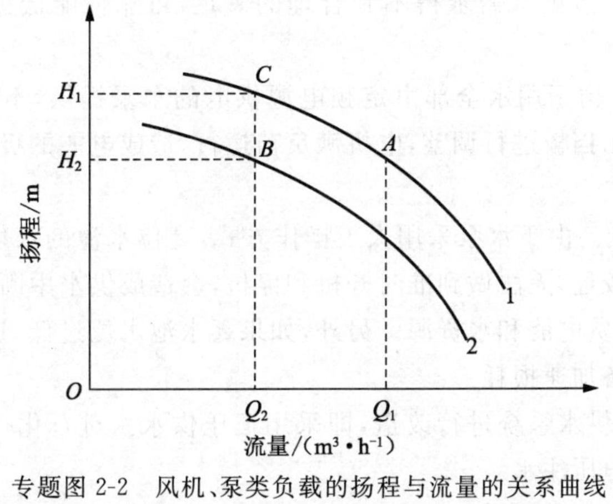

专题图 2-2 风机、泵类负载的扬程与流量的关系曲线

原油外输系统采用变频调速后,可以看到能耗降低,更应看到变频控制对整个生产流程的影响。在原油外输过程中,无论是气动阀或手动控制联合站外输泵输油,都存在着较多的问题。

(1) 变频装置投用后杜绝了阀门控制节流的弊端,有效降低了能量损耗。

(2) 变频改造后,将压力监控改为液位监控,改变了过去由压力控制净化油罐伴生气排放和外输阀门开度的单一形式,使净化油罐液位也可实现自动控制,液位变化范围小,有效地保证了净化油罐液位的稳定,防止液位监控不及时而发生天然气管线“灌肠”事故,保障了安全生产。

(3) 变频调节具有控制及时、稳定的特点,提高了整个联合站输油系统压力的稳定性,降低了岗位员工频繁操作的劳动强度,最大限度地减小了因人为操作不当引起的不稳定因素。

(4) 电机起动变为变频起动,不会出现电机起动电流过大的现象,避免了瞬时高压造成输油泵损坏事故的发生。

专题3

恒压供水(注水)

恒压供水系统具有节能、安全、供水品质高等优点,在供水行业得到了广泛应用。恒压供水系统可实现水泵电动机依据用水量的变化(实际上为供水管网的压力变化)自动起动和停止电动机,在用水量发生变化时保持水压恒定以满足用水要求,是现在较合理的节能型供水系统。

以前人们的日常生活供水需求得不到合理的满足,可靠性能低等,供水方式存在如下问题:

(1) 供水成本高。由于用水全部由定频电源供电的水泵提供,不能根据用水量的大小实时进行调整或者采用挡板进行调整,电机满负荷运行,造成电能的极大浪费和机电设备的大量损耗。

(2) 供水可靠性低。由于水泵采用人工操作方式,高位水池的水位只能靠人为估计,而且高位水池离水泵房较远,无法做到准时开机和停机,会造成供水中断或出现高位水池水位过高而溢流的现象,浪费电能和水资源。另外,如果蓄水池水位过低,还会造成水泵空转,导致电能浪费和机电设备加速损耗。

针对上述情况,对供水系统进行改造,即采用恒压供水。对石化行业来说,比较典型的恒压供水应用场合即恒压注水。

国内的油田多通过注水开采石油,随着油田进入开采后期,注水量不断加大,尤其突出了恒压注水的必要性。随着注水开发的持续,地层被杂质、细菌逐渐堵塞,地层注水起动压力逐年升高,注水量逐年下降,注水耗电逐年上升。注水与洗井共用一套管网,即使在泵排量与井口注入量相匹配时,个别井的洗井用水也会使井口注入量与泵排量不匹配,致使管网压力下降,导致注水系统平衡受到破坏,很难实现平稳注水。因此,采用恒压注水将会给注水系统平稳运行带来很大的好处。

在油田注水环节多采用柱塞式注水泵,利用变频调速技术可实现对柱塞式注水泵的恒压输出控制,根据注水量的变化实时调整注水泵的注水量,实现恒压注水。

对柱塞式注水泵而言,在不改变泵体结构的情况下,只需要调速运行,改变柱塞往复运动的次数,才能满足现场恒压注水的要求。注水用柱塞式注水泵一般处于中低速运行,其密封件及阀体的加工水平完全满足注水泵在额定转速下的正常运行要求。

柱塞式注水泵属于风机、泵类负载,根据专题图 2-2 所示扬程与流量的关系可知,通过对注水泵运行速度的调整,可实现注水泵出口压力的恒定,但需要在注水泵的出口安装压力变送器,将实测出口压力实时反馈给变频调速装置,构造压力闭环,实现出口压力的恒压控制。

变频调速装置由变频器、变频控制器、压力传感器、显示单元等几部分组成。柱塞式注水泵的出口压力作为一次仪表的采集信号,控制单片可以选用专用恒压控制数字控制板,也可以利用变频器内部的闭环控制环节实现出口压力的闭环控制,即连续无静压差调速。

控制原理:压力变送器将管网变化压力信号反馈给恒压供水数字控制板或者变频器内部闭环控制环节,根据系统变化压力信号与给定压力值进行偏差比较,经过放大、PID 运算、调节处理,最终控制变频器的输出频率,从而实现流量控制和在恒定压力下的调速运行。由 3 台注水泵组成的变频恒压注水装置控制示意图如专题图 3-1 所示。

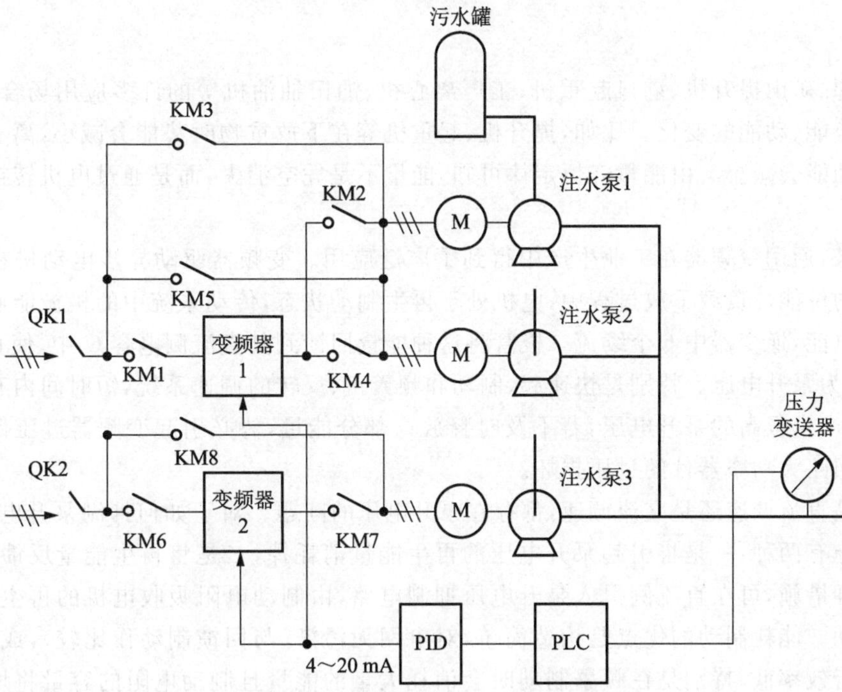

专题图 3-1　变频恒压注水装置控制示意图

与常规的注水控制系统相比,一方面,恒压注水可以减少因为个别注水井注不进时注水系统压力升高带来的电能浪费(注水压力的升高对管网造成损伤,减少设备和管网的使用寿命),也可以防止因穿孔等其他原因造成注水系统压力降低后未能及时调整泵频率而导致注水量无法完成,使对应油井产量降低;另一方面,恒压注水可实现油田自动化管理,减轻工人的劳动强度,为油田平稳注水提供技术保证。

专题4

泵升电压检测及抑制方法

在电梯、矿山提升机、港口起重机、工厂离心机、油田抽油机等的许多应用场合，都会伴随着负载势能、动能的变化。比如，提升机、起重机等在下放重物时势能会减小，离心机设备在停机时动能会减小。由能量守恒定律可知，能量不是凭空消失，而是通过电机转换成了再生电能。

近年来，通用变频器在工业生产中得到了广泛应用。变频器驱动异步电动机在制动或者所拖动的位能性负载下放过程中，电机处于再生制动状态，传动系统中的机械能通过电动机转换成电能，逆变器中6个续流二极管将这种能量回馈到其直流侧电容 C 中，使直流侧电压升高，称为泵升电压。特别是快速起、制动和频繁正、反转的调速系统，短时间内有很大的能量回馈，产生很高的泵升电压，若不及时释放这部分能量，势必引起变频器过压保护动作或造成主回路大功率器件的过压损坏。

无论是直流调速还是交流调速，都存在泵升电压的问题。对于如何抑制泵升电压，常用的解决措施有两种：一是将引起泵升电压的再生能量消耗掉，二是将再生能量反馈回电网。对于第一种措施，可在直流侧引入泵升电压抑制电路，由制动电阻吸收电机的再生电能，称为能耗制动。能耗制动的优点是构造简单，对电网无污染（与回馈制动作比较），成本低廉；缺点是运行效率低，特别是在频繁制动时会消耗大量的能量且制动电阻的容量将增大。对于第二种措施，要求满足电压同频同相、回馈电流控制等条件，借助于有源逆变技术，将再生电能逆变成与电网同频率、同相位的交流电回送电网，从而实现制动，称为回馈制动。传统的电流型逆变器利用前端的晶闸管可控整流即可实现再生能量反馈回电网，也可以利用PWM整流器实现；交—直—交结构的电压型逆变器只能借助PWM整流器将再生能量反馈回电网；晶闸管直流调速系统可以通过改变晶闸管可控整流电路的工作模式实现再生能量反馈回电网。

在油田采油作业中，存在典型的泵升电压产生条件——游梁式抽油机。游梁式抽油机在采油过程中由于起动负荷大且地下油层出油量不十分稳定，一昼夜的周期内液位变化比较大，工作电机的负荷不能保持完全稳定。为了生产的顺利进行，必须按大负荷状态配备电机，这就导致抽油机的驱动电机经常处于“大马拉小车”的运行状态，使电机的工作效率和功率因数明显下降。特别是在实际运行中，抽油机电机在每个冲次都会进入再生倒发电反馈制动状态。一旦进入再生倒发电反馈制动状态，再生能量反馈到电网，就会影响电网的供电质量。为了提高电机的工作效率和功率因数，同时改善电网的供电质量，最大限度地减小游梁式抽油机工作产生的不良因素，可对游梁式抽油机电控系统进行改造，引入变频控制。

变频控制的引入必然会引起泵升电压,但可通过能耗制动、回馈制动等方法进行抑制。单独的游梁式抽油机常用能耗制动法消除泵升电压,对于稠油井可将泵升电压部分能量用于加热,而回馈制动需要借助于 PWM 整流器实现,但因成本的原因很少采用。对于距离较近且分布较密集的游梁式抽油机井群,可通过对多个抽油井的运行控制抑制泵升电压,即多个抽油机共用一个直流母线,由单一的整流柜整流后供电,调节各个抽油机的工作冲程,保证公共母线电压恒定,其中某个抽油机的倒发电能量由其他抽油机消耗掉,这种方法称为抽油机群控。抽油机群控示意图如专题图 4-1 所示。

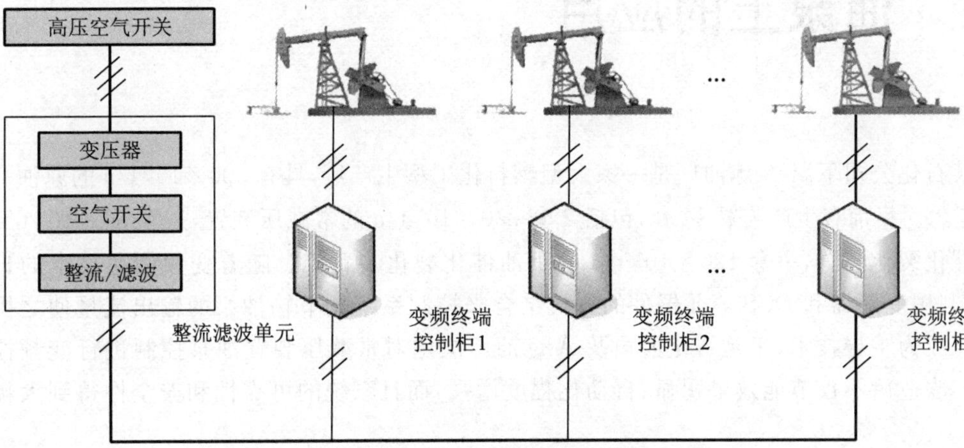

专题图 4-1　抽油机群控示意图

专题5

高压变频器在炼油厂常减压装置油泵上的应用

某石化公司下属A炼油厂是一家大型燃料化工型生产厂，具有500×10^4 t/a的原油一次加工能力。目前有生产装置14套，包括2套250×10^4 t/a的常减压装置，一套80×10^4 t/a的蜡油催化裂化装置，一套120×10^4 t/a的重油催化裂化装置等。随着变频调速技术的日益成熟，利用变频器和DCS等元器件的有机结合来控制系统调节输油泵的输出流量使之操作最优化成为主导技术，于是石化公司及A炼油厂决定对常减压装置油泵控制进行变频控制改造。改造后不仅节能效果明显、自动化程度增强，而且系统的可靠性和安全性得到大幅度提升。

此次高压变频改造包括2台原油泵电动机和1台减压渣油泵电动机，额定电压为6 kV，额定功率分别为200 kW，315 kW和500 kW。

【高压变频器选型】

由于A炼油厂常减压装置油泵工况的特殊性，必须优先考虑以下3点：

(1) 常减压装置的油泵必须保证连续运行。如果变频器故障引起油泵停止运行，将导致常减压装置停工，由此带来的损失巨大，因此变频装置的可靠性是首要考虑的问题。

(2) 用户目前采用两端6 kV母线供电，每年均会发生数次电源切换或电网电压波动的现象，在这种工况下要求变频装置必须保持连续运行，且不能导致过大的油压和流量波动。

(3) 用户使用的电动机均为普通鼠笼式异步电动机，有的已使用10多年，要求变频改造后不能对电动机带来附加损耗和绝缘损坏，因此要求变频器的谐波小、输出dv/dt低。此外，要求高压变频器不能对6 kV母线造成谐波污染，不能对其他控制设备造成干扰。

通过招标，A炼油厂最终采用了上海发电设备成套设计研究院有限责任公司和上海科达机电控制有限公司研制生产的MAXF系列高压变频调速装置。该产品为电压源型高—高方式高压变频器，采用功率单元串联实现多电平输出(完美无谐波)，无输出变压器，对电动机无特殊要求；其显著特点是冗余运行，输出dv/dt低，采用无极性电力电容，具有重合闸功能。

【高压变频调速装置】

高压变频调速装置主要由输入移相整流变压器、15个功率单元和主控制器组成(专题

图 5-1)。15 个功率单元分成 3 组,每组串联成一相变频输出,三相经星形接法输出 0～6 kV 变频电压至电动机,变频和变流均在功率单元内完成,移相整流变压器输出 15 组约 690 V 三相电压为功率单元供电。

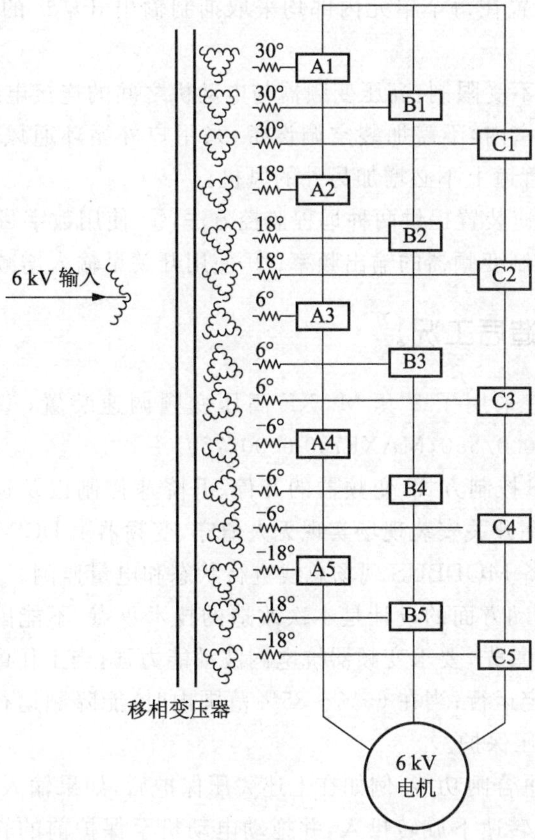

专题图 5-1　高压变频调速装置内部结构图

高压变频调速装置具有如下技术特点:

(1) 单元可在线更换。该高压变频调速装置采用了单元插拔结构,允许在装置运行过程中在线更换故障单元,这是提高装置可靠性和连续运行能力的有力措施。

(2) 采用无极性电力电容。该高压变频调速装置采用无极性电力电容代替传统的电解电容,具有电容不需串联、电压过载能力强、发热低、典型使用寿命超过 20 年(电解电容典型寿命为 5 年)、不需要均压措施等显著优点。此外,更换电容的成本和工程费用也较高,采用无极性电力电容可降低装置的运行维护费用。

(3) 变频装置具有自动重合闸功能。该高压变频调速装置能在电网切换或自动重合闸后自动快速回到切换或重合闸之前的运行状态,保持不间断运行。该装置具有旋转投入能力,在高压消失期间可连续检测电动机的转速、残压大小及残压相位,当高压恢复后装置能在电动机任何转速下自动将变频装置投入继续运行。

(4) 单元具有快速电子旁路功能。该装置的单元采用快速电子旁路线路,而不是机械式的接触器线路,这使得单元旁路的动作完成时间小于 20 μs,消除了因为单元旁路造成的电压波动,保证了可靠运行。

(5) 设置 dv/dt 抑制线路，降低了输出 dv/dt，可有效保护电动机绝缘，降低对电网和其他设备的干扰，同时这也是抑制高次谐波的措施，可减小电动机损耗。如果不采取降低 dv/dt 的措施，则输出 dv/dt 将达 1 800 V/μs 以上，这时电动机的绝缘会受到不同程度的损伤。该高压变频调速装置在每个单元内部均采取抑制输出 dv/dt 的措施，使输出 dv/dt 在 600 V/μs 以内。

(6) 输出电缆长度不受限制，高压变频器与电动机之间的连接电缆长度不受限制。

(7) 该装置安装在室内，不需加装空调设备，采用户外循环通风；装置采用风压较高的离心式风机，在引出风管道上不必增加另外的风机。

(8) 该高压变频调速装置提供两种远程监控方法：① 使用数字量或模拟量 I/O，例如可使用 4～20 mA 信号控制变频器的输出频率；② 使用开关量输入增减变频器的输出频率。

【改造方案及改造后工况】

A 炼油厂此次改造采用了 3 套 MAXF 高压变频调速装置，型号分别为 MAXF300-6000/360，MAXF450-6000/550，MAXF700-6000/750。

控制上采用了 DCS 控制方式，变频器的开停、升降速控制以及运行状态和电量的监测全部远程操作，变频器和开关安装现场实现无人值守，变频器由 DCS 发出的 4～20 mA 信号控制输出频率，并且配备 MODBUS 现场总线进行状态和电量监测。

系统抗瞬时电压波动方面的设计是本次改造的技术重点，不能因为变频改造而导致系统的运行可靠性下降。首先，要求变频器抗电网波动能力强，当工作电压在输入电压 85%以上时，变频器能保持额定运行；当在 65%～85%范围内时，能降额运行，保护不停机；当降低至 65%以下时，执行欠压保护。

其次，变频器具有重合闸功能，例如在上述欠压保护后，如果输入电压很快恢复，则变频器要能够在电动机任意转速下旋转投入，并拖动电动机至保护前的转速。从输入电压恢复到变频器再投入的时间应在 0.5 s之内，这样电动机的转速不至于下降得太多。为了配合变频装置的重合闸功能，本次改造对开关也进行了改造，选用了带重合闸功能的 6 kV 进线开关，可实现重合闸动作的连锁保护。

以 A 炼油厂一车间常压装置拔头油泵高压变频改造为例，电机使用 MAXF450-6000/550 型高压变频调速装置。改造后系统由控制柜、油输送泵、流量变送器、输油管网及相关器件组成。当系统上电后，变频器变频起动油泵电机，并由 DCS 根据流量变送器检测到的油位信号调节电机的转速，从而保持加热炉进料流量的稳定，为系统安全、可靠、经济运行提供良好的保证。

【改造前后数据对比及效益】

以 A 炼油厂一车间常压装置拔头油泵高压变频改造为例。

机泵改造前，在装置低处理量下机泵能耗损失过大，运行时振动值偏大；拔头油系统压力过高，对控制阀磨损和换热设备承受的压力风险也较大。

改造后，操作运行状况彻底改变：第一，机泵出口压力由之前的 2.3 MPa 下降到现在的 1.0 MPa，系统压力下降，为整个系统设备的安全运行提供了可靠保证；第二，机泵电流由之前的 30 A 下降到现在的 20 A，在 6 000 V 高电压的作用下降低功率 60 kW；第三，机泵振值由之前的 6.1 mm/s 下降到现在的 2.9 mm/s；第四，机泵轴承和电机温度普遍下降，机泵运行工况得到很大改善。

以上述改造为例进行计算，对比变频调速前后的电功率：泵减少电功率43 kW，节电率为 22.4%。目前 A 炼油厂的工业用电平均电价为 1.1 元/(kW · h)，以一年运行 7 200 h 计算，一台电机的节电量就达 3.1×10^5 kW · h，节约成本 34 万元。由以上分析可知，高压变频改造的节能效果显著。

参考文献

[1] 陈伯时. 电力拖动自动控制系统——运动控制系统[M]. 3 版. 北京：机械工业出版社，2003.

[2] 阮毅，陈伯时. 电力拖动自动控制系统——运动控制系统[M]. 4 版. 北京：机械工业出版社，2009.

[3] 阮毅，杨影，陈伯时. 电力拖动自动控制系统——运动控制系统[M]. 5 版. 北京：机械工业出版社，2016.

[4] 王兆安，刘进军. 电力电子技术[M]. 5 版. 北京：机械工业出版社，2009.

[5] 陈伯时，陈敏逊. 交流调速系统[M]. 3 版. 北京：机械工业出版社，2013.

[6] 刘竞成. 交流调速系统[M]. 上海：上海交通大学出版社，1984.

[7] 杨耕，罗应力. 电机与运动控制系统[M]. 北京：清华大学出版社，2006.

[8] 周渊深. 交直流调速系统与 MATLAB 仿真[M]. 北京：中国电力出版社，2004.

[9] 顾春雷，陈中. 电力拖动自动控制系统与 MATLAB 仿真[M]. 北京：清华大学出版社，2011.

[10] 潘月斗，李擎，李华德. 电力拖动自动控制系统[M]. 3 版. 北京：机械工业出版社，2021.

[11] 倪彬斌. 变频传动技术在石油钻机电控系统中的应用研究[D]. 东营：中国石油大学（华东），2009.